Anleitung zur Darstellung organischer Präparate mit kleinen Substanzmengen

Von

Dr. Hans Lieb

emer. o. Professor am Pregl-Laboratorium
der Universität Graz

und

Dipl.-Ing. Dr. Wolfgang Schöniger

Pharmazeutisch-chemische Abteilung
der Sandoz AG, Basel

Zweite, umgearbeitete und ergänzte Auflage

Mit 62 Textabbildungen

Wien

Springer-Verlag

1961

ISBN-13: 978-3-211-80587-9   e-ISBN-13: 978-3-7091-7905-5
DOI: 10.1007/978-3-7091-7905-5

Vorwort zur ersten Auflage

Den Anlaß zur Ausarbeitung von Methoden zur Darstellung organischer Präparate unter Verwendung geringer Substanzmengen gaben die Beobachtungen, die im organisch-präparativen Praktikum bei dem seit mehreren Jahren bestehenden Mangel an Chemikalien und an Material jeder Art gemacht wurden. Es zeigte sich nämlich, daß einerseits viele Präparate wegen des Fehlens der notwendigen Chemikalien überhaupt nicht dargestellt werden konnten, andererseits infolge der großen Zahl von Studierenden die vorhandenen gewöhnlichen Chemikalien oft nicht ausreichten, um die in den gebräuchlichen Praktikumsbüchern vorgesehenen Mengen ($^1/_2$ bis 1 Mol und darüber) zur Verfügung zu stellen. Außerdem sind die Anschaffungskosten der notwendigen Glasgeräte derzeit so hoch, daß viele Studenten sie nicht aufbringen können. Es wurde daher der Versuch unternommen, die Mengen der Ausgangsmaterialien auf etwa den vierzigsten Teil derjenigen herabzusetzen, die in dem Praktikumshilfsbuch von GATTERMANN-WIELAND „Die Praxis des organischen Chemikers" angegeben sind. Die meisten der darin beschriebenen Präparate lassen sich mit einfachen Glasapparaten darstellen, die sich der Student bei ganz geringer Fertigkeit im Glasblasen selbst herstellen kann. Dadurch konnte gleichzeitig auch der Aufwand an Glasgeräten wesentlich verringert werden.

Das Arbeiten mit kleinen Substanzmengen bringt aber auch noch den Vorteil, daß der Zeitaufwand für die Darstellung eines Präparates meistens viel geringer ist und daher in der gleichen Zeit wesentlich mehr organische Verbindungen hergestellt werden können als mit größeren Mengen. Und dies liegt jedenfalls im Sinne einer gründlichen Ausbildung. Die Verwendung geringer Substanzmengen zwingt ferner den Praktikanten zu einem besonders sorgfältigen und sauberen Arbeiten, da er doch annähernd prozentuell die gleiche Ausbeute erreichen kann und soll als mit größeren Ansätzen.

Mit der in dieser Anleitung geschilderten Arbeitstechnik sollen die bisher üblichen Methoden keineswegs ausgeschaltet werden. Es soll im Gegenteil in entsprechend sinnvoller Auswahl ein Teil des organisch-präparativen Programms mit den bisher gebräuchlichen größeren Ansätzen, ein Teil mit geringen Mengen an Ausgangsstoffen durchgeführt werden. Auf diese Weise lernt der Anfänger am besten die vielfachen Vorteile des Arbeitens mit kleinen Substanzmengen kennen. Gleichzeitig lernt er aber auch die in den chemischen Laboratorien üblichen und für viele Zwecke unentbehrlichen Geräte und Glasapparate kennen. Die Aufteilung des Stoffes wird sich dabei nach dem jeweiligen Chemikalienbestand und den vorhandenen Geräten richten. Bei schwer zu beschaffenden Ausgangsstoffen wird man jedenfalls die kleinen Mengen wählen. In solchen Fällen, wo das erhaltene Reaktionsprodukt zur Darstellung weiterer Präparate dienen soll, wird man selbstverständlich zur Gewinnung des ersten Präparates einen etwas größeren Ansatz wählen. Wie sehr an Material gespart werden kann, ergibt sich, um nur ein Beispiel anzuführen, daraus, daß die für die Darstellung von Anilin in der Vorschrift von GATTERMANN angegebene Menge ausreicht, um 40 Studenten das gleiche Präparat herstellen zu lassen.

Im ersten Teil der Anleitung werden die wichtigsten allgemeinen Arbeitsmethoden zur Darstellung, Isolierung, Reinigung und Identifizierung organischer Präparate sowie die für das Arbeiten mit kleinen Substanzmengen erforderlichen Geräte beschrieben. Abbildungen der notwendigen Glasgeräte mit Angaben der Maße sollen zur Selbstherstellung einzelner Teile anregen und den Aufbau der Apparaturen erleichtern. Im speziellen Teil werden genaue Arbeitsvorschriften zur Darstellung von etwa 100 organischen Präparaten gegeben. Sie sind zum größeren Teil dem im deutschen Sprachgebiet verbreitetsten Praktikumshilfsbuch von GATTERMANN-WIELAND, zum Teil den „Organic Syntheses", zum Teil auch der Originalliteratur entnommen. Dabei erfreuten wir uns der Unterstützung durch Herrn Dozenten Dr. KRATZL vom 1. Chemischen Universitäts-Laboratorium in Wien, indem er durch seine Mitarbeiter eine größere Zahl von Literaturpräparaten mit den von uns angegebenen Geräten darstellen ließ. Bei den meisten Präparaten haben wir, einer Anregung Prof. FEIGLS (Rio de Janeiro) entsprechend, auch die Methoden zu deren Identifizierung durch Nachweis charakteristischer Gruppen mittels der Tüpfelanalyse angegeben und uns dabei der Monographie von F. FEIGL „Qualitative Analysis by Spot Tests", 3. Aufl. (1947), bedient. Dadurch soll der Anfänger mit einer Arbeitsmethodik vertraut werden, die bereits zum unentbehrlichen Rüstzeug des Chemikers gehört.

Wir sind uns bewußt, daß der allgemeine Teil noch ausführlicher hätte gestaltet werden können. Wir mußten uns aber, um den Rahmen des Büchleins, das in erster Linie als Praktikumshilfsbuch für Hochschullaboratorien gedacht ist, nicht zu überschreiten, auf die Beschreibung der wichtigsten und einfachsten Methoden und der leicht beschaffbaren Geräte beschränken.

Da darin jedoch die Arbeitstechnik sowie zahlreiche einfache Geräte und erprobte Apparate beschrieben sind, wie sie bei organisch-präparativen Arbeiten mit kleinen Substanzmengen überall gebraucht werden, dürfen wir erwarten, daß die „Anleitung" auch bei den in Forschungs- und Industrielaboratorien tätigen organischen Chemikern Anklang und Verwendung finden wird.

Bevor wir an die Veröffentlichung unserer Anleitung schritten, überzeugten wir uns von der Brauchbarkeit der Methodik, indem wir Anfänger im organisch-präparativen Praktikum zur Herstellung der Präparate heranzogen. Wir konnten feststellen, daß die Scheu vor dem Arbeiten mit geringen Substanzmengen und kleinen Geräten rasch überwunden wird und nach kurzer Übung auch die vorgeschriebenen Ausbeuten bei den Synthesen erreicht werden. Die gleichen Erfahrungen machte auch Doz. Dr. KRATZL am 1. Chemischen Institut in Wien, wo ein Teil des Übungsprogramms bereits nach unserem Verfahren durchgeführt wird. Wir danken ihm an dieser Stelle für seine Mitarbeit und für die Förderung, die unsere Arbeiten durch ihn erfahren haben, sowie auch für die Durchsicht des speziellen Teiles.

Dem Springer-Verlag in Wien danken wir für das verständnisvolle Entgegenkommen in jeder Hinsicht.

Graz, im Januar 1950

H. Lieb und W. Schöniger

Vorwort zur zweiten Auflage

Der Versuch, den wir vor 10 Jahren mit der Herausgabe einer „Anleitung zur Darstellung organischer Präparate mit kleinen Substanzmengen" wagten, darf als gelungen bezeichnet werden; denn das Buch wurde in Fachkreisen im allgemeinen begrüßt und günstig beurteilt. Außerdem wurde es inzwischen in vier Fremdsprachen übersetzt. Die nunmehr notwendig gewordene zweite Auflage bot die Möglichkeit, das Buch umzuarbeiten, verschiedene Mängel der ersten Auflage zu beseitigen und einige wesentliche Änderungen und Ergänzungen vorzunehmen. Der allgemeine Teil erfuhr eine Erweiterung sowohl im Text als auch durch Vermehrung der Abbildungen. Wenn auch grundsätzlich daran festgehalten wurde, in erster Linie solche Geräte anzuführen, die der Praktikant selbst herstellen kann, so mußte doch auch die Anschaffung und Verwendung vieler in der mikropräparativen Arbeitstechnik bewährter Apparate empfohlen werden. Der Abschnitt über Kristallisieren und Umkristallisieren und insbesondere über das Umkristallisieren in der Schmelzpunktkapillare wurde wegen seiner großen Bedeutung ausführlicher behandelt. Auch die Lösungsmitteltabelle wurde erweitert.

Im speziellen Teil wurden die in 14 Kapiteln aufgeteilten 112 Präparate zweckmäßiger angeordnet und bei einer Reihe von ihnen durch Text und Formeln der Reaktionsverlauf dargelegt. Auf die Angabe der Ausbeute in „Prozent der Theorie" wurde verzichtet, weil ja bei jedem Präparat ohnehin die Ausbeute in Gramm angegeben ist.

Der Nachweis von funktionellen Gruppen mittels Tüpfelreaktionen, der in der ersten Auflage bei den einzelnen Präparaten beschrieben ist, wurde zur Erleichterung der Auffindung dieser Reaktionen in einem eigenen Abschnitt zusammen mit dem Nachweis der einzelnen Elemente besprochen und auch der Reaktionsverlauf kurz erläutert. Dazu haben wir wieder die Monographie von F. FEIGL „Spot Tests in Organic Analysis", und zwar die 6. Auflage, herangezogen. An dieser Stelle möchten wir Herrn Prof. FEIGL danken, daß er uns vor Erscheinen seines Buches die Korrekturfahnen zur Benützung überlassen hat.

Schließlich danken wir dem Springer-Verlag in Wien für sein verständnisvolles Eingehen auf unsere Wünsche.

Graz und Basel, im Mai 1961

H. Lieb und W. Schöniger

Inhaltsverzeichnis

A. Allgemeiner Teil

B. Spezieller Teil

C. Nachweis einzelner Elemente und funktioneller Gruppen mittels Tüpfelreaktionen

Anhang

A. Allgemeiner Teil

I. Einleitung

Die Aufgaben, die der Studierende im organisch-chemischen Praktikum zu leisten hat, sind:

1. Die Darstellung bestimmter Substanzen aus bestimmtem Ausgangsmaterial (*Synthesen*) sowie die Untersuchung einzelner *Naturprodukte*.

2. Die *Isolierung und Reinigung* der bei der Synthese erhaltenen Reaktionsprodukte und der aus Naturprodukten gewonnenen Stoffe.

3. Die *Identifizierung* und *Charakterisierung* der erhaltenen Reaktionsprodukte.

In erster Linie werden Synthesen bestimmter Verbindungen durchgeführt und nach deren Reindarstellung oft auch noch Derivate davon hergestellt. Dabei kommt es nicht nur darauf an, daß das Reaktionsprodukt gewonnen wird, es muß vielmehr auch die unter den gegebenen Bedingungen erreichbare Ausbeute erhalten werden, was nur bei sorgfältiger Durchführung aller Arbeitsgänge möglich ist. Bei der oft schwierigen Untersuchung von Naturprodukten kommt es darauf an, Stoffgemische zu trennen, einheitliche Stoffe zu isolieren und deren Konstitution aufzuklären. Hiefür versucht man die komplizierter zusammengesetzten Stoffe in einfachere von bekannter Konstitution durch Abbaureaktionen überzuführen und daraus Rückschlüsse auf die Konstitution der Ausgangsprodukte zu ziehen.

Die Umsetzungen der organischen Substanzen erfolgen, da es sich um Molekülreaktionen und nicht um Ionenreaktionen handelt, meistens langsam und bedürfen zur Steigerung der Reaktionsgeschwindigkeit der beschleunigenden Wirkung einer erhöhten Temperatur. Die Reaktionen verlaufen aber fast niemals nur in einer Richtung zu einem bestimmten Endprodukt. Es treten immer auch Nebenreaktionen auf. Daher sind die erhaltenen Rohprodukte meistens durch etwas unverändertes Ausgangsmaterial, ferner durch Neben- und Zwischenprodukte und bei höheren Temperaturen entstandene Stoffe harzartiger Natur mehr oder minder stark verunreinigt und mißfarbig. Die Aufgabe des präparativ arbeitenden Chemikers besteht also weiters darin, das Rohprodukt von allen unerwünschten Begleitstoffen möglichst verlustlos zu trennen. Da die hier in Betracht kommenden Stoffe meistens feste, kristallisierte Körper oder Flüssigkeiten bilden, kommen für ihre Reindarstellung hauptsächlich zwei Methoden in Betracht: die *Kristallisation* und die *Destillation.* Dazu kommt dann noch das *Ausschütteln* und *Extrahieren,* die *Sublimation* und die *Adsorption.*

Zur Identifizierung und Charakterisierung der erhaltenen Reaktionsprodukte oder der aus Naturprodukten isolierten Stoffe ist folgender Analysengang einzuhalten:

1. Mikroskopische Prüfung auf Homogenität.

2. Nachweis einzelner Elemente.

3. Nachweis basischer bzw. saurer Gruppen.

4. Verhalten beim Erhitzen.

5. Löslichkeit in Wasser und in organischen Lösungsmitteln (wenn nötig, nach Zugabe von Säuren und Alkalien).

6. Umkristallisieren und Ermittlung des Schmelzpunktes bzw. Siedepunktes.

7. Nachweis charakteristischer funktioneller Gruppen.

8. Die Bestimmung der eutektischen Temperatur und des Lichtbrechungsvermögens von Schmelzen.

Bei unbekannten Substanzen ist neben der Ermittlung der qualitativen Zusammensetzung auch die *quantitative Elementar-* und *Atomgruppenanalyse* durchzuführen, allenfalls das *Molekulargewicht* zu bestimmen, sowie UV- und IR-Absorptionsspektren aufzunehmen und eine eventuell vorhandene optische Aktivität zu messen.

Literaturhinweise

Für das praktische Arbeiten in der organischen Chemie wird auf folgende Werke hingewiesen, die auch zum Teil bei der Abfassung dieser Anleitung verwendet wurden.

BERNHAUER, K.: Einführung in die organisch-chemische Laboratoriumstechnik, 5. Aufl. Wien: Springer-Verlag. 1947 (vergriffen).

CHERONIS, N. D.: in A. WEISSBERGER: Techniques of Organic Chemistry, Vol. VI. New York: Interscience Publ. Inc. 1954.

EMICH, F.: Mikrochemisches Praktikum, 2. Aufl. München: J. F. Bergmann. 1931.

FEIGL, F.: Spot Tests in Organic Analysis, 6. Aufl. S 38—57, New York: Elsevier Inc. 1960.

GATTERMANN, L., und H. WIELAND: Die Praxis des organischen Chemikers, 38. Aufl. Berlin: Walter de Gruyter & Co. 1958.

GORBACH, G.: Mikrochemisches Praktikum, Heidelberg: Springer-Verlag. 1956.

LIEB, H., und W. SCHÖNIGER: in HECHT-ZACHERL: Handbuch der mikrochemischen Methoden, Bd. I/1. Wien: Springer-Verlag. 1954.

MANN, F. G., und B. S. SAUNDERS: Practical Organic Chemistry. London: Longmans, Green & Co. 1952.

Organic Syntheses, Coll. Vol. I, 2nd ed., Coll. Vols. II und III, New York: John Wiley & Sons, Inc.

ORTHNER, L., und L. REICHEL: Organisch-chemisches Praktikum. Berlin: Verlag Chemie. 1929 (vergriffen).

SCHNEIDER, F.: Qualitative Organic Microanalysis, S. 4—76. New York: John Wiley & Sons. 1946.

STAUDINGER, H.: Anleitung zur organischen qualitativen Analyse. 6. Aufl. Berlin: Springer. 1955.

VOGEL, A. I.: Elementary Practical Organic Chemistry. London: Longmans, Green & Co. 1958.

WEYGAND, C.: Organisch-chemische Experimentierkunst, 2. Aufl. Leipzig: J. A. Barth. 1948 (vergriffen).

Auf folgende Sammelreferate, die sich speziell mit Apparaturen befassen, wird ebenfalls aufmerksam gemacht:

CHERONIS, N. D. und Mitarbeiter: J. Chem. Educ. **16,** 28 (1939); **20,** 431, 488, 611 (1943); **21,** 603 (1944); **22,** 85, 107 (1945); Mikroch. **38,** 428 (1951).

CLARET, P. A.: Chem. and Ind. **1952,** 1147.

DADIEU, A., und H. KOPPER: Angew. Chem. **50,** 367 (1937).

FUCHS, A.: Monatsh. **43,** 129 (1922).

HALLETT, L. T.: Ind. eng. Chem., Anal. Ed. **14,** 956 (1942).

HARPER, S. H.: Nature **173,** 715 (1954).

KAJOLA, N.: A. Chem. Scand. **8,** 698 (1954).

PFEIL, E.: Angew. Chem. **54,** 161 (1941).

PREGL, F.: Die quantitative organische Mikroanalyse, 3. Aufl., S. 243. Berlin: J. Springer. 1930.

SCHILL, G.: Farmac. Revy **53,** 593 (1954).

SOLTYS, A.: Mikroch., Molisch-Festschrift, 393 (1936).

STOCK, J. T., und M. A. FILL: Mikroch. Acta **1953,** 89.

II. Allgemeine Arbeitsmethoden

1. Trennung fester Stoffe von Flüssigkeiten

Zum Trennen fester Stoffe von Flüssigkeiten und Lösungen dient als einfachstes Mittel das *Dekantieren* und *Abhebern*, ferner das *Filtrieren* und das *Zentrifugieren*.

Das *Dekantieren* kann vor allem dann verwendet werden, wenn sich der feste Stoff genügend fest und rasch am Boden des Gefäßes abgesetzt hat. So wird man z. B. nach dem Zentrifugieren die darüberstehende Lösung meistens abgießen können. Auch durch *Abhebern* kann eine Trennung des flüssigen vom festen Anteil durchgeführt werden. Beim Arbeiten mit geringen Substanzmengen empfiehlt es sich, Kapillaren als Heber zu verwenden, die bei genügend kleinem Lumen selbsttätig absaugen. Um ein Mitreißen fester Teilchen zu verhindern, wird der über dem Bodenkörper befindliche Schenkel des Hebers zu einem kleinen Häkchen umgebogen, so daß die Ansaugöffnung nach oben zeigt.

Zum *Absaugen* geringer Mengen verwendet man entweder eine kleine WITTsche *Filterplatte*, das ist eine perforierte Porzellanplatte, die man in einen kleinen Trichter einlegen kann, oder bei Mengen von einigen Zentigramm einen einfachen Trichter, in dessen Hals sich ein breitgedrückter Glasstab befindet, auch WILLSTÄTTER-Nagel genannt. Sein Durchmesser ist so gewählt, daß er leicht in den Hals des verwendeten Trichters paßt. Man legt ein Filterpapierscheibchen aus möglichst weichem Papier auf. Der Kopf des Nagels (5 bis 10 mm Durchmesser) soll zur Erhöhung der Saugwirkung mit Rillen versehen werden (Abb. 1). (B. FLASCHENTRAEGER gibt ein Verfahren an, nach dem sich der gerillte Glasnagel mit einer Matrize aus Ton leicht herstellen läßt[1].) Das Filterpapierscheibchen wird nach dem Befeuchten mit dem benützten Lösungsmittel festgesaugt, so daß es zugleich am Trichter anliegt. Ein anderes sehr zweckmäßiges *Mikrofiltriergerät* kann man leicht aus einem Schliffpaar

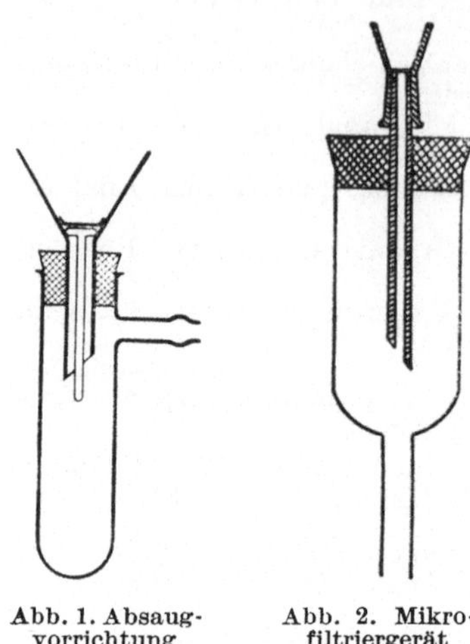

Abb. 1. Absaugvorrichtung

Abb. 2. Mikrofiltriergerät

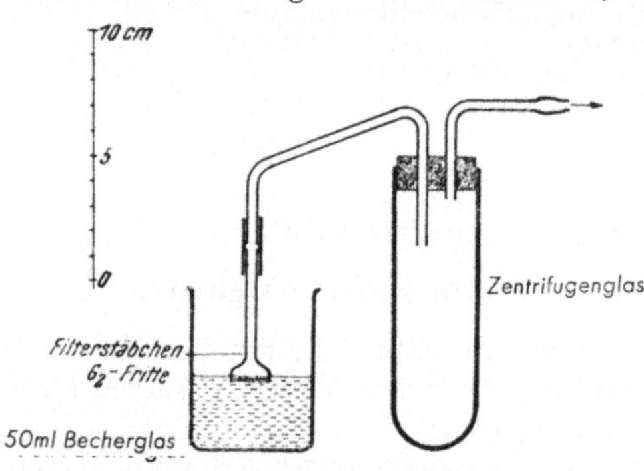

Abb. 3. Filtration mit Filterstäbchen nach EMICH

selbst herstellen (Abb. 2)[2]. Es besteht aus einem kapillaren Stiel (innerer Durchmesser 1 mm), an dessen oberen Ende ein Schliff angebracht ist. Der aufgesetzte Konus ist so geformt, daß er gleich-

---

[1] Mikrochim. Acta **1954**, 72.
[2] JAGODA H.: Mikrochem. **18**, 299 (1935).

zeitig als kleiner Trichter dient. Auf die plangeschliffene Oberfläche des Stieles wird ein passendes Filterpapierscheibchen gelegt und das Gerät in eine Absaugeprouvette eingesetzt.

Eine andere Möglichkeit, um feste Stoffe von Flüssigkeiten zu trennen, bietet die von F. EMICH eingeführte sogenannte *umgekehrte Filtration*. Dazu wird ein *Filterstäbchen* (im Handel aus Glas, Porzellan oder Platin erhältlich) benötigt, das im einfachsten Fall über einen Heber an eine Saugeprouvette angeschlossen werden kann (Abb. 3). In Verbindung mit der *Filtrierpipette* von G. GORBACH[1] kann sowohl der Niederschlag als auch die Mutterlauge bzw. die Waschlösung gesammelt werden (Abb. 4).

Zur Trennung geringer Mengen eines festen Stoffes von der Flüssigkeit eignet sich ganz besonders die *Zentrifuge*. Die Substanzverluste sind bei dieser Methodik am geringsten. Zum Zentrifugieren benützt man entweder eine Handzentrifuge oder vorteilhafter eine kleine Laboratoriumszentrifuge mit einer Umdrehungszahl von 2000 bis 3000 je Minute. Dadurch wird der suspendierte Anteil auf den Boden des Zentrifugenglases geschleudert und dort zusammengepreßt. Bei Benützung der Zentrifuge ist darauf zu achten, daß die einzelnen Zentrifugeneinsätze samt Schleudergut sorgfältig auf gleiches Gewicht austariert sind, da sonst die Zentrifuge Schaden leidet. Verschiedene Formen von *Zentrifugengläsern* sind in Abb. 5 dargestellt. Zentrifugenröhrchen mit abnehmbaren Boden, wie sie von verschiedenen Autoren beschrieben werden,

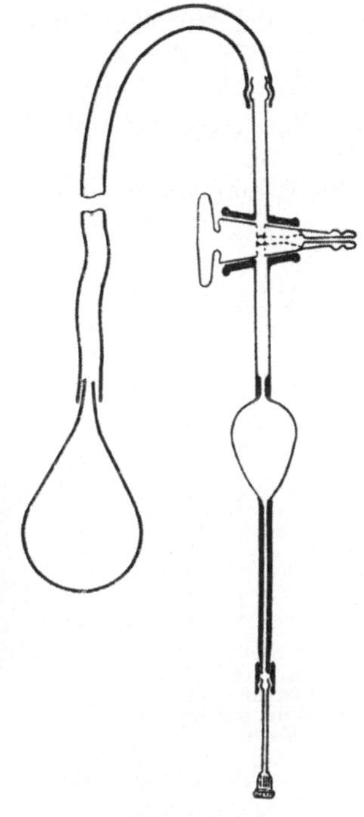

Abb. 4. Filtrierpipette nach GORBACH

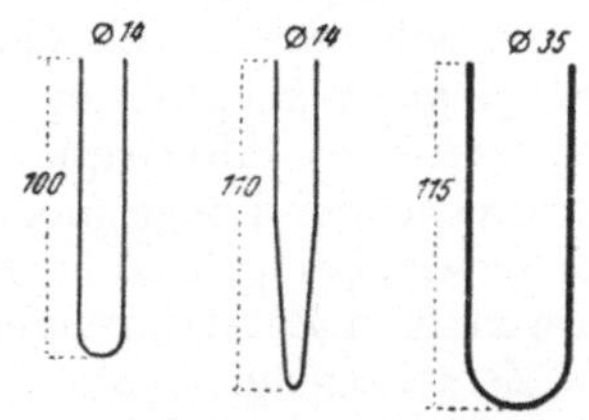

Abb. 5. Zentrifugengläser

---

[1] Mikrochem. **31**, 109 (1943).

sind ebenfalls für präparative Zwecke geeignet (Abb. 6).[1] Weitere Zentrifugieranordnungen, die zum Sammeln des Niederschlages einen Einsatz verwenden, sind auf S. 7, 13, 15 beschrieben.

Bei Verwendung eines Zentrifugengläschens mit rundem Boden kann nach dem Zentrifugieren der Niederschlag wie folgt behandelt werden: Die über dem Niederschlag stehende Flüssigkeit wird abgegossen (dekantiert), indem man das Gläschen rasch umkippt und die Flüssigkeit ablaufen läßt (Abb. 7a) oder, wie bereits beschrieben, abhebert. Zur Entfernung der letzten Flüssigkeitsreste schiebt man dann einen Filterpapierstreifen bis zur Substanz in

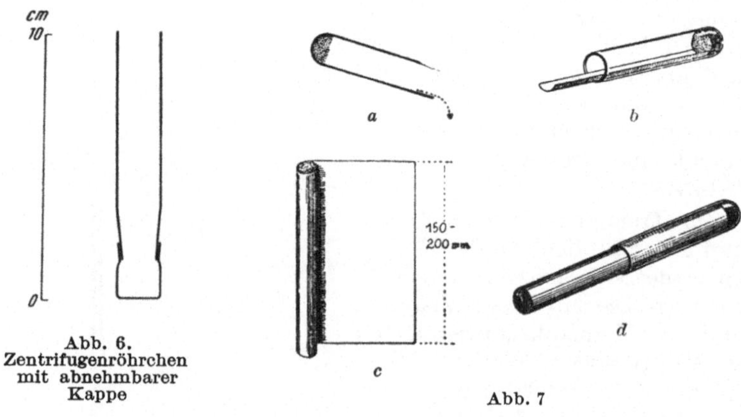

Abb. 6.
Zentrifugenröhrchen
mit abnehmbarer
Kappe

Abb. 7

das Röhrchen ein und läßt die Flüssigkeitsreste aufsaugen (Abb. 7b). Die noch in der festen Substanz enthaltenen Flüssigkeitsanteile lassen sich zum Großteil durch *Abpressen* mit der *Filterpapierrolle* entfernen (Abb. 7c). Diese stellt man sich so her, daß man einen Filterpapierstreifen von 150 bis 200 mm Breite und entsprechender Länge möglichst dicht zusammenrollt. Die Länge des verwendeten Streifens richtet sich nach dem Durchmesser des verwendeten Zentrifugenglases. Die Rolle muß leicht gleitend in das Zentrifugenglas passen und darf auf keinen Fall in der Mitte einen Hohlraum haben. Beim Aufpressen auf die feste Substanz bleiben, insbesondere wenn sie kristallinisch ist, nur Spuren auf dem Rollenende haften. Die auf diese Weise abgepreßte Substanz läßt sich dann mit einem Spatel entsprechender Größe leicht aus

---

[1] BECK, G.: Analyt. Chim. Acta **4**, 245 (1950).

dem Zentrifugengläschen entfernen. Das Ende der Rolle wird nach dem Gebrauch mit einem scharfen Messer abgeschnitten, so daß sie wieder verwendet werden kann.

Soll die durch Zentrifugieren niedergerissene Substanz gewaschen oder umkristallisiert werden, so wird sie in der für die Reinigung in Betracht kommenden Flüssigkeit aufgewirbelt (allenfalls mit einem dünn ausgezogenen Glasstab, der an der Spitze eine Kugel hat), wieder zentrifugiert und wie oben beschrieben weiterbehandelt.

Zur Abtrennung einiger mg Niederschlag aus wenig Flüssigkeit eignet sich die *Zentrifugalnutsche* von F. PREGL (Abb. 8). Ein Glasrohr von 5 bis 6 mm Durchmesser wird an einer Stelle auf ein Lumen von 0,2 bis 0,5 mm zusammengestaucht. Dann schneidet man das Rohr 20 mm bzw. 50 mm von der Verengung weg ab und erweitert die Mündung des kürzeren Teiles trichterartig. Für den Gebrauch verschließt man das längere Ende mit einem gut passenden Kork, stopft in die Verengung mittels eines Glasfadens ein Watteflöckchen, befeuchtet dieses mit dem entsprechenden Lösungsmittel, stellt die Nutsche in ein Zentrifugengläschen und zentrifugiert.

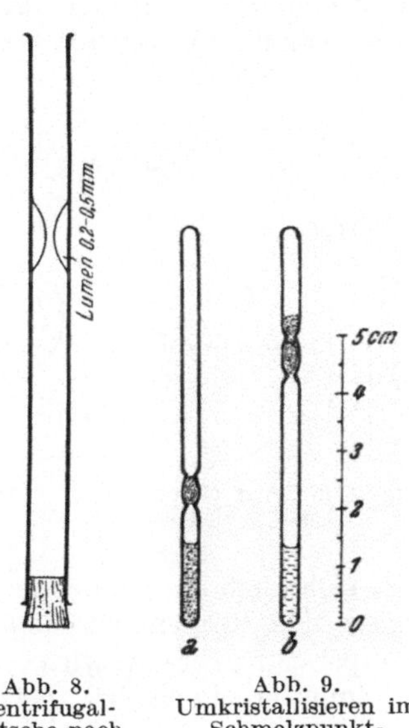

Abb. 8.
Zentrifugal-
nutsche nach
PREGL (1:1)

Abb. 9.
Umkristallisieren im
Schmelzpunkt-
röhrchen

In die dadurch ausgewaschene Nutsche wird durch den Trichter das zu trennende Gemenge gegeben und durch Zentrifugieren getrennt. Die Kristalle können dann noch mit wenig Flüssigkeit gewaschen werden. Die Mutterlauge läßt sich nach Entfernen des Korkes aus der Nutsche durch stoßartiges Schütteln entfernen. Die Kristallmasse kann dann mit einem Draht oder einem Glasfaden samt der Watte herausgehoben werden.

Auch in einer *Schmelzpunktkapillare* kann durch Zentrifugieren filtriert werden (Abb. 9). Diese Arbeitsmethodik, die auf S. 16 ausführlich beschrieben ist, ist vor allem für das Umkristallisieren kleinster Substanzmengen nötig.

2. Trocknungsmethoden

a) Feste Stoffe

Zur Entfernung der letzten Reste von Lösungsmittel und zum Trocknen geringer Mengen fester Substanz bei Zimmertemperatur wird das kurze Reagenzgläschen, in welchem sich die beim Umkristallisieren gewonnene Substanz befindet, mit einem einfach durchbohrten Kork verschlossen. Dann wird es mit Hilfe eines rechtwinkelig gebogenen Glasrohres (Abb. 10) an die Wasserstrahlpumpe angeschlossen und längere Zeit abgesaugt. Dieses Verfahren

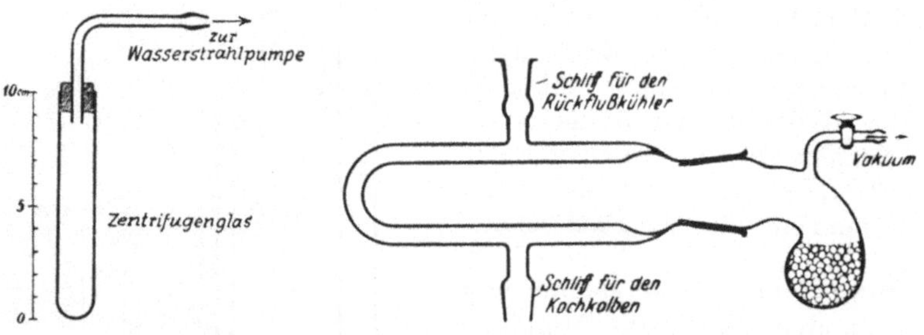

Abb. 10. Vortrocknen von   Abb. 11. Trockenpistole nach ABDERHALDEN
Niederschlägen

läßt sich auch zum Trocknen bei höherer Temperatur verwenden, indem das Reagenzgläschen in ein Heizbad von entsprechender Temperatur gebracht wird.

Zum Trocknen bei gewöhnlicher Temperatur werden auch *Exsikkatoren* verschiedener Form verwendet. Als Trockenmittel kann in den Exsikkator gekörntes Calciumchlorid, Silicagel, conc. Schwefelsäure oder Phosphorpentoxyd, manchmal auch Calciumoxyd oder festes Kaliumhydroxyd gegeben werden. Durch Evakuieren des Exsikkators wird das Trocknen beschleunigt.

Für kleine Mengen verwendet man einen *Dosenexsikkator*. Zum Trocknen im Vakuum dienen *Röhrenexsikkatoren*, z. B. die ABDERHALDENsche *Trockenpistole* (Abb. 11). Die *Universalapparatur* von DUBBS (vgl. Abb. 41) kann ebenfalls für das Trocknen im Vakuum verwendet werden. Eine einfache Anordnung zum Trocknen sehr kleiner Mengen wurde von F. PREGL beschrieben (Abb. 12). Zum Erhitzen des *Mikro-Exsikkators* dient der *Heizblock* (Abb. 13).

Je nach der Art des Lösungsmittels kann beim Trocknen fester Substanzen außer dem eigentlichen Trockenmittel auch noch ein Absorptionsmittel für die Dämpfe des Lösungsmittels in den Ex-

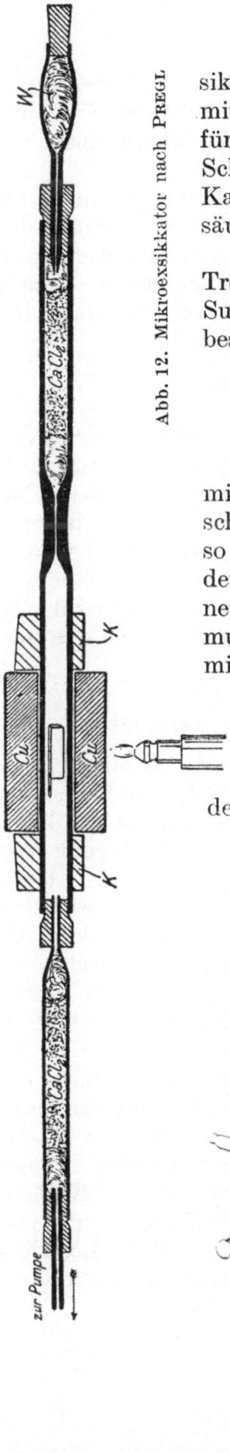

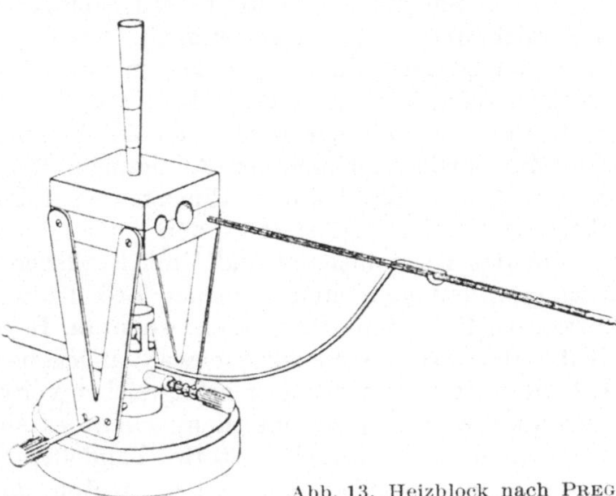

Abb. 12. Mikroexsikkator nach PREGL

sikkator gegeben werden, z. B. Paraffin oder mit Paraffin getränkte Filterpapierstreifen für Kohlenwasserstoffe (Benzin, Benzol sowie Schwefelkohlenstoff, Äther und Chloroform), Kaliumhydroxyd für Säuredämpfe, Schwefelsäure für flüchtige Basen.

Es gibt noch eine Reihe besonderer Trocknungsmethoden für feste und halbfeste Substanzen, die an dieser Stelle nicht näher beschrieben werden können.

b) Das Trocknen von Flüssigkeiten und Lösungen

Wenn eine Substanz aus wässerigem Medium mit einem organischen Lösungsmittel ausgeschüttelt werden muß (z. B. Anilin mit Äther), so muß die mit Wasser gesättigte Lösung vor dem Abdestillieren des Lösungsmittels getrocknet werden. Bei der Wahl des Trockenmittels muß darauf geachtet werden, daß dieses weder mit dem gelösten Stoff noch mit dem Lösungsmittel reagieren darf und in diesem auch unlöslich sein muß. Das am häufigsten benützte Trockenmittel ist gekörntes oder geschmolzenes *Calciumchlorid*. Damit werden fast immer Äther, Chloroform, Benzol und

Abb. 13. Heizblock nach PREGL

deren Lösungen getrocknet. Ein großer Überschuß muß wegen des Flüssigkeitsverlustes vermieden werden. Da Alkohol mit Calciumchlorid reagiert, dürfen alkoholische Lösungen damit nicht getrocknet werden, auch nicht Amine und Phenole.

Wasserfreies *Natriumsulfat*, vor Gebrauch frisch geglüht, wird ebenfalls öfters gebraucht. Damit kann bis zu einem Drittel des Gewichts Wasser gebunden werden. Für Lösungen basischer Stoffe eignet sich geglühte *Pottasche* (Kaliumcarbonat) und festes *Ätzkali*. Bezüglich der Wahl des richtigen Trockenmittels vgl. man die Tabelle auf S. 45.

c) Trocknen von Gasen

Je nach der chemischen Natur des Gases werden verschiedene Trockenmittel angewendet. Sauerstoff, Wasserstoff, Stickstoff, Kohlendioxyd, Kohlenmonoxyd, Chlor, Chlorwasserstoff, Schwefeldioxyd lassen sich trocknen, indem man sie durch eine mit conc. Schwefelsäure beschickte Waschflasche leitet. Als feste Trockenmittel kommen in Betracht: gekörntes Calciumchlorid, Silicagel, Ätzkali, Ätzkalk (für Ammoniak) und Phosphorpentoxyd. Zu diesem Zwecke gibt man sie in einen Trockenturm, in eine U-Röhre oder in eine Trockenröhre.

3. Kristallisieren, Umkristallisieren, Aussalzen

Das Kristallisieren ist ein Vorgang, der bei der Reinigung von Substanzen von größter Bedeutung ist; denn beim Kristallisieren werden Verunreinigungen weitgehend ausgeschaltet. Wenn daher organische Substanzen kristallisieren, so ist deren Reinigung und Identifizierung in der Regel einfach. Aus diesem Grunde ist der Chemiker bemüht, die Substanzen im kristallinischen Zustand zu erhalten oder kristallisierende Derivate davon herzustellen. Als Kriterium der Reinheit wird dann der Schmelzpunkt bestimmt. Zum Zwecke der vollständigen Reinigung müssen jedoch die Stoffe, die sich beim Abkühlen oder Einengen einer Lösung kristallinisch abscheiden, umkristallisiert werden.

Für das Kristallisieren und Umkristallisieren ist die *Wahl des Lösungsmittels* von entscheidender Bedeutung. Die Erstkristallisation bei Lösungen erfolgt meist spontan. Regeln können für die Wahl des Lösungsmittels schwer angegeben werden. Polare Lösungsmittel werden meist erfolgreicher verwendet als Kohlenwasserstoffe. Daher macht man, sofern es sich nicht um ausgesprochen wasserlösliche Stoffe handelt, zunächst Lösungsversuche mit Äthylalkohol, Äther, Aceton, dann mit Essigester,

Eisessig, Benzol, Chloroform u. ä. Falls man mit diesen Lösungsmitteln keinen Erfolg hat, versucht man Gemische. Wenn zu erwarten ist, daß der Schmelzpunkt der zu kristallisierenden Substanz genügend hoch liegt, so kann man unter Umständen längere Zeit auch mit nicht vollständig lösenden Mitteln unter Rückflußkühlung kochen.

Die abzutrennenden Begleitstoffe sollen leichter löslich sein als die zu reinigende Substanz, damit sie beim Erkalten in der Mutterlauge gelöst zurückbleiben. Auch der umgekehrte Fall, geringere Löslichkeit der Begleitstoffe, ermöglicht ihre allerdings nicht so vollständige Trennung. Beim Lösen einer Substanz beginnt man mit einer zur vollständigen Auflösung nicht ganz hinreichenden Flüssigkeitsmenge, hält lebhaft im Sieden und gibt erst dann weitere Mengen Lösungsmittel zu, wenn man sieht, daß keine Substanz mehr in Lösung geht. Dann wird, falls die Lösung nicht klar ist, heiß filtriert bzw. zentrifugiert und rasch in ein reines Gefäß abgegossen. Um Substanzverluste auszuschließen, vermeide man möglichst das Filtrieren und benütze die Zentrifuge.

Die Geschwindigkeit, mit der organische Stoffe auskristallisieren, schwankt innerhalb weiter Grenzen; auch die Neigung, übersättigte Lösungen zu bilden, ist groß. Oft läßt sich schon durch Einimpfen weniger Kriställchen des betreffenden Stoffes in die Lösung sowie durch Rühren mit einem Glasstab die Übersättigung aufheben und die kristallinische Abscheidung beschleunigen.

Für die *Auswahl des geeigneten Lösungsmittels* sollen folgende Punkte beachtet werden: Es besteht ein Zusammenhang zwischen der Struktur des zu lösenden Stoffes und der des Lösungsmittels. Unter verwandten oder isomeren Stoffen sind im allgemeinen die niedriger schmelzenden leichter löslich; Lösungsmittel, die dem zu lösenden Stoff chemisch nahestehen, lösen am besten. Daher sind Kohlenwasserstoffe am besten in Kohlenwasserstoffen, Äthern und Halogenkohlenwasserstoffen löslich, in Wasser jedoch unlöslich. Halogensubstitution ändert den Kohlenwasserstoffcharakter, was die Löslichkeit betrifft, wenig. Ebenso haben Äther-, Thioäther-, Ester- und Nitrogruppen wenig Einfluß. Aldehyd-, Keto- und Nitrilgruppen schwächen den Kohlenwasserstoffcharakter und bringen eine mäßige Erhöhung der hydrophilen Eigenschaften. Solche Stoffe werden daher auch in Alkoholen, Eisessig u. ä. löslich sein.

Größere Hydrophilie besitzen niedere Alkohole und Verbindungen mit mehreren alkoholischen und phenolischen Hydroxylgruppen sowie Stoffe mit Carboxyl- und Säureamidgruppen. Eine Sonderstellung nehmen Amine ein, die sowohl in Äther als auch in

Wasser löslich sind. Die Wasserlöslichkeit ist bei Verbindungen dieser Klasse eine Funktion der Basizität.

Sehr hydrophil, dafür aber in Kohlenwasserstoffen, Äther u. ä. praktisch unlöslich, sind Sulfonsäuren und Stoffe, die Zwitterionen bilden (z. B. Aminosäuren). Der hydrophile Charakter wird durch einen sehr großen Kohlenwasserstoffrest abgeschwächt. Aldehyde verwendet man wenn möglich nicht. Ketone sind meist ausgezeichnete Lösungsmittel, können aber auch Störungen bewirken (bei Oximen, Hydrazonderivaten z. B.). Außer Wasser können auch andere anorganische Lösungsmittel mit Vorteil verwendet werden (conc. Schwefelsäure, verd. Schwefelsäure, verd. Salpetersäure). Auch der Dipolcharakter eines Lösungsmittels spielt für dessen Lösungsvermögen eine Rolle. So ist z. B. Chloroform fast immer ein besseres Lösungsmittel als Tetrachlorkohlenstoff. Ferner ist zu beachten, daß die unreinen Stoffe viel besser löslich sind als die reinen. Für schwerlösliche Stoffe eignen sich höher siedende Lösungsmittel der gleichen Gruppe wegen der erhöhten Siedetemperatur besser als die tiefer siedenden.

Um Verluste beim Umkristallisieren zu vermeiden, soll die Löslichkeit in der Hitze groß, in der Kälte jedoch gering sein. Der Siedepunkt des gewählten Lösungsmittels soll möglichst hoch liegen, damit man, sofern die Substanz dies verträgt, zum Sieden erhitzen kann. Er soll aber andererseits wenigstens 10 bis 15°C unter dem Schmelzpunkt der Substanz liegen. Selbstverständlich muß darauf geachtet werden, daß das Lösungsmittel chemisch indifferent ist (Alkohole können bei hoher Temperatur auf Säuren veresternd wirken!).

Auch die *Anwendung zweier miteinander mischbarer Lösungsmittel* ist oft ein wertvolles Hilfsmittel zur Reinigung. Man mischt z. B. Alkohol, Aceton, Eisessig mit Wasser; Pyridin mit Wasser, Äther oder Alkohol; Äther, Benzol, Chloroform mit Petroläther. Man verfährt dabei so, daß man zur konzentrierten Lösung des zu reinigenden Stoffes tropfenweise das zweite Lösungsmittel, in welchem sich die Substanz schlechter löst, zusetzt, bis gerade eine schwache Trübung auftritt. Durch Reiben mit einem Glasstab an der Gefäßwand wird dann die Kristallisation angeregt. Schwer kristallisierbare Stoffe schmieriger Konsistenz müssen manchmal wochenlang stehen, bis sie endlich kristallisieren.

Beim Arbeiten mit geringen Substanzmengen ist zum Unterschied von den mit größeren Mengen arbeitenden Methoden beim Lösen, Erhitzen und Kristallisieren noch folgendes zu beachten:

Das Verdunsten von Lösungsmitteln muß weitgehend verhindert werden. Wenn nämlich z. B. bei einer Makromethode von

100 ml einer ätherischen Lösung 1 ml verdunstet, kann die dadurch
eintretende Konzentrationsänderung vernachlässigt werden. Wenn
jedoch bei geringen Substanzmengen von
2 ml ätherischer Lösung 1 ml verdunstet, so
bedeutet dies eine Konzentrationsänderung
von 50 %, so daß die gelösten Stoffe unter
Umständen schon ausfallen können, bevor
sie miteinander reagiert haben. Andererseits
sind aber solche Verluste an Lösungsmitteln,
da deren Menge nur 1 bis 3 ml beträgt, jeder-
zeit leicht zu ersetzen. Unter Verwendung
des *Kühlrohres* (Abb. 14) kann der Verlust
an Lösungsmitteln weitgehend vermieden
werden.

Bei Verwendung von *niedrig siedenden
Lösungsmitteln (bis 90° C)* wird das Reaktionsgefäß in ein Becherglas mit heißem Wasser
getaucht. Sobald die Flüssigkeit zu sieden
beginnt, wird es herausgenommen und durch
abwechselndes Eintauchen und Herausheben
des Gefäßes die Flüssigkeit im Sieden erhalten. Bei *Verwendung von Lösungsmitteln
mit einem Siedepunkt über 90° C* und bei
einer Erhitzungsdauer bis zu 10 Minuten
wird das Reaktionsgefäß an den Rand einer
klein gestellten Bunsenflamme gehalten, um
die Siedetemperatur zu erreichen, und der
obere Rand des Reaktionsgefäßes etwa 2 cm
breit zwecks Kühlung mit mehreren Lagen
von angefeuchtetem Filtrierpapier umwickelt.
Wenn jedoch länger erhitzt werden muß,
verwendet man, um Verluste an Lösungsmitteln zu vermeiden, das *Kühlrohr* (vgl.
Abb. 14). Es ist dies ein Glasrohr von etwa
25 cm Länge und von 2,5 bis 3 mm lichter
Weite, das mit 4 bis 5 kugelförmigen Erweiterungen versehen ist und mit einigen
Lagen feuchten Filtrierpapiers umwickelt
werden kann. Durch öfteres Bespritzen mit
kaltem Wasser ist die Kühlung auch bei
längerer Dauer der Reaktion wirksam. Man kann auch das
schräge Kugelkühlrohr (*Destillationsrohr*, vgl. Abb. 28) verwenden,
das mit seinem stumpfwinkeligen Ende auf das Reaktionsgefäß

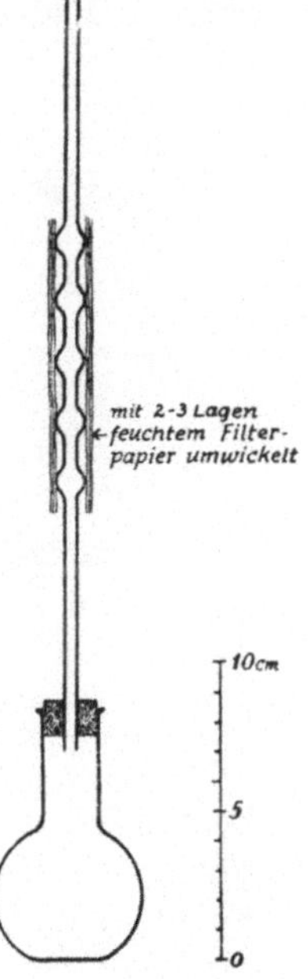

Abb. 14.
Erhitzen unter Rück-
flußkühlung

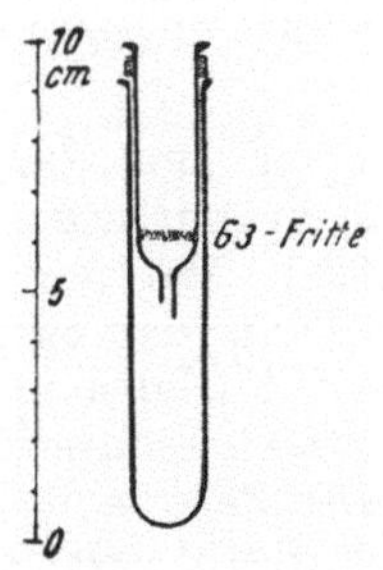

Abb. 15. Zentrifugier-
filterröhrchen

aufgesetzt wird. Es wird wie bei der Wasserdampfdestillation (vgl. Abb. 42) gekühlt. Bei längerem Erhitzen bringt man das Reaktionsgefäß je nach Siedetemperatur der Lösung in eines der später erwähnten Bäder (mit conc. Salzlösung, Paraffinöl, Glycerin oder conc. Schwefelsäure s. S. 44).

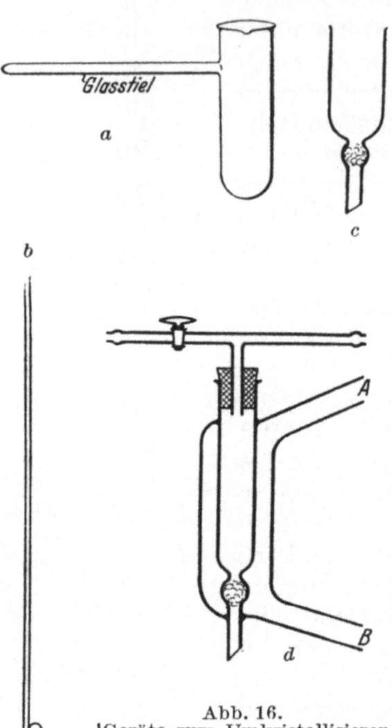

Abb. 16.
|Geräte zum Umkristallisieren

Gefärbte Verunreinigungen werden durch Behandlung mit einem Adsorptionsmittel, am häufigsten mit *Tierkohle* entfernt. Man soll dabei möglichst wenig Adsorptionsmittel anwenden, da sonst Substanzverluste eintreten. Man schüttelt bei Zimmertemperatur oder kocht am *Rückflußkühler* (vgl. Abb. 14) und filtriert oder zentrifugiert mit einem kleinen *Fritteneinsatz* (Abb. 15)[1]. Zum *Heißfiltrieren* wird das in Abb. 16 gezeigte Gerät verwendet. Durch den Mantel (Abb. 16d) wird der Dampf des Lösungsmittels geleitet, welches zum Umkristallisieren verwendet wird.

Behelfsweise kann eine Heißfiltration wie folgt durchgeführt werden: Ein Streifen Aluminiumfolie, der ungefähr so breit ist wie der Filtertrichter lang (man verwendet vorteilhafterweise Filtertrichter mit zylindrischem Körper), wird 4- bis 5mal um diesen gewickelt. Man gibt ein Thermometer in den Trichter und erwärmt die Folie mit einem Mikrobrenner auf die gewünschte Temperatur. Nachdem man den Brenner entfernt hat, nimmt die Temperatur während etwa 5 Minuten nur um einige Grade ab, so daß in dieser Zeit bequem filtriert werden kann. Auch das in Abb. 23 (vgl. S. 19) gezeigte Gerät von BLOUNT hat sich bewährt. In den eingehängten Glasfrittentiegel wird die zu reinigende Substanz gebracht, so daß das Lösen, Filtrieren und Auskristallisieren im gleichen Gefäß stattfindet. Es können selbstverständlich auch an-

---

[1] LIEB, H., und W. SCHÖNIGER: Mikrochem. **35,** 94 (1950).

dere Extraktoren für kleine Substanzmengen (s. S. 20) verwendet
werden.

Ein spezielles Gerät für das Umkristallisieren und Sammeln von
Mengen unter 1 g zeigt Abb. 17[1]. Es ist so dimensioniert, daß es
in ein gewöhnliches Zentrifugenglas eingehängt werden kann. Die
angesetzte Kapillare ist an der Verbindungsstelle zum weiteren Teil
eingeschnürt. Von unten her wird in die Kapillare ein genau passender, am Ende zugespitzter Stift aus Teflon eingeschoben, der
als Verschluß der Kapillare während des Lösungsvorganges dient.
Nach dem Auskristallisieren wird der Stift entfernt und das Röhrchen in das Zentrifugenglas
eingesetzt. Die Kristalle sammeln sich am Boden
des Röhrchens, ohne durch die Kapillare in die
Mutterlauge zu gelangen. Soll zum Lösen der
Substanz erhitzt werden, so hält man das Gefäß
in den Dampfstrom. Auf diese Weise kann darin
mehrmals kristallisiert werden.

Umkristallisieren in der Schmelzpunktkapillare:

Für das Umkristallisieren weniger Milligramm
Substanz eignet sich das von A. FUCHS[2] beschriebene Verfahren, für das eine Schmelzpunktkapillare
verwendet wird (vgl. Abb. 9).

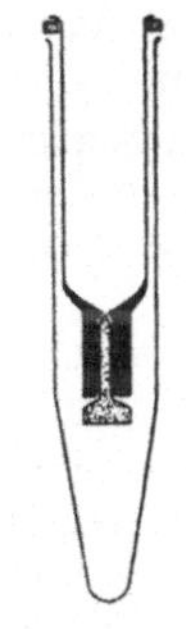

Abb. 17. Gerät
zum Um-
kristallisieren
und Sammeln

Die Substanz, mit der allenfalls schon eine
Schmelzpunktbestimmung durchgeführt wurde,
wird in der Kapillare nach und nach mittels einer
Mikropipette (Glaskapillare von ungefähr 0,2 mm Innendurchmesser) unter Erwärmen mit soviel Lösungsmittel versetzt,
daß gerade Lösung eintritt. Zur Beschleunigung des Lösungsvorganges kann mit einem Platindraht oder mit einem Glasfaden,
beide am Ende zu einem Kügelchen zusammengeschmolzen, gerührt
werden. Das Erwärmen der Kapillare geschieht durch Eintauchen
in ein entsprechend temperiertes Bad. Nach dem Auskristallisieren
wird zentrifugiert und die Mutterlauge mit einer Mikropipette entfernt. Schwer lösliche Substanzen werden im zugeschmolzenen
Röhrchen umkristallisiert. Dabei verwendet man ein etwas längeres Schmelzpunktröhrchen.

Ist die Lösung vor dem Auskristallisieren zu filtrieren, so geht
man wie folgt vor: Man verwendet ebenfalls ein etwas längeres
Schmelzpunktröhrchen, gibt zur umzukristallisierenden Substanz
genügend Lösungsmittel und verjüngt das Röhrchen ungefähr

---

[1] BLADES, C. E., und W. SCHÖNIGER: Analyt. Chem. **26**, 1256 (1954).
[2] FUCHS, A.: Monatsh. f. Chem. **43**, 129 (1932).

10 mm oberhalb des Flüssigkeitsspiegels. Auf diese Verjüngungs-
stelle wird ein kleiner Pfropf Asbestwolle gegeben und dieser durch
abermaliges Einengen des Röhrchens in seiner Stellung gehalten.
Die Schmelzpunktkapillare wird nun auch am zweiten Ende verschmolzen und die Substanz durch Erwärmen in Lösung gebracht.
Zum Filtrieren dreht man das Röhrchen um
180° und zentrifugiert die heiße Lösung durch
die Asbestwolle.

Eine zweite Möglichkeit ist folgende: Man
legt das Röhrchen so in ein gewöhnliches Reagenz-
glas, daß der Teil *A* (Abb. 18) nach außen zeigt.
Nun wird in horizontaler Lage der Teil des
Reagenzglases erhitzt, in dem sich der die
Lösung enthaltende Teil der Kapillare befindet.
Das Lösungsmittel kommt dadurch zum Sieden

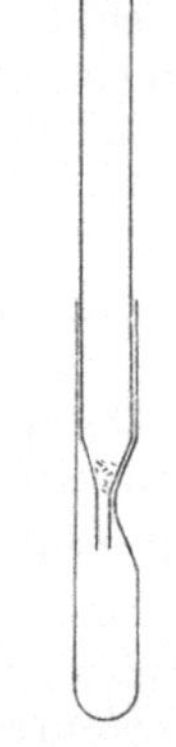

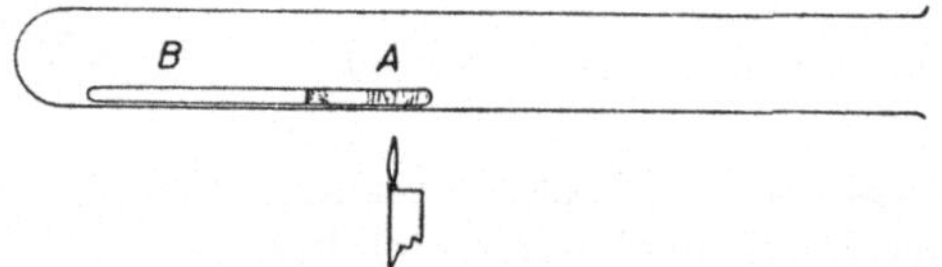

Abb. 18. Umkristallisieren im Schmelzpunktröhrchen
nach A. FUCHS

Abb. 19. Umkristal-
lisieren in der Kapil-
lare nach N. KAJOLA

und die entstehenden Dämpfe drücken die Lösung durch das Filter.
Um ein Rücksaugen zu verhindern, wird das heiße Reagenzglas so
geschwenkt, daß sämtliche Lösung in der Kapillare auf den Boden
des Teiles *B* geschleudert wird.

Eine verbesserte Ausführung für das *Arbeiten in der Kapillare*
wird von N. KAJOLA[1] beschrieben: Die Lösung wird mittels eines
etwa 30 mm langen Kapillarröhrchens (Durchmesser 1 mm) in das
Schmelzpunktröhrchen (etwa 60 mm lang, Durchmesser 2 mm,
an einem Ende verschmolzen) übertragen. Das Füllen der Kapillare geschieht durch Eintauchen. Überschüssige Lösung bzw.
Flüssigkeit wird durch Berühren des unteren Endes der Kapillare mit Filterpapier abgesaugt. Zum Einführen der Lösung in das
Schmelzpunktröhrchen wird die Kapillare zur Hälfte in dieses
eingeführt und durch Schütteln geleert. Durch Reiben mit einem
Glasfaden kann die Kristallisation eingeleitet werden. Nach beendeter Kristallisation zieht man das obere Ende des Schmelz-

---

[1] KAJOLA, N.: Acta chem. scand. **8,** 698 (1954).

punktröhrchens zu einer Kapillare aus und schneidet diese in der Mitte durch.

Zum Abtrennen der Mutterlauge wird ein 30 mm langes Stück eines Glasröhrchens von 3 mm Durchmesser an einem Ende verschmolzen und etwas unter der Mitte mittels einer Mikroflamme mit einer Einbuchtung versehen. In dieses Röhrchen wird die Schmelzpunktkapillare so eingeführt, daß das ausgezogene Ende nach unten zeigt (Abb. 19). Durch vorsichtiges Zentrifugieren wird die Mutterlauge vollständig entfernt. Die Kristalle bleiben entweder am Boden des Röhrchens oder sammeln sich in der kapillaren Verengung. Wenn es sich um sehr feinkristalline Niederschläge handelt, muß ein Asbest- bzw. Glasfrittenfilter (siehe oben) verwendet werden.

Man läßt nun das Schmelzpunktröhrchen durch ein langes Glasrohr fallen, um alle Kristalle am Boden zu sammeln, und bestimmt den Schmelzpunkt.

Zum Umkristallisieren wird das Lösungsmittel in das Röhrchen gesaugt, indem man dieses leicht erwärmt und die kapillare Verjüngung rasch in eine Kapillare mit dem Lösungsmittel einführt. Man zentrifugiert und löst durch Eintauchen in ein entsprechendes Heizbad oder mittels eines erwärmten Metallblocks. Zum Einleiten der Kristallisation werden entweder einige Kristalle in die Lösung gebracht oder folgende Technik angewandt: Man läßt eine winzige Menge Lösung aus der Kapillare austreten und induziert in bekannter Weise an der Außenseite der Kapillare die Kristallisation. Der weitere Arbeitsvorgang ist der gleiche wie oben beschrieben. Zum Trocknen wird das Schmelzpunktröhrchen in ein entsprechendes Gefäß gebracht, dieses an das Vakuum angeschlossen und im Wasserbad erwärmt (s. S. 8, Abb. 10).

Aussalzen

Die Löslichkeit der auszuscheidenden Substanz kann auch durch Zugabe von Salzen verkleinert werden. Man nennt diese Operation Aussalzen und macht von ihr vor allem bei der Gewinnung von Farbstoffen bzw. deren Salzen aus wässerigen Lösungen Gebrauch. Es werden dazu anorganische Salze, wie Natriumchlorid, Natriumsulfat, Ammoniumsulfat, Kaliumcarbonat und ähnliche, entweder als feste Salze oder auch als konzentrierte Lösungen zugefügt. Die Aussalzmethode wird auch häufig in der Eiweißchemie verwendet. Die dafür gegebenen Vorschriften sind jeweils der Spezialliteratur zu entnehmen.

4. Ausschütteln und Extrahieren

Bei diesen Verfahren wird aus einem Gemisch eine Substanz oder eine Gruppe von Substanzen durch ein selektiv wirkendes Lösungsmittel isoliert. Man hat einerseits zwischen dem Extrahieren aus einer Lösung oder Suspension und dem Herausholen eines Stoffes aus einer festen Substanz zu unterscheiden, andererseits kann man eine Einteilung in kontinuierliche und diskontinuierliche Verfahren treffen.

Beim Arbeiten mit kleineren Substanzmengen ist dem Verhältnis *„Gerätevolumen zu Extraktionsgemisch"* erhöhte Aufmerksamkeit zu widmen. Man soll die Verwendung von Geräten vermeiden, bei denen unverhältnis-

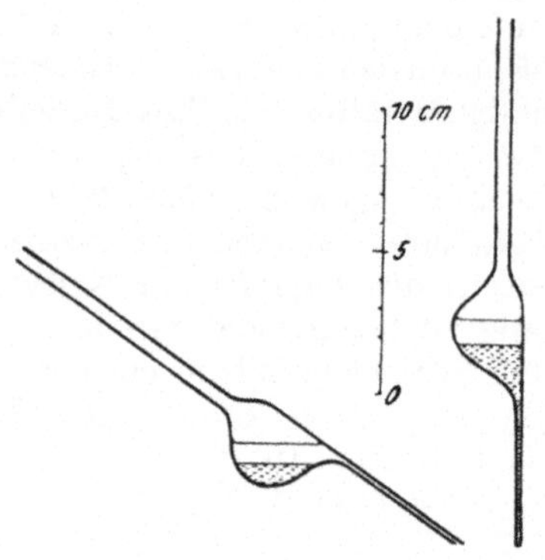

Abb. 20.
Storchenschnabel nach GORBACH

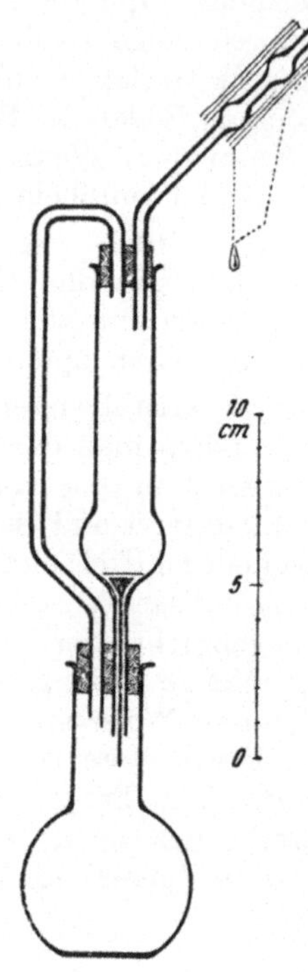

Abb. 21.
Einfacher Extraktionsapparat

mäßig viel Extraktionsmittel eingesetzt werden muß. Das Extraktionsmittel darf sich mit dem Lösungsmittel, aus welchem der Stoff zu isolieren ist, nicht mischen und soll möglichst chemisch indifferent sein. Am häufigsten wird Äther verwendet, aber auch Petroläther, Benzol, Chloroform u. ä. werden oft gebraucht. Beim Arbeiten mit geringen Substanzmengen ist die Verwendung von Extraktionsmitteln vorzuziehen, die spezifisch leichter als das Extraktionsgut sind.

a) Ausschütteln

Ein nicht filtrierbares, in einer wässerigen Suspension oder auch in Lösung befindliches Reaktionsprodukt läßt sich im einfachen Fall durch Ausschütteln mit einem geeigneten Lösungsmittel aus der Suspension bzw. Lösung isolieren und auch von unlöslichen Begleitstoffen abtrennen.

Ist die Lösung, aus der extrahiert werden soll, in genügender Menge (5 bis 10 ml) vorhanden, so lassen sich noch kleine *Scheidetrichter* von zylindrischer Form mit kurzem Ablaufrohr verwenden. Für Mengen unter 5 ml sind aber hahnlose Geräte vorzuziehen. Für Vorversuche genügt ein einfaches kurzes Reagenzglas, das allenfalls mit einem seitlichen Ansatzrohr versehen ist. Die obere bzw. untere Schicht wird mit einem Kapillarheber entfernt. Bei *Wasserdampfdestillationen* kann unter Umständen das Destillat direkt im Scheidetrichter aufgefangen werden (vgl. Abb. 42). Sollten sich trotz vorsichtigen Arbeitens Emulsionen bilden, die eine saubere Trennung behindern, so lassen sich diese manchmal durch Zugabe einiger Tropfen Alkohol, Sättigen der wässerigen Phase mit Kochsalz oder Erzeugung eines Vakuums im Scheidetrichter beseitigen.

Ferner eignet sich der sogenannte „*Storchenschnabel*" nach G. Gorbach (Abb. 20), der etwa 4 ml faßt. Man schüttelt, nachdem man Extraktionsgut und Lösungsmittel aufgesogen hat, in waagrechter Haltung, wobei man das Ende der Pipette zuhält. Will man nach dem Absetzen die schwerere Flüssigkeit ablassen, so hält man das Gerät senkrecht. Bei Weiterverarbeitung der spezifisch leichteren Flüssigkeit wird der Storchenschnabel schräg gehalten.

Zum *Ausschütteln kleinster Mengen* (*Tropfen*) bedient man sich nach J. Niederl der Zentrifugalkraft. Den Flüssigkeitstropfen

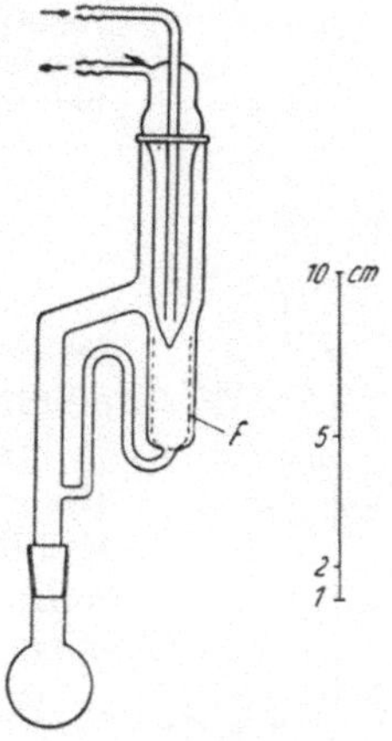

Abb. 22.
Extraktionsapparat mit Schliffkölbchen. *F* = Filterhülse

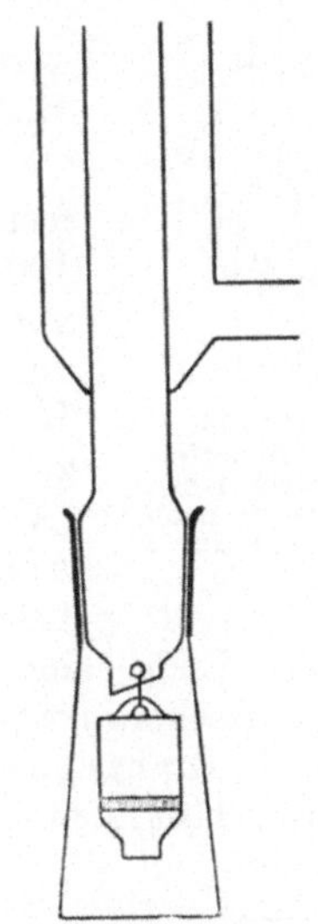

Abb. 23.
Extraktionsapparat nach Blount

2*

saugt man in einer Kapillare von passender Weite auf und über- bzw. unterschichtet ihn mit einem Tropfen des Lösungsmittels. Die Kapillare wird beiderseits zugeschmolzen. Beim Zentrifugieren muß der spezifisch schwerere Anteil von innen nach außen den spezifisch leichteren durchdringen, wobei die Extraktion stattfindet. Dieser Vorgang wird gegebenenfalls öfter wiederholt. Zur Trennung der beiden Anteile wird die Kapillare an der Trennungsfläche aufgeschnitten.

b) Extrahieren

Das eigentliche Extrahieren von Lösungen und festen Stoffen wird in besonderen Apparaten durchgeführt. Zur Extraktion *fester Stoffe* dient ein einfaches Gerät, das in Abb. 21 gezeigt ist. Eine Beschreibung der Apparatur erübrigt sich. Die Kühlung erfolgt mit einem schrägen Kugelkühlrohr, das durch auftropfendes Wasser gekühlt wird, oder durch einen entsprechend kleinen Kühler.

Zur Extraktion von 1 bis 2 g Substanz hat sich der in Abb. 22 gezeigte Apparat besonders bewährt.

Ferner kann der in Abb. 23 gezeigte Apparat von B. K. BLOUNT[1] verwendet werden.

Für Stoffe fester oder halbfester Konsistenz (50 bis 100 mg) sei der *Mikroextraktor* von G. GORBACH empfohlen, der von F. FOLKMANN und K. BARTELT[2] für Mengen bis zu 1 g abgeändert wurde (Abb. 24). Der modifizierte Apparat besteht aus einem Rückflußkühler, der am un-

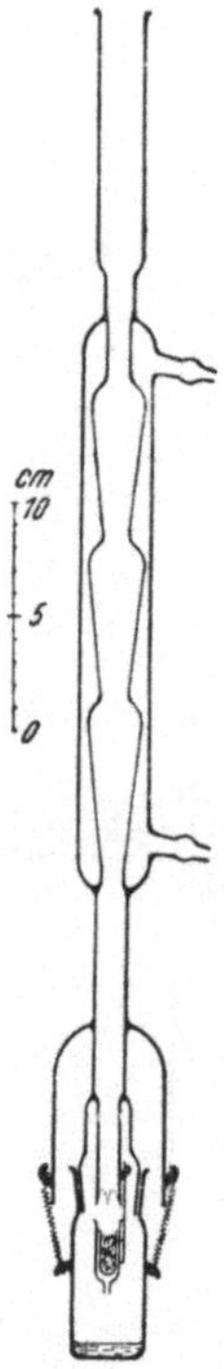

Abb. 24. Modifizierter Extraktionsapparat nach GORBACH

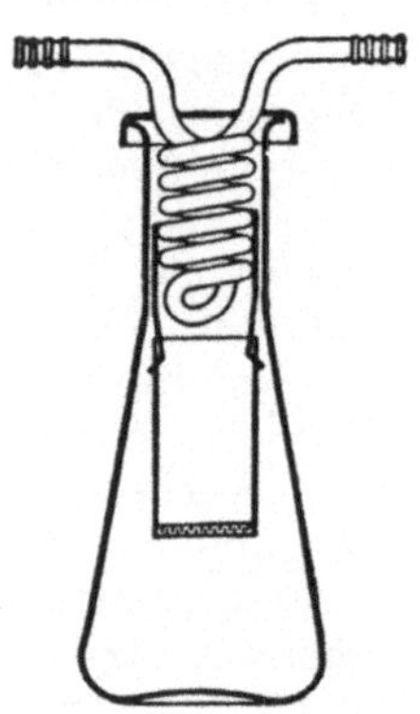

Abb. 25. Extraktionsapparat nach HAANEN und BADUM

teren Ende eine Kappe und einen Schliff zum Anbringen eines Bechers trägt. Das Ende des Kühlrohres ist derart geformt, daß ein Drahtring aus Nickel oder Kupfer eingehängt werden kann. Daran läßt sich eine Glasfritte oder eine Extraktionshülse anhängen.

---

[1] Mikrochem. **19**, 162 (1936).
[2] Fette u. Seifen **49**, 697 (1942).

Eine sehr einfache Anordnung wird von A. HAANEN und E. BADUM[1] angegeben, die mit in jedem Laboratorium vorhandenem Material leicht selbst zusammenzustellen ist (Abb. 25). In einen Erlenmeyer-Kolben entsprechender Größe wird ein kupferner oder gläserner Einhängekühler gegeben. An diesem hängt ein Glasfrittentiegel mit dem Extraktionsgut. Dieses Gerät benützt man vor allem für höher siedende Lösungsmittel, da die Verwendung z. B. von Äther mit zu großen Verlusten verbunden ist.

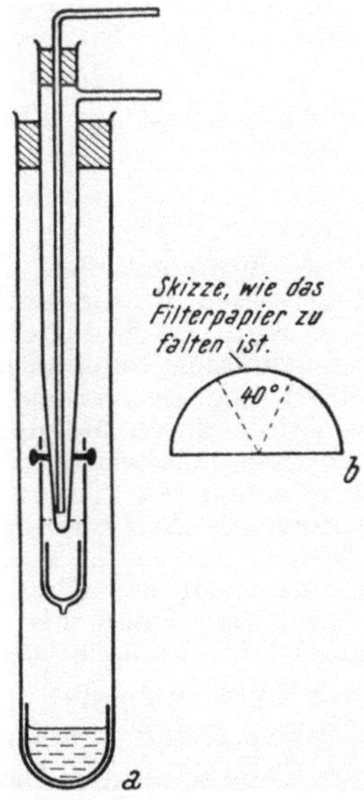

Abb. 26. Extraktionsapparat nach CONNOLLY

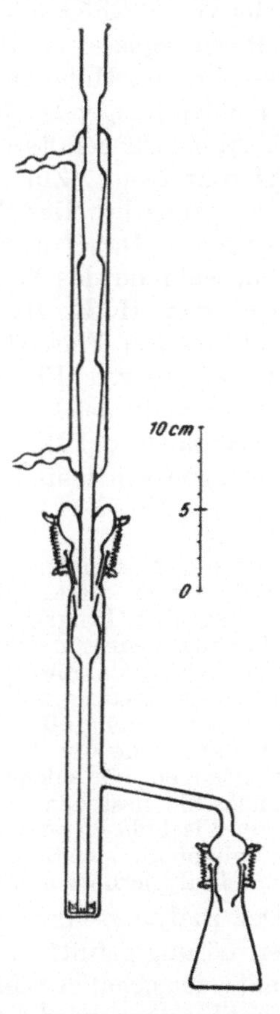

Abb. 27. Extraktionsapparat nach BARRENSCHEEN

Ein von J. M. CONNOLLY[2] entwickelter Apparat (Abb. 26) dient nicht nur zur Extraktion fester Stoffe, sondern ist nach Angaben des Autors auch für Wasserdampfdestillation verwendbar. In ein gewöhnliches Reagenzglas wird mittels eines Stopfens ein nach unten hin konisch auslaufender Innenkühler (Kühlfinger) einge-

---

[1] Vergl. K. HERING: Arch. Pharmaz. **38**, 266, 582 (1928).
[2] Analyst **76,** 495 (1951).

setzt, der mit zwei seitlichen Ansätzen versehen ist. An diese wird ein kleines, unten mit einer Öffnung versehenes Gefäß (15 mm Durchmesser, 30 mm lang) angehängt, in das die Extraktionshülse mit der zu extrahierenden Substanz gestellt wird. Auf dem Boden des Reagenzglases befindet sich ein kleiner Glasbecher (Durchmesser 22 mm, Höhe 25 mm) mit dem Extraktionsmittel. In das am Kühler hängende Gefäß wird eine Extraktionshülse oder ein nach Abb. 26b gefaltetes Filterpapier gegeben, auf welches das Kondensat tropft. Zur Wasserdampfdestillation kommt das mit Wasser gemischte Destillationsgut (ungefähr 1 ml) direkt in das Reagenzglas. Dabei werden Öltropfen am Filterpapier zurückgehalten, während das Wasser wieder in das Reagenzglas abtropft.

Der von H. K. BARRENSCHEEN[1] konstruierte Apparat zur Extraktion von Flüssigkeiten (5 bis 20 ml) hat ein oben trichterförmig erweitertes Einsatzrohr, das unten in einer Sinterplatte endet, durch die das Extraktionsmittel in kleinsten Bläschen durchtreten muß (Abb. 27). Ein modifizierter Apparat ist für Flüssigkeitsmengen von 1 bis 5 ml anwendbar.

<h3 align="center">c) Dialyse</h3>

Auf die Möglichkeit der Trennung von Stoffgemischen durch Dialyse wird an dieser Stelle nur kurz hingewiesen, da die Methode im vorliegenden Programm nicht verwendet wird. Sie gestattet eine Abtrennung niedrig molekularer von hochmolekularen kolloidgelösten Stoffen (Molekulargewicht größer als 5000) und beruht auf der Diffusion der niedrig molekularen gelösten Stoffe durch Membranen bestimmter Porengröße, durch welche die hochmolekularen Stoffe wegen der Größe der Teilchen nicht mehr durchtreten können. Die Vorrichtungen für solche Trennungen werden als *Dialysatoren* bezeichnet. Sie bestehen entweder aus tierischen Häuten (z. B. sogenannten Fischblasen oder Herzbeutel), aus Pergament oder Kollodium oder Cellophan. Meistens haben sie die Form von Schläuchen oder Hülsen. Dialysierhülsen aus Pergament sind auch im Handel erhältlich.

Der Dialysierschlauch, welcher mit der zu reinigenden kolloidalen Lösung gefüllt ist, wird in ein größeres Gefäß mit Wasser gestellt oder gehängt. Um die oft mehrere Tage dauernde Dialyse zu beschleunigen, wird der Dialysator dauernd mit frischem Wasser umspült und womöglich auch die zu dialysierende Lösung und die Dialysiervorrichtung in Bewegung gehalten.

<h2 align="center">5. Destillation</h2>

Beim Destillieren wird die Flüssigkeit in Dampfform übergeführt und der Dampf dann wieder kondensiert. Im Laboratorium wird die Destillation zur Reinigung von Stoffen benutzt. Bei reinen

---

[1] Mikrochim. Acta **1**, 319 (1937).

Stoffen stimmen die Eigenschaften des Destillates mit denen des Ausgangsstoffes überein.

Man unterscheidet zwischen *einfacher* und *fraktionierter Destillation*. Diese Unterscheidung ist beim Arbeiten mit kleinen Flüssigkeitsmengen noch genauer zu treffen als bei Arbeiten im Makromaßstab. Ferner ist bei beiden Destillationsarten darauf zu achten, daß das Verhältnis zwischen dem Volumen des Destillationsgefäßes und dem Volumen der zu destillierenden Flüssigkeit möglichst klein ist. Einfache Destillationen führt man zur Abtrennung von groben Verunreinigungen oder zur Trennung von weit entfernt siedenden Partnern aus. Bei der *Fraktionierung* ist auch bei kleinen Mengen Destillationsgut die Verwendung von *Kolonnen* unumgänglich notwendig, wenn genaue Trennungen erzielt werden sollen. Es stehen mehrere gut wirksame Kolonnen zur Mikrodestillation zur Verfügung, die bei einem Einsatz von Mengen bis zu mindestens 1 ml nicht mehr als 15 % der eingesetzten Flüssigkeit zurückhalten.

Es ist ferner zwischen Destillation unter Atmosphärendruck, Destillation bei Wasserstrahlvakuum (10 bis 20 mm Hg), Vakuumdestillation mit der Ölpumpe (1 bis 2 mg Hg) und der Hochvakuumdestillation zu unterscheiden. Bei der Destillation unter Atmosphärendruck ist es bei Arbeiten mit kleinen Flüssigkeitsmengen (unter 0,5 ml) oft ratsam, die Substanz in Asbestwolle aufzusaugen oder über eine Lage von Glasperlen zu verteilen, um Siedeverzüge zu vermeiden. Bei Vakuumdestillationen ist es empfehlenswert, auch bei kleinen Mengen Destillationsgutes Siedekapillaren zu verwenden oder nach J. W. BOEGEL die bei der Siedepunktbestimmung von A. SIWOLOBOFF benutzten Siederöhrchen (vgl. S. 41) zu gebrauchen, wodurch der Einsatz einer Kapillare entfällt.

Das Erhitzen des Gefäßes erfolgt in den meisten Fällen nicht direkt mit freier Flamme, sondern in entsprechenden Heizbädern (Ölbädern, Metallbädern). Dadurch läßt sich die Temperatur leicht regeln und auch messen; denn bei vielen in der Literatur angeführten Geräten ist eine Temperaturmessung im Kondensationsraum selbst nicht möglich.

a) Einfache Destillation

In vielen Fällen kann man beim Arbeiten mit kleinen Substanzmengen unter Verzicht auf die Rückgewinnung des Lösungsmittels dessen Dampf, besonders wenn er nicht brennbar ist, direkt in die Luft entweichen lassen, da es sich meistens nur um 1 bis 2 ml

Flüssigkeit handelt. Zu diesem Zweck wird das Reagenzgläschen mit Hilfe von zwei Klammern in ein Wasserbad (Becherglas) gehalten und dieses einige Grade über die Siedetemperatur des betreffenden Lösungsmittels erwärmt. Um Siedeverzug zu vermeiden, muß öfters geschüttelt werden. Bei zu stürmischem Sieden entfernt man das Gläschen kurze Zeit aus dem Bad. Bei sehr tiefsiedenden Flüssigkeiten genügt es, gegen das Gefäß kräftig zu blasen. Auf diese Weise können auch leicht brennbare Flüssigkeiten

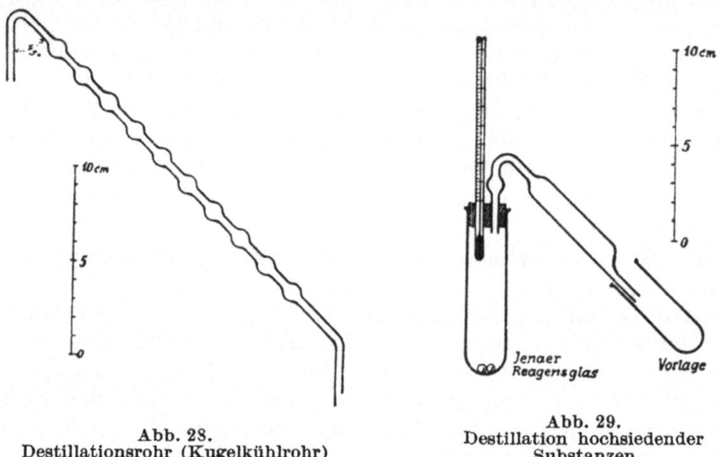

Abb. 28.
Destillationsrohr (Kugelkühlrohr)

Abb. 29.
Destillation hochsiedender
Substanzen

(Äther) gefahrlos abgedunstet werden. Allerdings sollen nach Erreichen der gewünschten Siedetemperatur alle Flammen auf dem Arbeitstisch ausgelöscht werden.

Um ein Lösungsmittel oder einen flüssigen Stoff abzudestillieren, von anderen Stoffen zu trennen oder zu reinigen, bedient man sich zum Kondensieren der Dämpfe eines *Destillationsrohres* (Abb. 28). Hiefür genügt ein 25 cm langes Glasrohr von 2,5 bis 3 mm lichter Weite, das mit kugelförmigen Erweiterungen versehen ist und von außen durch mehrere Lagen feuchten Filtrierpapiers gekühlt wird. Vom Filtrierpapier läßt man einen 1 bis 3 cm breiten Streifen nach unten hängen, wodurch verhindert wird, daß das Kühlwasser längs des Rohres in die Vorlage läuft. Bei *länger dauerndem Destillieren*, z. B. bei Wasserdampfdestillationen, muß die Filtrierpapierrolle durch Auftropfen von Wasser aus der Wasserleitung dauernd gekühlt werden (vgl. Abb. 42).

Bei *hochsiedenden Substanzen*, die bei Zimmertemperatur zum Teil bereits erstarren, wird an Stelle des sog. Schwert- oder Säbelkolbens ein *besonderes Röhrchen* verwendet (Abb. 29). Die Handhabung ist in der Arbeitsvorschrift des betreffenden Präparates beschrieben (S. 56). Als Vorlage dienen meistens die kleinen Glasbecher.

Kleinste Mengen können im sog. *Fraktionierröhrchen* von EMICH destilliert werden (Abb. 30). Das an der Spitze befindliche Asbestbäuschchen saugt die zu destillierende Substanz auf. Man erhitzt

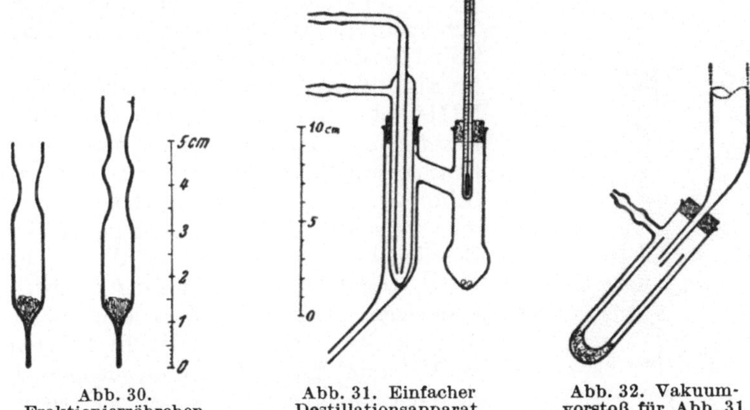

Abb. 30.
Fraktionierröhrchen

Abb. 31. Einfacher
Destillationsapparat

Abb. 32. Vakuum-
vorstoß für Abb. 31

durch Eintauchen in ein Heizbad, in dem auch die Temperatur gemessen wird. In den kugelförmigen Erweiterungen sammelt sich das Destillat an, welches mittels Glaskapillare abgesaugt wird.

Ein *einfaches Destillationsgerät*, das für Flüssigkeitsmengen bis zu 2 ml verwendbar ist und mit dem auch Flüssigkeitsgemische getrennt werden, soferne die Siedepunkte der zu trennenden Komponenten nicht zu nahe beieinanderliegen, zeigt Abb. 31[1].

Das *Destillationskölbchen* ist durch ein weites, schräg aufsteigendes Glasrohr mit dem Kondensationsraum verbunden. In diesen wird ein *Innenkühler* so eingeführt, daß zwischen Kühleraußenfläche und der Glaswand des Kondensationsraumes ein Abstand von 2 mm besteht. Der Kondensationsraum geht unten in ein schräg abwärtsführendes Rohr über. An diesen läßt sich für die *Destillation unter vermindertem Druck* eine kleine Saugflasche anschließen (Abb. 32). Das in der Abbildung angegebene Destillationsgefäß reicht für 2 ml Flüssigkeit. Zur Verhinderung eines Siedeverzuges werden 1 bis 2 *Siedesteinchen* (Tonsplitter oder rauhe

---

[1] LIEB, H., und W. SCHÖNIGER: Mikrochem. **34**, 336 (1949).

Porzellanperlen) in das Destillationsgefäß gegeben und dieses mit einem porenfreien Kork verschlossen, in welchem ein Thermometer nur bis zur Verbindungsstelle zum Kondensationsraum eingesetzt ist. Bei der Destillation unter vermindertem Druck wird durch den Kork eine Kapillare bis auf den Boden des Gefäßes eingeführt. Die Siedesteinchen sind dann nicht nötig.

Nach Einfügen des Kühlers und Ingangsetzen der Kühlung wird die Destillation durch Erhitzen mit einem Mikrobrenner oder der Sparflamme eines Bunsenbrenners durchgeführt. Als *Vorlage* verwendet man kleine *Glasbecher mit Schnabel*.

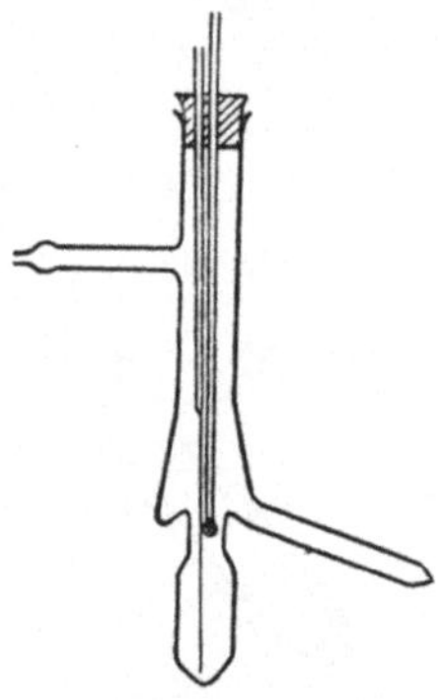

Ein Gerät nach K. BERNHAUER, P. MÜLLER und N. NEISER[1] kann für *Destillationen* kleiner Mengen *fester Substanzen* empfohlen werden. Dieser Apparat (Abb. 33) ist mit einem seitlichen Ansatzrohr versehen, das nach Beendigung der Destillation abgeschnitten wird, um die darin kondensierte Substanz herausschmelzen zu können. Eine eingeführte Siedekapillare erleichtert das Destillieren im Vakuum. Es ist ferner möglich, auch ein Thermometer zur Messung der Destillationstemperatur einzusetzen.

Abb. 33.
Destillationsgerät für
feste Substanzen

b) Fraktionierte und Vakuum-Destillation

Wie schon erwähnt, ist für eine vollständige Trennung zweier oder mehrerer flüchtiger Komponenten durch Destillation immer die Verwendung einer Kolonne nötig. Für die Entwicklung wirklich brauchbarer Mikrokolonnen ergeben sich große Schwierigkeiten aus der Tatsache, daß die Menge an Substanz, die nach beendeter Destillation im Gerät zurückbleibt, um so größer ist, je besser die Fraktionierwirkung der Kolonne ist.

Einige der vorher beschriebenen Geräte besitzen wohl eine gewisse Trennwirkung, doch ist sie meistens sehr gering und nicht ausreichend, um Flüssigkeiten, deren Siedepunkte nahe beieinander liegen, vollständig zu trennen.

Wirksame Fraktionierung erreicht man durch die von J. W. YOUNG[2] vorgeschlagene Verbesserung des EMICHschen

---

[1] J. prakt. Chem. (2) **145**, 306 (1936).

[2] Mikrochem. **21**, 133 (1936/37); vergl. E. EMICH, Monatsh. f. Chem. **53**, 329 (1929) und H. K. ALBER, Ztschr. analyt. Chem. **90**, 100 (1932).

Fraktionierkölbchens (Abb. 34). An ein Kölbchen, das 0,2 bis 0, 5 ml Flüssigkeit aufnimmt, ist im stumpfen Winkel eine selbstgefertigte VIGREUX-*Kolonne* angeschmolzen. Diese wird hergestellt, indem man mit einer Nadel in ein erweichtes Glasrohr entsprechenden Durchmessers Vertiefungen eindrückt. Das Ableitungsrohr ist mit einem Knick versehen, so daß sich in dieser Krümmung das Destillat ansammeln kann.

Nachdem man die zu destillierende Flüssigkeit in das Kölbchen eingebracht hat, werden die Öffnungen mit Glas- oder Korkstopfen verschlossen. Dann wird bei aufrechtstehendem Apparat mit einer kleingestellten Mikrobrennerflamme erhitzt. Sobald der erste Kondensationsring in das Ableitungsrohr übergeht, wird die Flamme verkleinert und die Fraktion mit einer Kapillare abgezogen. Auf diese Art und Weise wird jede Fraktion getrennt entnommen. Die Kolonne ist über das Ableitungsrohr hinaus verlängert, so daß das Gerät leicht gereinigt werden kann.

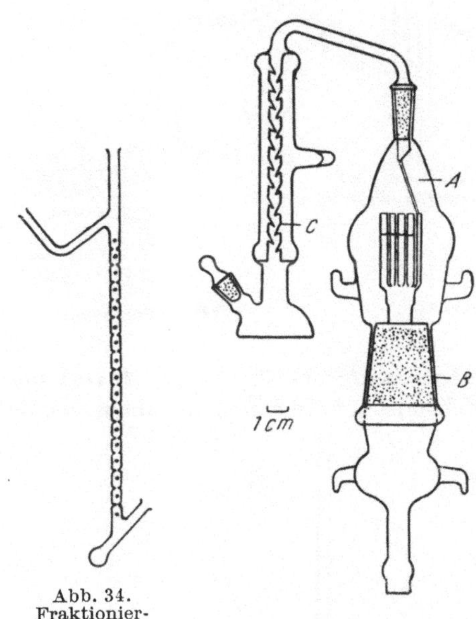

Abb. 34. Fraktionierkölbchen nach YOUNG

Abb. 35. Destillationsgerät nach SHRADER und RITZER

S. A. SHRADER und J. E. RITZER[1] geben ebenfalls einen Destillationskolben mit einer VIGREUX-*Kolonne* von hoher Wirksamkeit für Substanzmengen von 0,2 bis 2 g an. Bei dieser Apparatur, die im Prinzip ähnlich konstruiert ist wie das Gerät von YOUNG, ist die Kolonne *C* in einem Vakuummantel eingeschlossen. Außerdem liegt ein großer Vorteil in der Möglichkeit, *auch im Vakuum einzelne Fraktionen gesondert aufzufangen*, ohne die Destillation unterbrechen zu müssen. Da kein Kühler vorhanden ist, läßt sich das Gerät besonders für die Reinigung schwerflüchtiger Substanzen verwenden. Das Destillationskölbchen (Abb. 35) hat zur Erleichterung des

---

[1] Ind. Eng. Chem., analyt. Ed. **11**, 54 (1939).

Siedens einen flachen Boden. Ein seitlicher Ansatz dient der Flüssigkeitszugabe. Auf dieses Kölbchen ist die mit einem evakuierten Mantel umgebene Kolonne aufgeschmolzen. An deren oberem Ende ist ein schräg abwärts gerichtetes Ableitungsrohr angeschmolzen. Dieses Rohr ist mit einem Schliff versehen und geht bei A in einen Glasfaden über, an dem das Destillat in mehrere darunter befindliche Glasröhrchen von 0,1 ml Inhalt ablaufen kann. Diese Röhrchen sind an kurze Glasstäbe angeschmolzen und über einen Sockel mit einem

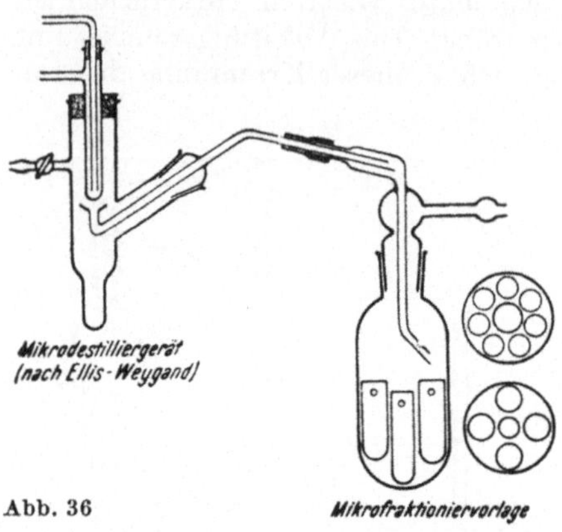

Abb. 36

eingeschliffenen Glasstopfen B verbunden. Die ganze Auffangvorrichtung befindet sich in einem ebenfalls evakuierbaren Mantel-

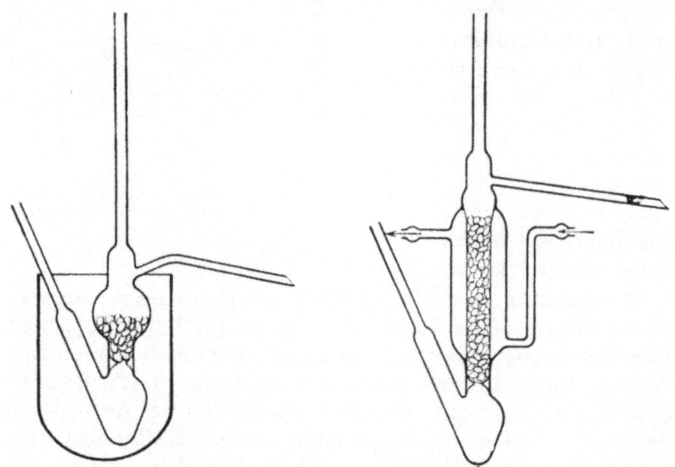

Abb. 37. Mikrofraktionierkolben nach K. BERNHAUER (1:2,5)

gefäß, das um den am Ableitungsrohr befindlichen Schliff drehbar ist.

Für die Destillation und *Fraktionierung sehr kleiner Mengen* eignet sich auch der von C. WEYGAND abgeänderte Apparat von

G. W. Ellis[1] (Abb. 36). Damit läßt sich fast jeder einzelne Tropfen des Kondensates in die Vorlage überführen. Das die Vorlagen enthaltende Gefäß ist drehbar. Das vom Kühler abtropfende Kondensat fällt in das trichterartig erweiterte Destillationsrohr und wird von der Saugwirkung des Vakuums übernommen. Eine seitliche Öffnung am Ablaufende ermöglicht ein regelmäßiges Abtropfen. Durch einen Ansatz am Destillationsgefäß kann man Luft eintreten lassen. Vor Beginn des Siedens werden Kühler- und Auffangtrichter des Destillationsrohres hochgezogen, um Verunreinigungen durch anfängliches Verspritzen zu vermeiden. Nach Eintritt des regelmäßigen Siedens gibt man ihnen wieder die geeignete Stellung.

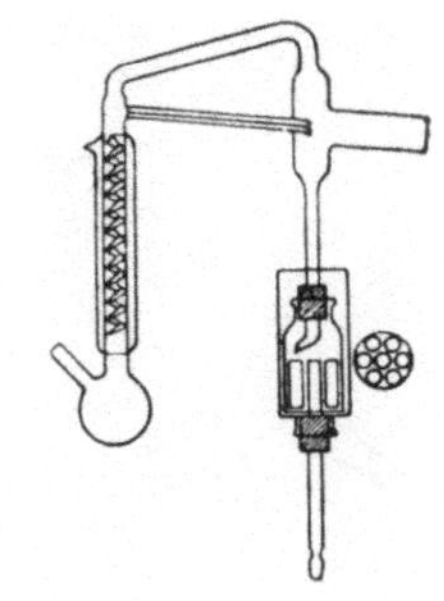

Abb. 38. Mikrofraktionierkolonne nach Klenk

Folgende Apparate können für das Fraktionieren kleiner Mengen von Flüssigkeit ebenfalls empfohlen werden:

Von den in Abb. 37 gezeigten Apparaten eignet sich der erste für schwerer flüchtige Substanzen; beim zweiten ist die Kolonne mit einem Mantel versehen, durch den Flüssigkeiten von gewünschter Temperatur geleitet werden können. Die gleiche Anordnung wurde von E. Klenk[2] zu einer Hochvakuumfraktioniervorrichtung (Abb. 38) weiterentwickelt.

Verwiesen sei ferner auf den in Abb. 39 gezeigten Apparat für Mengen von 5 bis 10 ml, der eine angeschmolzene Widmer-*Kolonne* und einen Zulauftrichter besitzt und gutes Trennvermögen aufweist. An das Ablaufrohr kann ein sogenannter Fraktioniereuter mittels Schliff angebracht werden. Eine Kolonne mit rotierendem Metallband, die bei einer Länge von 37,5 cm eine Trennwirkung von 16 theoretischen Böden aufweist, wurde von H. Koch, F. Hilberath und F. Weinrotter[3] beschrieben. Sie eignet sich für Mengen von 5 bis 10 ml, kommt aber

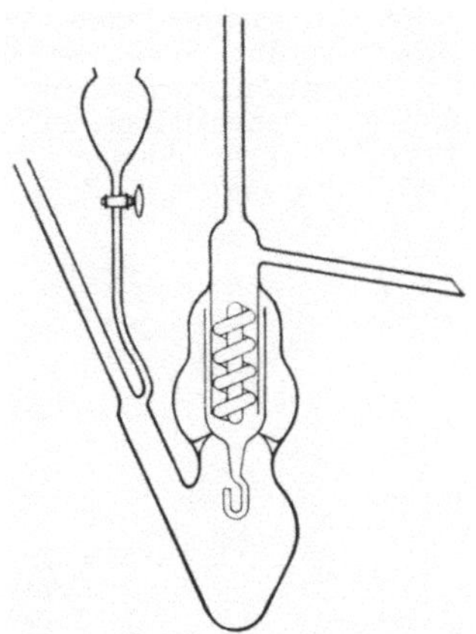

Abb. 39. Fraktionierkolben mit Widmer-Kolonne

wegen ihrer hohen Gestehungskosten nur für Forschungszwecke in Frage.

[1] Org. chem. Experimentierkunst, S 112.

[2] Z. physiol. Chem. **242**, 250 (1936).

[3] Koch, H., F. Hilberath und F. Weinrotter: Chem. Fabrik **14**, 387 (1941).

Der von C. A. DUBBS[1] beschriebene Apparat (Abb. 40) läßt sich für die verschiedensten Operationen verwenden (Abb. 41) und kann nach den Angaben des Autors empfohlen werden.

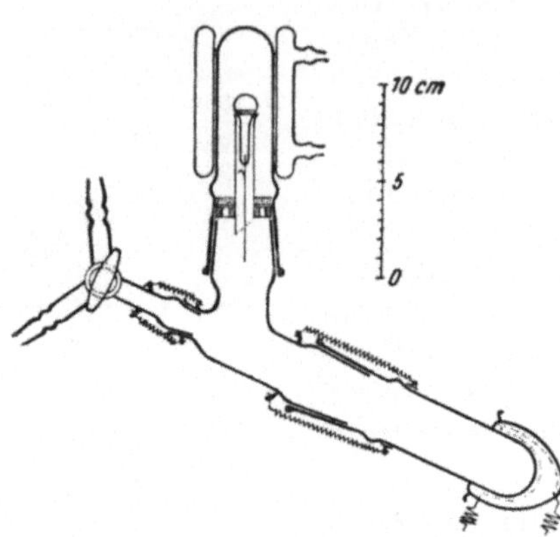

Abb. 40. Universalapparatur nach DUBBS

Auf die Molekulardestillation sei in diesem Zusammenhang nur verwiesen.

Bei *Vakuumdestillationen* erfolgt das Erhitzen stets unter Verwendung eines *Heizbades*. Als Badflüssigkeiten dienen Wasser, Salzlösungen, Öl oder Glycerin oder auch eine niedrig schmelzende Legierung (WOODsche Legierung). Die Temperatur des Bades soll die Siedetemperatur höchstens um 20 bis 30° C überschreiten (vgl. auch S. 44).

Zur Erzeugung eines Vakuums von etwa 10 bis 14 mm Quecksilber werden *Wasserstrahlpumpen* verwendet, wie sie in jedem Laboratorium vorhanden sind. Um ein höheres Vakuum bis etwa 0,01 mm Quecksilber zu erreichen, werden *Ölpumpen* verwendet. Von den verschiedenen Typen sind einige besonders für chemische Arbeiten geeignet (z. B. die Chemikerpumpe von LEYBOLD oder von

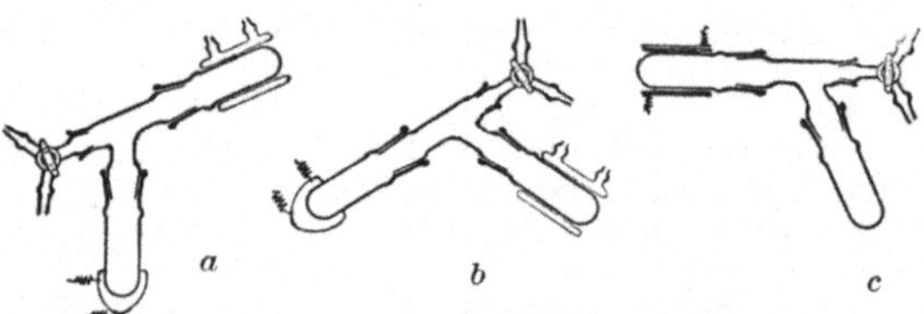

Abb. 41. Anwendung der Apparatur von DUBBS für:
a) Erhitzen unter Rückflußkühlung
b) Abdestillieren
c) Trocknen im Vakuum

PFEIFFER). Das Öl, das eine geringe Tension aufweist, muß durch Gaskondensationsgefäße, sogenannte *Gasfallen*, vor Verunreinigungen durch organische Dämpfe geschützt werden, da sich diese Dämpfe im Öl lösen, die Tension erhöhen und dadurch die Leistungsfähigkeit der Pumpe stark vermindern. Gasfallen sind waschflaschenähnliche Gefäße, in denen die schädlichen Dämpfe durch Eintauchen der

---

[1] Analyt. Chem. **21**, 1273 (1949).

Gefäße in geeignete Kühlmittel kondensiert werden. Zur Vakuummessung dient das *Manometer*. Das ist ein U-förmig gebogenes, mit Quecksilber gefülltes Rohr, das am geschlossenen Ende etwas verengt ist und am anderen Ende noch einmal abgebogen und dort mit einem Hahn versehen ist. Am Manometer ist eine Millimeterskala angebracht. Die Differenz der Quecksilberhöhe in den beiden Schenkeln ergibt den Druck in mm Hg.

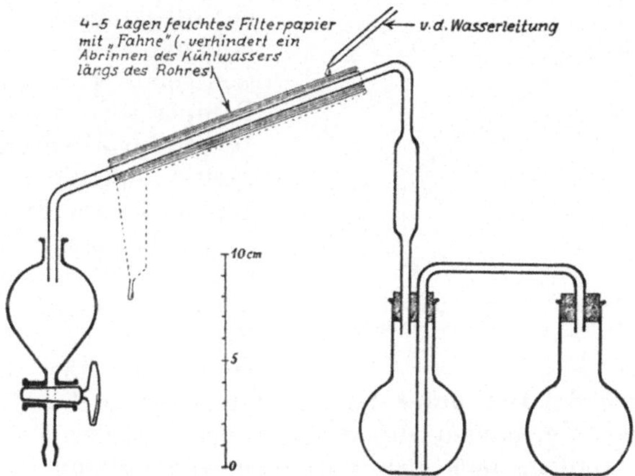

Abb. 42. Einfache Wasserdampfdestillation

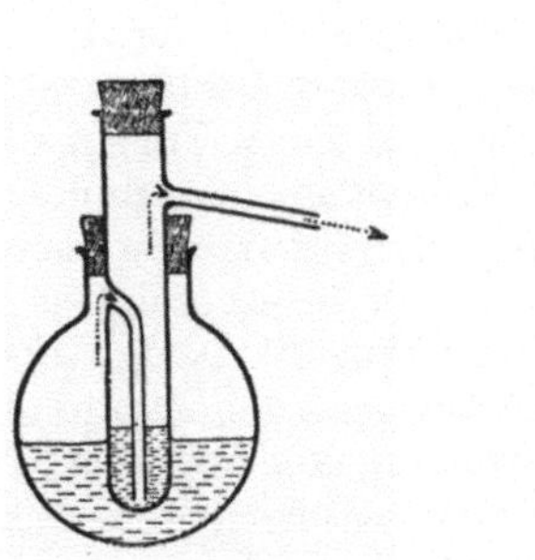

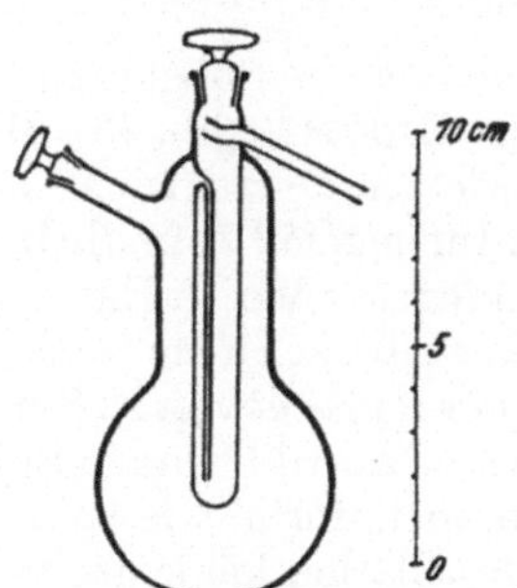

Abb. 43. Wasserdampfdestillation nach POZZI-ESCOT

Abb. 44. Wasserdampfdestillation nach ERDÖS-LÁSZLÓ

c) Wasserdampfdestillation

Die Wasserdampfdestillation, das ist die Verflüchtigung einer Substanz mit Hilfe von Wasserdampf, ist ein besonders wertvolles Reinigungsverfahren in der organisch-chemischen Methodik. Sie ermöglicht die Abtrennung von Schmieren, wo die Extraktion versagt, ferner die Trennung von Isomeren, wo die Destillation versagt, die Gewinnung von Naturstoffen (ätherische Öle) usw.

Für nicht zu kleine Substanzmengen wird die *Destillation mit strömendem Wasserdampf* unter Verwendung eines 50 ml fassenden Stehkölbchens, welches das Reaktionsgut enthält, ausgeführt. Dieses steht durch ein entsprechend gebogenes Glasrohr mit dem Dampfentwickler, das ist ebenfalls ein 50 ml fassendes Stehkölbchen, in Verbindung. Auf das Reaktionsgefäß wird dann das Dampfableitungsrohr mit der Kühlvorrichtung aufgesetzt und die Kühlung, wie schon früher angegeben, durch mehrere Lagen feuchten Filtrierpapiers erreicht (Abb. 42). Beide Kölbchen stehen auf einem Drahtnetz. Der Bunsen-

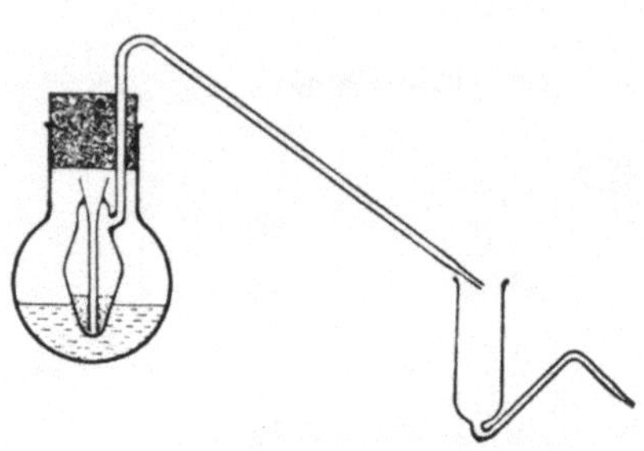

Abb. 45. Wasserdampfdestillation nach SOLTYS mit Florentinervorlage

brenner befindet sich unter dem Dampfentwickler. Das Destillat kann unter Umständen direkt in einem Scheidetrichter aufgefangen werden, falls das mit dem Wasserdampf flüchtige Reaktionsprodukt ausgeschüttelt werden soll (vgl. die Darstellung von Anilin).

Für noch kleinere Substanzmengen eignet sich der *Apparat* von M. E. POZZI-ESCOT[1] (Abb. 43). Hier bildet das äußere Gefäß den Dampfentwickler, der zugleich als Heizbad dient. Um ein Rücksaugen der im Innengefäß befindlichen Flüssigkeit zu verhindern, muß dauernd erhitzt werden. J. ERDÖS und B. LÁSZLÓ[2] entwickelten diesen Apparat weiter zu einem Gerät, das in Abb. 44 gezeigt ist. Ähnlich gebaut ist der *Apparat* von A. SOLTYS (Abb. 45). Da das Innenkölbchen mit der zu destillierenden Substanz ganz von Dampf umgeben ist, können auch darin, wie beim Apparat von POZZI-ESCOT, während der Destillation keine größeren Wassermengen mehr kondensieren. Bei Unterbrechung der Destillation ist hier ein Zurücksaugen des Inhaltes des inneren Kölbchens in das äußere nicht mehr möglich. Als Auffanggefäß verwendet SOLTYS[3] eine kleine *Florentinervorlage*, die man sich aus einem Reagenzglas selbst herstellen kann. Damit ist die Trennung der wässerigen von der öligen Schicht ohne Verlust leicht durchführbar.

---

[1] Bull. soc. chim. France (3) **31**, 932 (1904).
[2] Mikrochem. **27**, 211 (1939).
[3] Mikrochem, Molisch-Festschrift 393 (1936).

6. Sublimation

Das Sublimieren ist ein für mikropräparatives Arbeiten sehr wichtiges Verfahren. Im physikalischen Sinne versteht man darunter das Verdampfen eines festen Stoffes unterhalb seines Schmelzpunktes; beim Abkühlen des Dampfes erhält man unmittelbar wieder die feste Substanz. Die Sublimation ist demnach ein vorzügliches Mittel

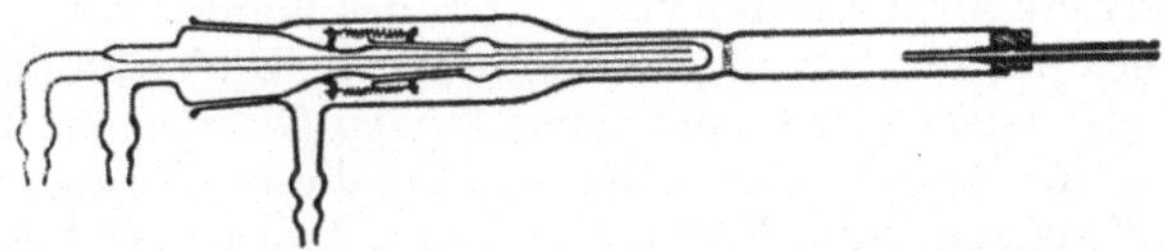

Abb. 46. Fraktionierte Mikrosublimation nach SOLTYS-HURKA

zur Reinigung fester Stoffe. Man kann bei normalem Luftdruck, im Vakuum oder auch im inerten Gasstrom sublimieren. Die Sublimation ist beim Arbeiten mit sehr kleinen Mengen unentbehrlich. Hiefür wurden verschiedene Apparaturen konstruiert.

Behelfsmäßig bringt man die gut zerkleinerte Probe auf ein *Uhrglas*, bedeckt dieses mit einem überstehenden Rundfilter, das im mittleren Teil mit einer Nadel mehrmals durchstochen ist, legt ein zweites Uhrglas darüber und hält sie mit einer Drahtklammer zusammen. Beim Erhitzen auf einem Sandbad schlägt sich am oberen Uhrglas, das entweder durch Luft oder feuchtes Filtrierpapier gekühlt wird, das Sublimat nieder. Man kann die Probe auch auf den Boden eines kleinen Becherglases bringen und ein mit Wasser gefülltes Rundkölbchen daraufstellen oder für höhere Temperaturen statt des Becherglases einen Porzellantiegel nehmen. Die Temperatur soll beim Erhitzen im allgemeinen so geregelt werden, daß die Substanz noch nicht schmilzt. Bei harzigen Substanzgemischen ist das Schmelzen nicht zu vermeiden.

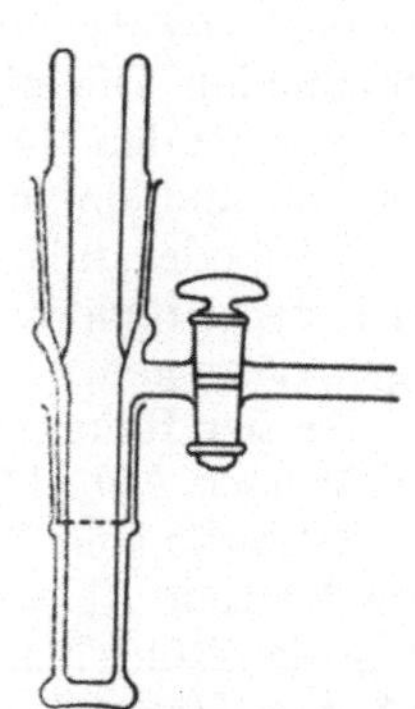

Abb. 47. Vakuumsublimationsapparat nach MARBERG

Ein sehr gutes Gerät zur *fraktionierten Mikrosublimation* ist die in Abb. 46 gezeigte Anordnung von SOLTYS-HURKA[1]. Der vor der Fritte befindliche Teil des Apparates, in dem sich das Sublimationsgut befindet, kommt in einen PREGLschen *Heizblock* (vgl. Abb. 13).

---

[1] Mikrochem. **30**, 193 (1942).

Für Mengen bis zu 0,1 g eignet sich der *Vakuumsublimationsapparat* von C. M. MARBERG[1] (Abb. 47). Er besteht aus drei mit Schliffen verbundenen Teilen. Der untere, becherförmige Teil nimmt die zu sublimierende Substanz auf. In diesen wird mit Schliff der Anschluß zum Vakuum eingesetzt. Durch beide Teile reicht der weite Kühler bis nahe an den Boden des Apparates. Der obere Teil des Kühlers ist doppelwandig und evakuiert. Dieser Vakuummantel verhindert ein allzu rasches Verdunsten des Kühlmittels. Soll mit Wasser gekühlt werden, so steckt man in die Kühleröffnung einen Stopfen mit einem langen und einem kurzen Glasrohr zur Zu- und Ableitung des Kühlwassers. Der Vorteil dieses Gerätes besteht darin, daß man auch mit Kältemischungen, Trockeneis-Äther, flüssigem Ammoniak oder flüssiger Luft kühlen kann, die in das weite Kühlrohr eingefüllt werden.

7. Adsorption

a) Entfärben und Klären

Zur Entfernung gefärbter Verunreinigungen von einer an sich farblosen Substanz und schwacher Trübungen, die durch Zentrifugieren nicht niedergeschlagen werden können, werden Zusätze verschiedener inerter Stoffe mit großer Oberfläche, am häufigsten *Adsorptionskohle*, verwendet (Tierkohle oder besonders präparierte Holzkohle). Die nicht zu konzentrierte Lösung wird mit einer entsprechenden Menge (für einige Milliliter eine Spatelspitze voll) versetzt und einige Zeit im Sieden erhalten und heiß filtriert (vgl. Abb. 16) oder, falls beim Abkühlen nicht sofort Kristallisation eintritt, zentrifugiert. Die Entfernung gelingt am besten aus wässerigen Lösungen.

Bei der Reinigung mit Tierkohle kann das Filtrieren mit dem Gerät nach Abb. 15 (vgl. S. 13, 14) wie folgt umgangen werden.

Ein zirka 4 cm langes Jenaer Filterröhrchen mit Glasfritte (G 3) und kurzem Ablauf paßt lose in ein kurzes Reagenzglas. Oben trägt das Röhrchen einen Kragen und sitzt mit einem Gummiring auf dem Rand des Zentrifugengefäßes auf. Die mit Aktivkohle gekochte Lösung wird auf die Fritte gegossen und zentrifugiert. Die in der Abbildung gezeigte Anordnung hält bis zu 3000 U/Min. aus.

b) Chromatographie

Mit Hilfe dieser Arbeitstechnik lassen sich je nach der Ausführung sowohl geringe Mengen genau definierter organischer Substanzen als auch Toxine, Fermente u. a. reinigen und isolieren und Substanz-

---

[1] J. Am. Chem. Soc. **60**, 1509 (1938).

gemische zerlegen. Man macht dabei von der verschiedenen Affinität
der in der Lösung vorhandenen Substanzen zu einer adsorbierenden
Oberfläche Gebrauch. Da ohne Temperaturerhöhung gearbeitet
werden kann, werden die Substanzen sehr geschont.
Als Adsorbentien werden Tonerde, aktiviertes Aluminiumoxyd, Calciumoxyd, Calciumcarbonat, Magnesiumoxyd, verschiedene Bleicherden (z. B. Fran-
konit), Zucker, seltener Kaolin, Kieselgur, Silicagel, Talkum, aber auch manche Kohlesorten verwendet.

Handelt es sich um die Reinigung bzw. Trennung wohl definierter organischer Verbindungen,
so wird wie folgt vorgegangen:

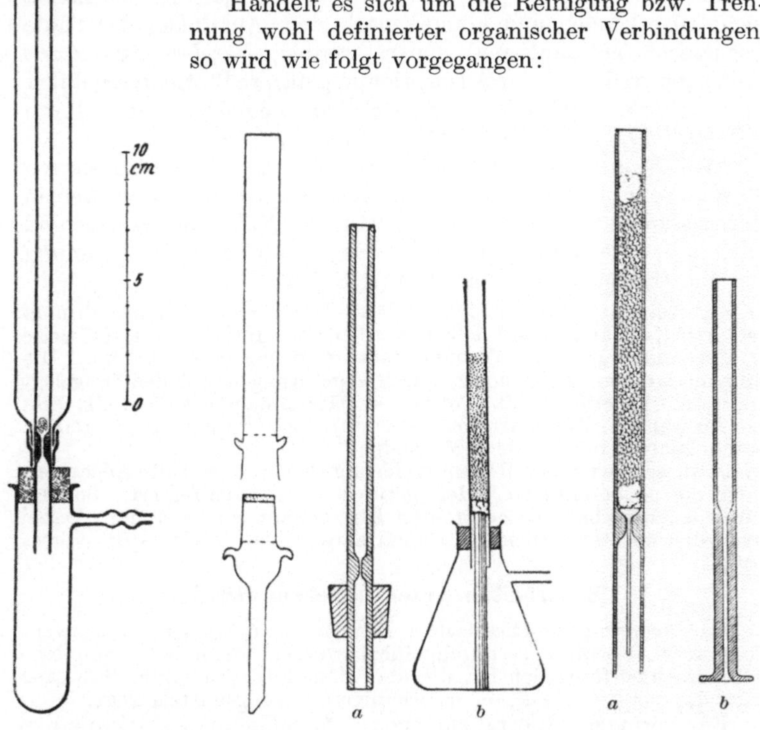

Abb. 48. Einfaches   Abb. 49. Verschiedene Adsorptions-   Abb. 50. Mikro-
Adsorptionsrohr   rohre   adsorptionsröhrchen

Das Adsorptionsmittel, dessen richtige Wahl entscheidend
ist, wird in einem indifferenten organischen Lösungsmittel
(z. B. Benzin) suspendiert und unter mäßigem Vakuum in
das *Adsorptionsrohr* eingefüllt. Als *Adsorptionsrohre* seien die
in Abb. 48, 49 und 50 gezeigten — diese für geringste Mengen

($^1/_2$ bis 1 γ) — empfohlen[1]. Sobald die Lösungsmittelschicht nur noch 2 bis 3 mm beträgt, läßt man die Lösung des Substanzgemisches zufließen. Als Lösungsmittel werden am häufigsten Benzin, Benzol, Petroläther, Schwefelkohlenstoff oder deren Gemische verwendet. Bevor der letzte Rest der Lösung durchgesaugt ist, wird eines der oben angeführten Lösungsmittel nachgegeben, wodurch das „*Chromatogramm* entwickelt", das heißt, der Abstand zwischen den einzelnen Zonen vergrößert wird.

Handelt es sich um *gefärbte* Stoffe, so sind die einzelnen Zonen leicht zu erkennen und können nach dem Ausstoßen der Säule mechanisch getrennt und eluiert werden. *Farblose Substanzen* können entweder vor der Adsorption in gefärbte Stoffe übergeführt oder mittels Farbreaktionen sichtbar gemacht oder durch Beleuchtung mit UV-Licht erkannt werden.

Die *Elution* beruht auf Verdrängung des adsorbierten Stoffes. Sehr oft wird zu diesem Zweck zu Petroläther oder Benzin Methylalkohol zugesetzt. Man eluiert in der Kälte oder Wärme und filtriert bzw. zentrifugiert. Als Übungsbeispiel wird die Trennung von Blattfarbstoffen beschrieben (s. S. 146).

Zur *Reinigung von Enzymen* soll an dieser Stelle nur das Prinzip der Arbeitstechnik beschrieben werden, im übrigen muß fallweise in der umfangreichen Originalliteratur nachgelesen werden. Die Enzyme werden, wenn nötig, durch Zerstörung der Zellen freigelegt und durch Digerieren mit verdünnten Säuren oder Alkalien, Glycerin usw. extrahiert. Man klärt am besten durch Zentrifugieren und reinigt durch Dialyse oder andere Methoden.

In die so gewonnene Rohenzymlösung wird das gewählte Adsorbens eingetragen, geschüttelt oder gerührt und zentrifugiert. Sodann wird das Adsorbat mit geeigneten Elutionsmitteln behandelt. Dabei ist in den meisten Fällen das Einhalten eines bestimmten pH-Wertes nötig.

8. Arbeiten unter höherem Druck

Manche organisch-chemischen Reaktionen müssen unter Anwendung eines *Überdruckes* durchgeführt werden, besonders wenn eine Temperatur erforderlich ist, die über dem Siedepunkt der Substanz oder des bei der Reaktion notwendigen Lösungsmittels liegt.

Für geringere Substanzmengen verwendet man starkwandige Bomben- oder *Einschmelzröhren* aus widerstandsfähigem Glas für einen Druck von 10 bis 20 Atmosphären. Falls bei der Reaktion Gase entstehen, darf nur wenig Substanz verwendet werden. Sonst kann die Röhre zu einem Drittel oder bis zur Hälfte gefüllt werden. Das Zuschmelzen der Röhre am Gebläse muß unter Bildung einer einige

---

[1] WILLSTAEDT, H. und T. K. WITH: Z. physiol. Chem. **253**, 40 (1938);
HESSE, G.: Angew. Chem. **49**, 315 (1936);
BECKER, E., und C. SCHÖPF: Ann. Chem. **524**, 127 (1936).

Zentimeter langen, gleichmäßig dickwandigen Kapillare vorgenommen werden. Für Temperaturen bis 100°C dient die sogenannte *Wasserbadkanone*, für Temperaturen über 100°C der *Schießofen*, der mit einem Thermometer versehen ist. Die Röhren werden mit Papier oder Asbestpapier umhüllt, in die meist herausnehmbaren Metallhülsen des Ofens so eingelegt, daß die Kapillaren ein wenig herausragen. Der Schießofen wird dabei etwas schief gestellt. Das Erhitzen erfolgt wegen der Möglichkeit des Explodierens in einem *Schießkasten* oder einem eigenen *Schießraum*. Nach beendigter Reaktion dürfen die Röhren erst nach vollständigem Erkalten geöffnet werden. Ohne sie aus dem Schießofen zu nehmen, erhitzt man die herausragende Kapillare vorsichtig, treibt darin befindliche Flüssigkeit weg und erhitzt dann mit einem scharfen Brenner, so daß sich unter dem in der Bombenröhre vorhandenen Gasdruck die weichgewordene Kapillare aufbläht und öffnet. Erst jetzt darf man die Röhre aus dem Ofen nehmen und die Kappe absprengen.

Für präparative Zwecke mit größeren Substanzmengen werden Autoklaven verschiedener Konstruktion verwendet.

9. Kühlungsmethoden

Bei Reaktionen, die unter starker Wärmeentwicklung verlaufen und daher eine Kühlung erfordern, gelegentlich auch beim Umkristallisieren, müssen Kühlungsmittel verwendet werden. Unter dem Strahl der fließenden Wasserleitung erreicht man Temperaturen von 10 bis 12°C. Für die Abkühlung auf 0° verwendet man fein zerstoßenes Eis oder Schnee. Für Temperaturen unter 0° benützt man *Kältemischungen*, wobei man die vorgeschriebenen Mischungsverhältnisse einhalten muß.

Am häufigsten wird eine Mischung von zerstoßenem Eis oder Schnee und rohem Natriumchlorid (Viehsalz) im Mischungsverhältnis 3:1 verwendet, wobei man Temperaturen bis zu −20°C erreicht. Die Zerkleinerung der Eisstücke erfolgt durch Einhüllen in ein Tuch und Zerschlagen mit einem Holzhammer.

Mit einer Mischung von zerstoßenem Eis und kristallisiertem Calciumchlorid im Verhältnis 2:3 erreicht man Temperaturen bis zu −49°C.

Für noch tiefere Temperaturen wird *Kohlensäureschnee* verwendet, den man erhält, wenn man aus einer schräg gelagerten Kohlensäurebombe die Kohlensäure in einen dichten Stoffsack ausfließen läßt. Setzt man hier noch Aceton und Äther zu, so erreicht man Temperaturen von −86 bis −90°C. Das Kühlmittel wird in ein *Dewarsches Gefäß* gegeben. Es empfiehlt sich, kleine *Thermosflaschen*, sog. „Speisethermos" mit $1/4$ l Inhalt zu verwenden, die sich, da sie sehr weit sind, vorzüglich bewährt haben.

10. Rühr- und Schüttelvorrichtungen

Bei Arbeiten mit inhomogenen Systemen ist, um eine rasche und bessere Reaktion der Stoffe zu erreichen, für gute Durchmischung Sorge zu tragen.

Im einfachsten Fall, d. h. wenn die Reaktion in kurzer Zeit beendet ist, wird man das Reaktionsgefäß mit der Hand schütteln.

Zum Ausschütteln in einem kleinen Reagenzglas oder zum kurzzeitigen Durchmischen der Reaktionspartner eignet sich folgende einfache Anordnung: Auf der Welle eines gewöhnlichen schnell-

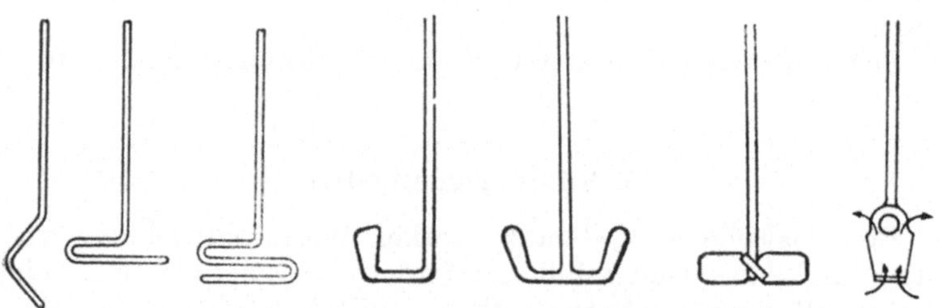

Abb. 51. Verschiedene Rührerformen

laufenden Elektromotors wird ein Gummistopfen etwas exzentrisch angebracht. Man schaltet den Motor ein und hält das Reagenzglas gegen den Gummistopfen. Auf diese Weise wird eine rasche und wirksame Durchmischung erzielt.

Bei länger dauernden Umsetzungen und beim Arbeiten mit höheren Temperaturen muß jedoch ein *Rührwerk* verwendet werden. *Verschiedene Rührer*, die sich aus dünnen Glasstäben selbst herstellen lassen, sind in Abb. 51 gezeigt. Zum Antreiben verwendet man entweder kleine mit Wasser oder Preßluft betriebene *Turbinen* oder kleine *Elektromotoren*. Auf die Achse der Maschine wird ein Stück Messingrohr, welches mit seitlichen Schlitzen versehen ist, aufgeschoben, so daß wahlweise der gerade benötigte Rührer eingeschoben werden kann. Ein kleines Scheibchen, das am Rande eingekerbt und in dem eine Schraube exzentrisch befestigt ist, ermöglicht die Verwendung der Antriebsvorrichtung zum Schütteln.

Empfehlenswert ist auch der von A. SOLTYS konstruierte *Vakuummotor*[1], der mit dem Unterdruck einer Wasserstrahlpumpe angetrieben wird.

Bei kleinen Mengen ist die *magnetische Rührvorrichtung* besonders zu empfehlen. Man kann durch diese Anordnung auch in geschlossenen Systemen wirksam rühren. Dabei rotiert ein Magnet unter dem Gefäß und ein in einer Glaskapillare eingeschmolzener Eisendraht durchmischt die Flüssigkeit. Es sind verschiedene Modelle, teilweise mit eingebauter Heizplatte, im Handel erhältlich.

Sollen Bruchteile von ml gerührt werden, so läßt sich der rotierende Magnet so aufstellen, daß er sich senkrecht zum Gefäß dreht. Eine in diesem befindliche Eisenkugel wird auf- und niedergerissen und rührt die reagierenden Stoffe durch.

Von G. GORBACH[2] ist ein Rückflußkühler mit eingebautem *Rührwerk* veröffentlicht worden, auf den hier nur verwiesen sei.

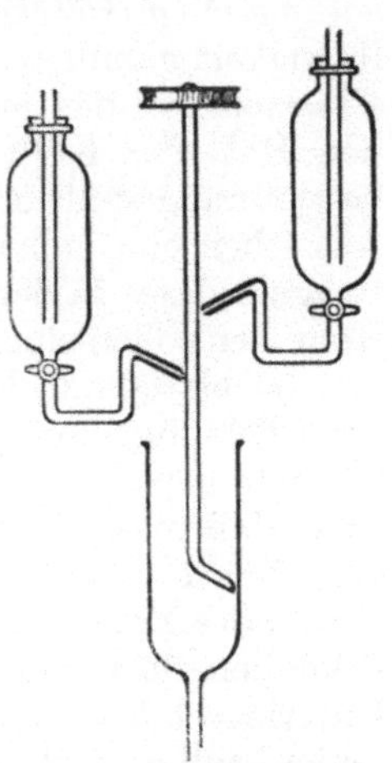

Abb. 52. Rührwerk nach KUHN-BROCKMANN

Als Beispiel für ein *Rührwerk*, das für einen speziellen Zweck entwickelt wurde, sei die in Abb. 52 dargestellte Vorrichtung zum Vermischen kleiner Substanzmengen von KUHN-BROCKMANN[3] gezeigt. Dabei ist zu beachten, daß in das weiter oben mündende Gefäß die spezifisch leichtere Flüssigkeit gegeben wird, so daß schon am Rührstab eine Durchmischung eintritt.

III. Bestimmung des Schmelz- und Siedepunktes

1. Schmelzpunktbestimmung

Der Reinheitsgrad einer kristallisierten organischen Substanz wird am besten durch die Bestimmung des Schmelzpunktes kontrolliert. Diese Bestimmung dient auch zur Identifizierung von Stoffen. Die Durchführung ist einfach und erfordert sehr geringe Substanzmengen. Behelfsmäßig läßt sich die Bestimmung in einem Reagenzglas durchführen. Es sind hiefür jedoch auch verschiedene

---

[1] Zu beziehen von der Firma Paul Haack, Wien IX, Garnisongasse 3.
[2] Fette und Seifen **51**, 6 (1944).
[3] Ber. dtsch. chem. Ges. **66**, 1321 (1933).

einfache Apparate im Handel (z. B. der Apparat von THIELE,
vgl. S. 42).

Ein gewöhnliches Reagenzglas wird mit der Heizflüssigkeit,
als welche häufig reine conc. Schwefelsäure verwendet wird, zu
einem Drittel gefüllt. Vorteilhafter ist die Verwendung eines *langhalsigen Kugelkölbchens*, dessen Kugel zu drei Viertel mit der Heizflüssigkeit gefüllt wird. In die Heizflüssigkeit taucht ein *geeichtes
Thermometer*, das mittels eines seitlich angeschlitzten Korkes in
den Hals des Kölbchens eingepaßt ist. Für die Schmelzpunktbestimmung stellt man sich die erforderlichen Glasröhrchen durch
Ausziehen eines allenfalls beschädigten, aber reinen gewöhnlichen
Reagenzglases in der Gebläseflamme her. Die sehr dünnwandigen
Röhrchen sollen eine lichte Weite von 1 bis 1,5 mm und eine Länge
von 50 bis 60 mm haben. Sie werden an einem Ende vorsichtig
ohne Bildung eines Glasknopfes zugeschmolzen. Die getrocknete
und fein gepulverte Substanz füllt man in der Weise in das Röhrchen, daß man das offene Ende in die auf einem Uhrglas befindliche Substanz eintaucht und durch vorsichtiges Klopfen auf den
Grund des Röhrchens bringt. Sehr gut gelingt dies, indem man das
Röhrchen durch ein langes Glasrohr mehrmals auf eine harte
Unterlage fallen läßt. Die auf diese Weise eingeführte Substanz-
schicht soll etwa 2 mm hoch sein.

Das gefüllte Röhrchen wird dann außen mit der Heizflüssigkeit
unter Verwendung der Spitze des Thermometers befeuchtet und an
das Thermometer so angeklebt, daß die Substanz sich in gleicher
Höhe mit der Mitte der Quecksilberkugel befindet. Man setzt das
Thermometer derart in das Reagenzglas oder Kugelkölbchen, daß
die Quecksilberkugel ganz in die Heizflüssigkeit taucht. Mit einer
gerade entleuchteten Bunsenflamme wird nun das Heizbad vorsichtig
erhitzt. Für die Schnelligkeit des Erhitzens lassen sich keine allgemeinen Vorschriften geben. Im allgemeinen soll man in der Nähe
des Schmelzpunktes die Temperatur um nicht mehr als 1° pro
Minute steigern. Als Schmelzpunkt gilt die Temperatur, bei der
die Substanz innerhalb eines Grades zu einer klaren Schmelze
zusammenfließt. Manche organische Verbindungen schmelzen jedoch nicht unzersetzt. Man erkennt dies daran, daß sich die Farbe
verändert und oft eine Gasentwicklung zu beobachten ist. Solche
Substanzen besitzen keinen scharfen Schmelzpunkt, man spricht
von einem *Zersetzungspunkt*. Seine Höhe hängt fast immer von der
Geschwindigkeit des Erhitzens ab. Bei rascher Temperatursteige-
rung wird er höher gefunden als bei langsamer. Unterhalb des Zer-
setzungspunktes tritt gewöhnlich schon ein Zusammenschrumpfen,
Sintern, der Substanz ein.

Bei unzersetzt schmelzenden Substanzen ist die Beobachtung eines vorzeitigen Sinterns ein Kennzeichen, daß eine unreine Substanz vorliegt, die dann durch Umkristallisieren oder Destillieren erst weiter gereinigt werden muß. Eine Substanz ist im allgemeinen erst dann als rein anzusehen, wenn sich ihr Schmelzpunkt bei Wiederholung der Reinigungsverfahren nicht mehr ändert.

Unreine Stoffe schmelzen deshalb tiefer, weil die Begleitstoffe sozusagen als gelöste Stoffe wirken und der Erstarrungspunkt einer Lösung tiefer liegt als der des Lösungsmittels. Auf dieser Erscheinung beruht ein Verfahren, durch die Ermittlung des Schmelzpunktes eine unbekannte Substanz mit einer schon bekannten zu identifizieren. Man stellt sich ein inniges Gemisch beider Verbindungen her und ermittelt nun den *Mischschmelzpunkt*. Sind die Substanzen identisch, so zeigt die Mischung denselben Schmelzpunkt wie die bekannte Substanz. Bei isomorphen Stoffen versagt die Mischprobe.

Zur raschen Ermittlung des Schmelzpunktes mit einer Genauigkeit, die der vorstehend beschriebenen vollkommen entspricht, kann auch die *Heizbank* von L. und W. KOFLER verwendet werden[1].

Für genaue Bestimmungen des Schmelzpunktes wird wohl stets der *Mikroschmelzpunktapparat nach* L. KOFLER verwendet werden. Näheres ist in der Monographie von A. und L. KOFLER „Thermomikromethoden zur Kennzeichnung organischer Stoffe und Stoffgemische" (unter Mitarbeit von M. BRANDSTÄTTER), 3. Aufl., Weinheim: Verlag Chemie, 1954, nachzusehen.

2. Siedepunktbestimmung

Mit kleinen Flüssigkeitsmengen lassen sich Siedepunktbestimmungen nach den gewöhnlichen Verfahren, bei denen das Thermometer in einem Erlenmeyer- oder Rundkölbchen vom Dampf der Siedeflüssigkeit direkt erhitzt wird, nicht durchführen. Für nicht zu geringe Flüssigkeitsmengen (einige Tropfen) eignet sich die Anordnung von A. SIWOLOBOFF[2] (Abb. 53).

Ein etwa 100 mm langes Glasröhrchen von 4 bis 6 mm Innendurchmesser ist an einem Ende in 10 mm Länge auf die Hälfte seines Durchmessers verjüngt und zugeschmolzen. In die Verjüngung wird mittels einer Kapillarpipette soviel von der zu untersuchenden Flüssigkeit gegeben, daß diese fast gefüllt ist. In die Flüssigkeit wird dann ein haarfein ausgezogenes Kapillarröhrchen

---

[1] Mikrochemie **34,** 374 (1949).
[2] Ber. dtsch. chem. Ges. **19,** 795 (1886).

eingetaucht. Dieses wird hergestellt, indem es an einer Stelle verschmolzen und knapp unter der verschmolzenen Stelle abgebrochen wird. Es soll dann noch annähernd so lang sein wie das Siederöhrchen. Das Siederöhrchen mit der Kapillare wird dann am Thermometer mittels einer Stahldrahtfeder befestigt und in einen nicht zu kleinen Schmelzpunktapparat (z. B. den nach THIELE) (vgl. Abb. 53) gebracht. Bei Annäherung an den Siedepunkt beginnen einzelne Luftbläschen aus dem Kapillarröhrchen auszutreten. Als Siedetemperatur gilt jene, bei der in regelmäßiger Folge Gasbläschen durch die Flüssigkeit entweichen. Soll die Bestimmung des Siedepunktes wiederholt werden, so muß nach der Abkühlung ein neues Kapillarröhrchen verwendet werden.

Eine zweite sehr gut brauchbare Methode zur Siedepunktbestimmung stammt von F. EMICH. Ein Schmelzpunktröhrchen wird an einem Ende zu einer sehr feinen, etwa 2 cm langen Spitze ausgezogen. Beim Eintauchen dieser Haarkapillare in die zu untersuchende Flüssigkeit steigt diese darin auf. Wenn der verjüngte kegelförmige Teil ganz gefüllt ist, wird das Ende der kapillaren Spitze durch Berühren mit einer Mikroflamme zugeschmolzen.

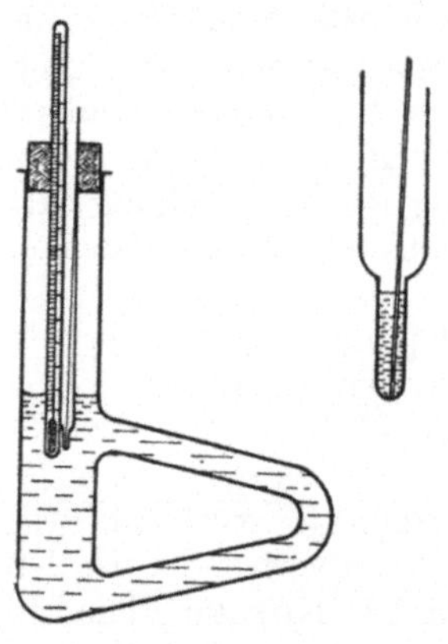

Abb. 53. Siedepunktbestimmung nach SIWOLOBOFF

Dadurch erreicht man, daß sich in der Spitze ein im Vergleich zum Volumen der später entstehenden Dampfblase verschwindend kleines Bläschen bildet.

Das vorbereitete Siederöhrchen wird wie bei der Schmelzpunktbestimmung am Thermometer befestigt und in ein Heizbad gestellt. Es ist zweckmäßig, an Stelle eines Schmelzpunktapparates ein gewöhnliches Becherglas zu benützen und die Badflüssigkeit zu rühren. Sobald sich der Tropfen nach anfänglichem „Unruhigwerden" bis zum Spiegel der Badflüssigkeit hebt, ist der Siedepunkt erreicht.

Nach dem gleichen Prinzip läßt sich auch mit dem Mikroschmelzpunktapparat nach L. KOFLER der Siedepunkt bestimmen.

Die handelsüblichen Thermometer sind oft fehlerhaft. Daher soll für die Bestimmung des Schmelz- und Siedepunktes ein *geeichtes Thermometer* verwendet werden. Man eiche das Thermometer selbst mit chemisch reinen Testsubstanzen. Dann kann nämlich auch die Korrektur für den herausragenden Quecksilberfaden entfallen.

In diesem Zusammenhang wird auf die Schmelzpunkttabellen von KEMPF-KUTTER hingewiesen. Darin sind die Schmelz- und Siedepunkte von ungefähr 6000 Substanzen enthalten. Darin finden sich auch wichtige Hinweise für die Durchführung der Bestimmung.

IV. Geräte

A. Für die Darstellung der nachstehend beschriebenen organischen Präparate sind folgende Geräte unbedingt erforderlich:

1. Mindestens 20 *kurze Reagenzgläser* (70 mm Länge), womöglich aus Jenaerglas, die man durch Halbieren eines normalen Reagenzglases selbst herstellen kann. Zum Abstellen dieser Reaktionsgefäße bedient man sich entsprechend gebohrter Korke (vgl. Abb. 56).

2. 4 *Rundkölbchen* von 50 ml Inhalt.

3. *Zentrifugengläser* verschiedener Größe (vgl. Abb. 5).

4. 10 *kleine Glasbecher* mit Schnabel, 55 mm lang (Abb. 54).

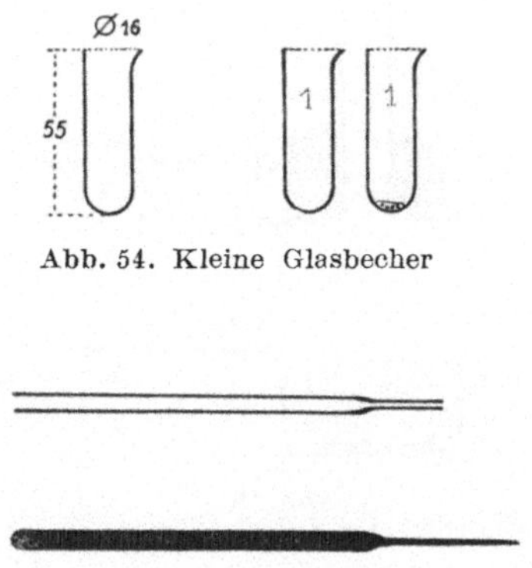

Abb. 54. Kleine Glasbecher

Abb. 55. Tropfröhrchen und Glasstab

Diese Becher finden für die verschiedensten Zwecke Verwendung, insbesondere zum Auffangen von Destillaten oder zum Einwägen von Substanzen. Hiefür markiert man sich ein Paar, tariert das leichtere gegen das schwerere mit Schrot aus, welcher mit Paraffin am Grund des Glases angeklebt wird.

5. Je 2 *Bechergläser* von 10, 25 und 50 ml Inhalt.

6. Einzelne *mit kugelförmigen Erweiterungen versehene Rohre* werden entweder als *Rückflußkühler* oder *zum Destillieren* am *absteigenden Kühler* verwendet (vgl. Abb. 14, 28).

7. Spitz *ausgezogene Glasröhren* zum Zutropfen von Flüssigkeiten, ferner *Glasstäbe*, die an einem Ende verjüngt sind und zum Umrühren dienen (Abb. 55).

8. *Apparat zum Rektifizieren* bzw. zum *fraktionierten Destillieren* von Flüssigkeiten (vgl. Abb. 31).

9. 2 *Scheidetrichter*, zylindrische Form mit kurzem Abflußrohr (30 bis 60 ml Inhalt).

10. 2 *Filterröhrchen mit Glasfritte* (G 3) für die Reinigung mit Tierkohle (vgl. Abb. 15).

11. *Mikrobrenner*. Falls dieser nicht vorhanden ist, bedient man sich zum Erhitzen der Sparflamme des Bunsenbrenners.

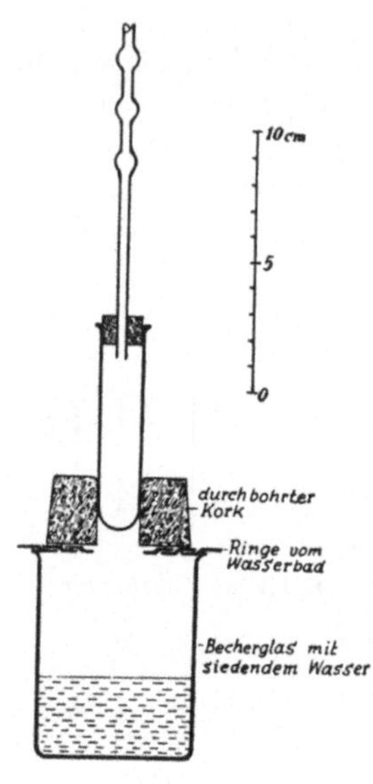

Abb. 56.
Erhitzen auf dem Wasserbad

12. *Wasserbad* und *Ölbad*. Hiefür verwendet man Bechergläser passender Größe (z. B. 50 bis 100 ml, Abb. 56). Um Temperaturen über 100° bis 130°C zu erreichen, benützt man conc. Salzlösungen und für Temperaturen von 130° bis 200°C Paraffinöl, bis 220°C Glycerin, bis 280°C conc. Schwefelsäure. (Siedepunkt von kaltgesättigten Lösungen: Natriumchlorid 180°C, Natriumnitrat 120°C, Kaliumcarbonat 135°C.) Für Temperaturen über 300°C dienen *Metallbäder* mit Woodscher Legierung.

13. *Einfacher Extraktionsapparat* (vgl. Abb. 21).

14. *Apparat zum Destillieren mit Wasserdampf* (vgl. Abb. 42).

15. *Apparat zum Destillieren im Vakuum*. Hiezu läßt sich der Destillationsapparat (Punkt 8) verwenden, indem man eine Saugeprouvette, in der sich ein kleiner Becher befindet, luftdicht anschließt (vgl. Abb. 32).

16. Eine *Laboratoriumszentrifuge* oder zumindest eine *Handzentrifuge* zum Sammeln und Isolieren der Niederschläge.

17. Eine *Apothekerwaage* mit entsprechendem Gewichtsatz oder eine *Schalenwaage*. Flüssigkeiten werden ausschließlich in den unter Punkt 4 angegebenen Bechern eingewogen.

18. Für die *Tüpfelanalyse:* spitz ausgezogene Glasröhren, Glasstäbe, Tüpfelplatte, einige Mikroporzellantiegel, einen Platindraht, kleine Reagenzfläschchen für feste Substanzen und Lösungen, Tropfgläschen, Spatel, Filterpapier (Schleicher & Schüll, 601, 598, 589).

B. Folgende Geräte sind nicht unbedingt erforderlich. Ihre Anschaffung ist jedoch besonders für die Ausführung komplizierter Synthesen wünschenswert.

1. Destillationsapparat für Vakuum mit Kolonne (vgl. Abb. 37 b).

2. Mechanische Rührvorrichtung (vgl. S. 38).

3. Adsorptionsrohr (vgl. Abb. 48 bis 50).

4. Sublimationsapparatur (vgl. Abb. 46).

5. Mikroextraktionsapparat (vgl. Abb. 22 und 24).

6. Kleiner Schießofen.

Die für das Arbeiten mit kleinen Substanzmengen erforderlichen Geräte sind bei der Firma Paul Haack, Wien IX, Garnisongasse 3, erhältlich. Komplette Sätze von Schliffapparaturen liefern folgende Firmen:

ACE Glass Inc., Vineland, N. J., USA.

Metro Industries, Long Island City, N. Y., USA.

Kontes Glass Comp., Vineland, N. J., USA.

Quickfit & Quartz Ltd., Heart of Stone, Staffs., England.

Die Geräte der zuletzt erwähnten Firma wurden bei uns erprobt; sie haben sich als sehr brauchbar erwiesen.

V. Lösungsmitteltabelle

Lösungsmittel	Kp.: °C	Trocknen mit	Bemerkungen
Aceton	56°	entwäss. $CaCl_2$, entwäss. $CuSO_4$, K_2CO_3, dann frakt., destillieren	mit Wasser unbegrenzt mischbar, gutes Lösungsmittel[2]
Äthylalkohol ..... (Äthanol)	78°	Kochen über gebr. Kalk oder BaO	gebräuchlichstes Lösungsmittel (meistens 96%ig)
Anilin	184°	mit festem KOH od. BaO frakt. dest.	in Wasser schlecht löslich, in den meisten org. Lösungsmitteln gut löslich. Selekt. Lösungsmittel zur Trennung von aliphat. u. aromat. KWST

[2] Lichtempfindlich.

Lösungsmittel	Kp.: °C	Trocknen mit	Bemerkungen
Benzol	80°	$CaCl_2$, Natrium[1], P_2O_5	für Kohlenwasserstoffe, Alkohole, Aldehyde, Ketone, Nitroverbindungen u. v. a.
Chloroform	61°	entwäss. K_2CO_3[3], Destill. über P_2O_5	hohes Lösungsvermögen für Halogensubstitutionsprod. u. Fette; nicht brennbar[2]
Diäthyläther	35°	$CaCl_2$, Natrium, geglühtes Na_2SO_4, KOH	in Wasser wenig löslich, auch für tief schmelzende Substanzen
N, N-Dimethylformamid	153°	mit Benzol und Wasser (85:10:4) fraktionieren; nach Vorlauf Vakuumdestillation	mit Wasser unbegrenzt mischbar
Dimethylsulfoxyd	25 mm 85–87°	frakt. Vakuumdestillation	mit Wasser unbegrenzt mischbar, gutes Lösungsmittel für SO_2, Äthylenoxyd, Aromaten, anorg. Salze
Dioxan	101°	über KOH (fest) erhitzen und fraktionieren	mit Wasser mischbar, gutes Lösungsvermögen
Eisessig	118°	mehrmaliges Ausfrieren	sehr gut, besonders für Carbonsäuren
Essig (-säureäthyl-) ester....	77°	viel Na_2SO_4, destill. über Natrium[1]	mit Wasser nicht mischbar, sehr gutes Lösungsvermögen
n-Heptan	90°	$CaCl_2$, Natrium[1]	wesentlich höheres Lösungsvermögen als Pentan, Hexan
n-Hexan	69°	$CaCl_2$, Natrium[1]	etwas besser als Pentan

[1] In Drahtform — [2] Lichtempfindlich — [3] Nicht über Kalium oder Natrium trocknen. Explosionsgefahr! Mit $CaCl_2$ Phosgenbildung.

Lösungsmittel	Kp.: °C	Trocknen mit	Bemerkungen
Isoamylalkohol ..	128°-132°	Kochen über gebr. Kalk oder BaO	mit Wasser wenig mischbar, gutes Lösungsvermögen
Ligroin	80°-110°	$CaCl_2$, Natrium[1]	gutes Lösungsvermögen für fettartige Stoffe
Methyläthylketon	80°	siehe Aceton	mit Wasser ein Azeotrop (11,3% H_2O)
Methylalkohol (Methanol)	65°	Kochen über gebr. Kalk oder BaO	mit Wasser unbegrenzt mischbar, wasserähnlich
Methylenchlorid ..	40°	$CaCl_2$ oder K_2CO_3[3]	mit Wasser ein Azeotrop (1,5% H_2O); siehe Chloroform
Nitrobenzol	211°	mit KOH am Wasserbad, langsame Vak.-Dest.	für sehr schwer lösliche Stoffe
Pentan	33°-39°	$CaCl_2$, Natrium[1]	geringes Lösungsvermögen für niedrig schmelzende indifferente Stoffe
Petroläther	30°-50°	$CaCl_2$, Natrium[1]	gutes Lösungsvermögen für fettartige Stoffe
Pyridin	116°	KOH, BaO	für spezielle Zwecke, auch gemischt mit Wasser
Schwefelkohlenstoff	46°	$CaCl_2$, P_2O_5	ähnlich Chloroform, schwer zu reinigen[2]
Tetrachlorkohlenstoff	77°	KOH, K_2CO_3, $CaCl_2$, P_2O_5[3,4]	geringeres Lösungsvermögen als Chloroform, nicht brennbar
Tetrahydrofuran .	66°	Schütteln mit KOH (fest), über KOH erhitzen und frakt., über Natrium[1] trocknen	Mit Wasser ein Azeotrop (5,4% H_2O). Peroxydbildung wie bei Diäthyläther möglich

[1] In Drahtform — [2] Lichtempfindlich — [3] Nicht über Kalium oder Natrium trocknen. Explosionsgefahr! Mit $CaCl_2$ Phosgenbildung — [4] Nicht mit Alkalimetall!

Lösungsmittel	Kp.: °C	Trocknen mit	Bemerkungen
Toluol	111°	$CaCl_2$, Natrium[1], P_2O_5	wie Benzol, etwas größeres Lösungsvermögen
Xylol[6]..........	136°	$CaCl_2$, Natrium[1], P_2O_5	wie Benzol, und Toluol, größeres Lösungsvermögen
Wasser	100°		Carbonsäuren, manche Aldehyde Phenole, Aminoverbindungen

[1] In Drahtform — [6] Gemisch der 3 Isomeren.

B. Spezieller Teil[1]

Die mit * bezeichneten Arbeitsvorschriften wurden unter der Leitung von Herrn Prof. Dr. K. KRATZL am Ersten Chemischen Laboratorium der Universität Wien ausgearbeitet.

I. Aliphatische und aromatische Halogenverbindungen

1. Äthylbromid

$$C_2H_5OH + HBr \rightleftharpoons H_2O + C_2H_5Br$$

Der Ersatz einer alkoholischen Hydroxylgruppe kann in verschiedener Weise durchgeführt werden. Entweder wie bei diesem Präparat, indem man auf Alkohole Halogenwasserstoffsäuren einwirken läßt, oder indem man Alkohole mit Halogenverbindungen des Phosphors umsetzt (nukleophile Substitutionsreaktionen). Da eine umkehrbare Reaktion vorliegt und daher das Massenwirkungsgesetz gilt, werden die Mengen der Reaktionsteilnehmer nicht im stöchiometrischen Verhältnis angewendet, sondern, wie z. B. im vorliegenden Falle, vom billigeren Äthylalkohol etwa der dreifache Überschuß.

Reagenzien: 2,2 ml Schwefelsäure, conc.

3,0 ml Alkohol, 95 %ig

2,0 g Kaliumbromid, feingepulvert

Eis

Geräte: Jenaer Reagenzglas, Kugelkühlrohr (Abb. 28), Scheidetrichter, Destillationsapparat (Abb. 31 oder 57).

Die conc. Schwefelsäure wird in die Eprouvette gegeben und bei ständigem Kühlen unter der Wasserleitung der Alkohol und 1,5 ml Eiswasser zugesetzt. Dabei darf die Zimmertemperatur nicht überschritten werden. Dann trägt man das Kaliumbromid ein und verschließt das Reagenzglas mit einem einfach durchbohrten Kork, in den man das Kugelkühlrohr einsetzt. Im Scheidetrichter, der als Vorlage dient, befindet sich Eiswasser.

Man erhitzt nun gelinde mit einem Mikrobrenner bzw. mit der Sparflamme eines Bunsenbrenners. Dabei destilliert das entstandene Äthylbromid langsam über und sinkt in der Vorlage in Form

---

[1] Sämtliche *Schmelz-* und *Siedepunkte* sind in °C *unkorrigiert* angegeben.

von öligen Tropfen zu Boden. Nach ungefähr 20 Minuten ist die Umsetzung beendet. Das Wasser wird aus dem Scheidetrichter abgehebert und dieser in eine Kältemischung gestellt. Jetzt versetzt man tropfenweise mit conc. Schwefelsäure, bis sich zwei Schichten bilden. Man beachte, daß diesmal die obere Schicht das Äthylbromid ist. Es wird getrennt, das Äthylbromid durch den Trichterhals in das Destillierkölbchen gegossen und am Wasserbad rektifiziert. Kp.: 38° bis 39°C.

Ausbeute: 1,8 bis 2.0 g   *Dauer:* 75 Minuten

2. Äthyljodid

$$3\ C_2H_5OH + PJ_3 \longrightarrow 3\ C_2H_5J + H_3PO_3$$

Wie schon bei der Darstellung des Äthylbromids erwähnt wurde, kann man alkoholische Hydroxylgruppen auch mit Phosphorhalogenverbindungen gegen Halogen austauschen. Dabei erzeugt man den Halogenphosphor erst *während* der Reaktion.

Reagenzien: 1 ml Alkohol, abs.   Natronlauge, verd.
          1 g Jod, fein gepulvert   Äther
          0,1 g roter Phosphor   Calciumchlorid
          Natriumbisulfitlösung

Geräte: Kurzes Jenaer Reagenzglas, Scheidetrichter, Kugelkühlrohr (Abb. 14 u. 28), Destillationsapparat (Abb. 31 oder 57).

Die angegebenen Mengen roter Phosphor, Alkohol und Jod werden in einem kurzen Jenaer Reagenzglas vermischt und mit aufgesetztem Kugelkühlrohr im siedenden Wasserbad ¾ Stunden erwärmt. Nachdem die Umsetzung beendet ist, setzt man das Destillationsrohr auf und destilliert Äthyljodid ab. Das Gefäß wird zu diesem Zweck mit kleingestellter, leuchtender Bunsenbrennerflamme erwärmt. Das Destillat im Scheidetrichter als Vorlage ist von mitgerissenem Jod braun gefärbt. Man schüttelt zuerst zur Entfernung des nicht in Reaktion getretenen Alkohols mit Wasser aus, anschließend zur Entfernung von Jod mit 10 ml Natriumbisulfitlösung, dann zur Neutralisation mit ebensoviel verd. Natronlauge und wiederum mit Wasser. Jetzt setzt man Äther zu, schüttelt durch und läßt absitzen. Dabei hat sich das Äthyljodid in Äther gelöst. Das Wasser wird abgelassen und die ätherische Lösung mit Calciumchlorid getrocknet. Man gießt in das Destillationskölbchen und rektifiziert. Nachdem der Äther abdestilliert ist, geht das Äthyljodid bei 72°C über.

Ausbeute: 0,9 bis 1 g   *Dauer:* 1½ bis 2 Stunden

3. Benzylchlorid

$$C_6H_5 \cdot CH_3 + Cl_2 \longrightarrow C_6H_5 \cdot CH_2Cl + HCl$$

Ohne Halogenüberträger (Eisenfeilspäne, Jod) tritt freies Halogen in die Seitenkette; es erfolgt jedoch keine Substitution im Kern. Präparativ wichtig ist, daß ein zweites Chloratom in die Seitenkette viel langsamer eintritt als das erste. Das Chlor ist leicht austauschbar, z. B. gegen Hydroxyl durch Kochen mit wässerigen Alkalien unter Bildung von Benzylalkohol.

Reagenzien: 2,0 g (= 2,3 ml) Toluol
Chlor; Natronlauge, conc.

Geräte: Jenaer Reagenzglas, Kugelkühlrohr (Abb. 28), 25-ml-Erlenmeyer-Kölbchen, Einleitungsrohr, Destillationsapparat (Abb. 57).

Das Toluol wird in die Eprouvette gebracht und auf einem Luftbad (Glimmermantel mit Mikrobrenner) zum Sieden erhitzt. Dann wird durch eine Kapillare eine Stunde lang Chlor eingeleitet. Das schräg aufsteigende, mit kugelförmigen Erweiterungen versehene Glasrohr, das mit feuchtem Filterpapier gekühlt wird, endet in einem 25-ml-Erlenmeyer-Kölbchen, das mit conc. Natronlauge zur Chlorabsorption halb gefüllt ist. Ein zweites Rohr sorgt für Druckausgleich.

Nach einer Stunde ist die Reaktion beendet. Man wähle einen sonnigen Arbeitsplatz, da Licht die Reaktion katalysiert. Man gießt das Reaktionsgemisch in den Destillationsapparat und destilliert im Vakuum. Die Hauptmenge des entstandenen Benzylchlorids geht bei 12 mm Druck zwischen 63° bis 70°C über.

Ausbeute: 2,0 g   *Dauer:* 2 bis 2½ Stunden

4. Brombenzol

$$C_6H_6 + Br_2 \xrightarrow{\text{Fe}} C_6H_5Br + HBr$$

Der Austausch eines Wasserstoffatoms im Kern gegen Halogen erfolgt bei Gegenwart eines Halogenüberträgers (in diesem Fall Eisenfeilspäne). Das Halogen am Benzolkern ist sehr fest gebunden und wird durch Kochen mit Kalilauge nicht abgespalten.

Reagenzien: 2,25 ml Benzol   1,3 ml Brom
0,05 g Eisenfeilspäne   Calciumchlorid, gekörnt

Geräte: 50-ml-Kölbchen, Scheidetrichter, Wasserdampfdestillationsapparat (Abb. 42).

In einem 50-ml-Rundkölbchen werden Benzol und Eisenfeil-späne gemischt. Sodann gibt man 0,3 ml Brom hinzu und setzt das Kühlrohr auf. Unter heftiger Bromwasserstoffentwicklung tritt die Reaktion ein. Ist diese abgeklungen, gibt man wiederum einige Zehntel ml Brom hinzu und bringt solcherart im ganzen noch 1 ml Brom zur Reaktion. Wenn alles Brom verbraucht ist — man er-erwärmt gegen das Ende der Umsetzung noch am Wasserbad —, wird das Brombenzol mit Wasserdampf abdestilliert, bis ein klares Destillat übergeht. Man läßt das Wasser aus dem vorgelegten Scheidetrichter abfließen, trocknet mit gekörntem Calciumchlorid und fraktioniert. Die zwischen 140° bis 170°C übergehende Frak-tion wird nochmals destilliert und das zwischen 152° bis 158°C übergehende Destillat, das aus ziemlich reinem Brombenzol besteht, gesondert aufgefangen. Reines Brombenzol siedet bei 155°C.

Ausbeute: 1,5 g   *Dauer:* 1½ Stunden

5. Methyl-chlormethyläther*[1]

$$CH_3 \cdot OH + HCHO + HCl \longrightarrow CH_3\text{-}O\text{-}CH_2Cl + H_2O$$

Reagenzien: 0,64 ml Methylalkohol   Schwefelsäure, conc.
0,83 ml Formalin   Calciumchlorid, gekörnt
Kochsalz

Geräte: Rundkölbchen, Rückflußkühler, HCl-Entwicklungs-apparat (2 Kolben, Verbindungsröhren, Tropftrichter; alles mit Paraffin dichten!)

Methanol und Formalin werden unter Rückfluß gemischt und ein rascher Strom trockenes HCl-Gas eingeleitet. (Darstellung aus NaCl und conc. H_2SO_4.) Der Kolben wird währenddessen mit fließendem Wasser gut gekühlt. Nach 20 Minuten bilden sich zwei Schichten. Die Lösung wird nun weiter gesättigt, bis dichte HCl-Nebel aus dem Kühler kommen. Es wird im Scheidetrichter ge-trennt, der Äther mit Calciumchlorid getrocknet und destilliert. Vorerst entweicht HCl. Der Äther geht bei 60°C konstant über. Da er meist noch etwas HCl enthält, destilliert man nochmals und er-hält so eine an der Luft stark rauchende, stechend riechende Flüssigkeit. Kp.: 60°C.

Ausbeute: 0,40 g   *Dauer:* 2 Stunden

---

[1] Org. Synth., Coll. Vol. I.

6. Glycerin-α-monochlorhydrin*[1]

$$CH_2(OH) \cdot CH(OH) \cdot CH_2Cl$$

Reagenzien: 0,5 g Glycerin, 90%ig
0,02 ml Eisessig

Geräte: Kolben, Ölbad, HCl-Gasentwicklungsapparatur, Vakuum-Destillationsapparat (Abb. 31 und 32).

In einem gewogenen Kolben werden Glycerin und Eisessig gemischt. Ein rascher Strom HCl-Gas wird eingeleitet und dabei im Ölbad auf 105° bis 110°C erhitzt. Der Kolben wird von Zeit zu Zeit gewogen. Wenn die Gewichtszunahme 0,19 g beträgt, ist die Reaktion beendet.

Es wird im Vakuum destilliert. Kp.: 114° bis 120°C/14 mm.

Ausbeute: 0,20 g   *Dauer:* 1 Stunde

Nachweis mehrwertiger Alkohole vgl. S. 178

II. Carbonsäuren und Derivate

1. Acetylchlorid

$$3\ CH_3COOH + PCl_3 \longrightarrow 3\ CH_3COCl + H_3PO_3$$

Säurechloride werden fast ausschließlich durch Einwirken von PCl_3, PCl_5 oder $SOCl_2$ (Thionylchlorid), seltener von $POCl_3$ auf Säuren selbst dargestellt. Sie finden Verwendung, um in unbekannten Verbindungen alkoholische oder phenolische Hydroxylgruppen nachzuweisen und zur Charakterisierung von Alkoholen und Phenolen (Acetylierung nach SCHOTTEN-BAUMANN).

Reagenzien:

2,1 ml Eisessig
1,8 g Phosphortrichlorid

Geräte:

2 kurze Jenaer Reagenzgläser, Kugelkühlrohr, Röhrchen mit Calciumchlorid.

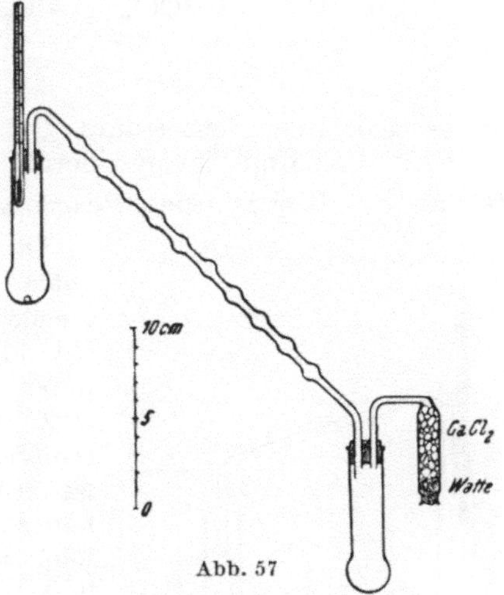

Abb. 57

---

[1] Org. Synth., Coll. Vol. I.

Zum Eisessig, der sich in einem kurzen Reagenzglas befindet — dieses kann unten etwas kugelförmig erweitert sein —, gibt man das Phosphortrichlorid und erwärmt in einem Wasserbad von 40° bis 45°C. Nach 15 Minuten hat die HCl-Entwicklung aufgehört, es haben sich zwei klare Schichten gebildet. Die untere Schicht ist phosphorige Säure, oben befindet sich das Acetylchlorid. Man gibt nun in das Reaktionsgemisch ein Siedesteinchen, stellt die Apparatur zur Destillation zusammen (Abb. 57) und destilliert am lebhaft siedenden Wasserbad. Um die Feuchtigkeitswirkung auszuschalten, ist an die Vorlage ein Calciumchloridröhrchen angeschlossen. Zum Destillat gibt man 2 bis 3 Tropfen Eisessig, um mitgerissenes Phosphortrichlorid zu entfernen, und rektifiziert, indem man nochmals am siedenden Wasserbad destilliert. Die Fraktion, welche zwischen 48° und 53°C übergeht, ist genügend rein. Kp. des reinen Acetylchlorids: 51°C.

Ausbeute: 1,3 g   *Dauer:* 30 bis 40 Minuten

Nachweis von Carbonsäurechlorid vgl. S. 167

2. Benzoylchlorid

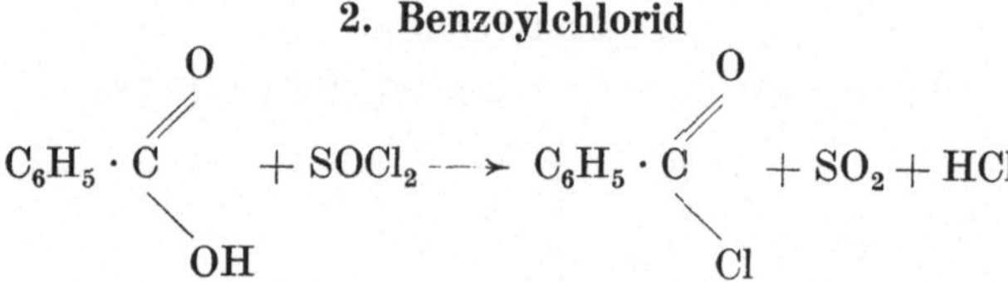

$$C_6H_5 \cdot C \underset{OH}{\overset{O}{\big|}} + SOCl_2 \longrightarrow C_6H_5 \cdot C \underset{Cl}{\overset{O}{\big|}} + SO_2 + HCl$$

Reagenzien: 1,0 g Benzoesäure
                2,5 ml Thionylchlorid

Geräte: Kurzes Jenaer Reagenzglas, Kugelkühlrohr (Abb. 14).

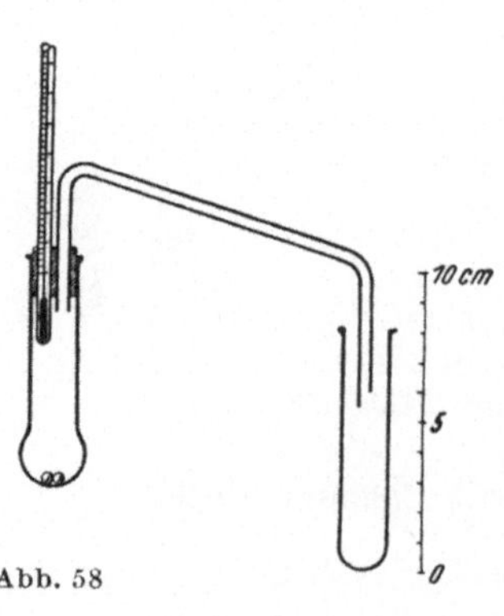

Abb. 58

In einer kurzen Jenaer Eprouvette wird die vorgeschriebene Menge Benzoesäure mit Thionylchlorid versetzt und 10 bis 15 Minuten in einem Wasserbad von 80°C mit aufgesetztem Kühlrohr erhitzt. Es wird dann das Destillationsrohr eingesetzt und am lebhaft siedenden Wasserbad das überschüssige Thionylchlorid abdestilliert. Nun entfernt man das Gefäßchen aus dem Wasserbad, trocknet das Reagenzglas äußerlich ab, setzt neben das Destillationsrohr ein Thermometer (Abb. 58) ein und erhitzt unter ständiger Bewegung des Bunsenbrenners mit kleingestellter leuchtender Flamme. Nach beträchtlichem Vorlauf, der fast ausschließlich aus Thionylchlorid besteht, geht zwischen 194° und 199°C das entstandene Benzoylchlorid über. Kp. der reinen Verbindung: 194°C.

Ausbeute: 0,7 bis 0,9 g   *Dauer:* 30 bis 40 Minuten

3. Benzoylperoxyd

$$C_6H_5 \cdot \underset{\underset{O}{\|}}{C} \cdot O \cdot O \cdot \underset{\underset{O}{\|}}{C} \cdot C_6H_5$$

Reagenzien: 5 ml Wasserstoffperoxyd, 10 %ig
3 ml Natronlauge, 4 n
1,5 g Benzoylchlorid

Geräte: Kölbchen (25 ml), Nutsche, Vakuumexsikkator.

Zu dem in einem Kölbchen befindlichen Wasserstoffperoxyd läßt man abwechselnd die Natronlauge und das Benzoylchlorid unter Umrühren zufließen. Dabei scheidet sich ein weißer Niederschlag aus, der 30 Minuten unter gelegentlichem Umrühren stehen gelassen wird. Man saugt ab, wäscht gut mit Wasser aus und trocknet im Vakuumexsikkator. Zur weiteren Reinigung löst man in wenig Chloroform und gießt in überschüssigen Methylalkohol ein. Fp.: 106° bis 108°C.

Ausbeute: 1,1 g   *Dauer:* 1½ Stunden

4. Essigsäureanhydrid

$$CH_3COCl + CH_3COONa \longrightarrow \begin{matrix} CH_3C=O \\ \diagdown \\ O + NaCl \\ \diagup \\ CH_3C=O \end{matrix}$$

Säurechloride bilden mit Salzen von Carbonsäuren Säureanhydride. Essigsäureanhydrid benützt man häufig zur Einführung der Acetylgruppe in alkoholisches oder phenolisches Hydroxyl oder in ein

Ammoniakderivat $HN\diagup^{R}_{\diagdown R'}$.

Reagenzien: 2,0 g Natriumacetat, wasserfrei
1,4 g Acetylchlorid

Geräte: 2 kurze Jenaer Reagenzgläser, Kühlrohr.

Wasserfreies Natriumacetat wird in einer kurzen Jenaer Eprouvette mit Acetylchlorid vermengt, die breiige Masse mit einem Glasstab umgerührt, das Kühlrohr sowie ein Thermometer aufgesetzt und mit leuchtender, kleingestellter Bunsenbrennerflamme unter fortwährender Bewegung des Brenners das Essigsäureanhydrid abdestilliert. Man destilliert in eine zweite kurze Jenaer Eprouvette (Abb. 58). Nach Beendigung der Destillation gibt man zum rohen Essigsäureanhydrid eine Mikrospatelspitze getrocknetes Natriumacetat, um auch die letzten Reste Acetylchlorid zu entfernen, setzt den Kork mit Kühlrohr und Thermometer auf die zweite Eprouvette und rektifiziert das Essigsäureanhydrid durch nochmalige Destillation.

Kp.: 138°C

Ausbeute: 1,2 bis 1,3 g   *Dauer:* 15 bis 20 Minuten

Nachweis von Carbonsäureanhydrid vgl. S. 168

5. Acetamid

$$CH_3 \cdot \underset{\underset{O}{\|}}{C} - ONH_4 \rightleftarrows CH_3 \cdot \underset{\underset{O}{\|}}{C} - NH_2 + H_2O$$

Das Amid einer Säure wird durch trockene Destillation (bzw. längeres Erhitzen auf höhere Temperatur) ihres Ammoniumsalzes dargestellt. Es handelt sich dabei um eine Gleichgewichtsreaktion, da das entstehende Wasser das Säureamid spaltet. Um dies zu verhindern, wird bei dem nachstehend beschriebenen Verfahren das gebildete Wasser aus dem Reaktionsgemisch herausdestilliert. Säureamide werden auch durch Umsetzen von Säurechloriden oder Estern mit Ammoniak dargestellt.

Reagenzien: 2 g Ammoniumacetat
              1,5 ml Eisessig

Geräte: Jenaer Reagenzglas (kurz), weiter Destillationsansatz
              (Abb. 29), Thermometer, Ölbad.

Ammoniumacetat und Eisessig werden 45 Minuten im Ölbad erhitzt. Man taucht die Eprouvette ungefähr 1 cm in das Öl ein, gibt in die Mitte der Eprouvettenöffnung ein Thermometer, so daß sich die Quecksilberkugel ungefähr 2 cm unterhalb des Eprouvettenrandes befindet. Nun wird die Badtemperatur so eingestellt, daß das Thermometer höchstens 105°C anzeigt. Nach 45 Minuten wird die Eprouvette tiefer in das Ölbad gebracht (das Thermometer muß mitgesenkt werden) und die Temperatur so gesteigert, daß das Thermometer zirka 150°C anzeigt. Dann entfernt man die

Eprouvette aus dem Ölbad, läßt etwas erkalten, wischt anhaftendes Öl ab, setzt den Korken mit Destillationsrohr und Thermometer (Abb. 29) ein und destilliert unter Benützung eines Mikrobrenners (bzw. Sparflamme des Bunsenbrenners). Nach kleinem Vorlauf geht die Hauptmenge des Acetamids bei 210° bis 223°C über. Im Kühlrohr kondensiertes Acetamid wird vorsichtig herausgeschmolzen.

Ein kleiner Teil kann aus Benzol umkristallisiert werden.
Fp.: 80°C; Kp.: 223°C.

Ausbeute: 0,8 bis 0,9 g   *Dauer:* 60 bis 75 Minuten

6. Acetanilid

$$C_6H_5 \cdot NH_2 + CH_3 \cdot COOH + (CH_3CO)_2O \longrightarrow$$
$$C_6H_5 \cdot NH \cdot CO \cdot CH_3 + 2\,CH_3 \cdot COOH$$

Reagenzien: 1 g Anilin
1,4 ml Eisessig
0,5 g Essigsäureanhydrid

Geräte: Kölbchen oder kurzes Jenaer Reagenzglas, Kugelkühlrohr, Trichter, Nutsche, Ölbad.

Man mischt das frisch destillierte Anilin mit Eisessig und Essigsäureanhydrid und kocht 1 Stunde unter Rückfluß im Ölbad. Die heiße Lösung gießt man unter Rühren in 10 ml Wasser und saugt nach dem Erkalten die kristalline Masse ab. Zur Reinigung wird aus einem Gemisch von 14 ml Wasser und 2 ml Eisessig umkristallisiert. Nach dem Absaugen und Waschen mit Wasser wird getrocknet.
Fp.: 115°C

Ausbeute: 0,9 g   *Dauer:* 2 Stunden

7. Benzamid

$$C_6H_5 \cdot C \overset{\displaystyle /\!\!/ O}{\underset{\displaystyle \backslash Cl}{}} \xrightarrow{(NH_4)_2CO_3} C_6H_5 \cdot C \overset{\displaystyle /\!\!/ O}{\underset{\displaystyle \backslash NH_2}{}}$$

Reagenzien: 0,2 g Ammoniumcarbonat
0,1 g Benzoylchlorid

Geräte: Kleines Schälchen, kurzes Jenaer Reagenzglas, Trichter, Nutsche.

Man mischt das Ammoniumcarbonat mit dem Benzoylchlorid und erhitzt in einem Schälchen unter Umrühren am Wasserbad, bis der Geruch des Benzoylchlorids verschwunden ist. Der Rückstand wird mit Wasser aufgenommen und abgesaugt. Zur Reinigung kristallisiert man aus Wasser um. Fp.: 129°C.

Ausbeute: 0,2 g *Dauer:* 2 Stunden

8. Harnstoff

$$HN = C = O \xrightarrow{+ NH_3} O = C \begin{array}{l} {}^{NH_2} \\ {}_{NH_2} \end{array}$$

Harnstoff, das Diamid der Kohlensäure, wurde 1828 von WÖHLER aus Ammoniumcyanat synthetisiert. Es handelt sich hier um eine Anlagerung von NH_3 an die $C = N$-Doppelbindung der Cyansäure.

Reagenzien: 5 g Kaliumferrocyanid Alkohol, 80%ig
3,8 g Kaliumdichromat Alkohol, abs.
1 g Ammoniumsulfat Äther

Geräte: Reibschale mit Pistill, 2 Porzellanschälchen, eiserner Schmelzlöffel, 50-ml-Stehkölbchen, Rückflußkühler, mehrere kurze Reagenzgläser.

a) Kaliumcyanat

Das Kaliumferrocyanid wird in einer Porzellanschale vorsichtig unter ständigem Rühren entwässert. In gleicher Weise wird das Kaliumdichromat durch Schmelzen getrocknet. Die beiden so getrockneten Salze werden jedes für sich feinst gepulvert und in einer Reibschale innig vermischt. Dann bringt man das Gemisch portionsweise auf einen mittels einer Bunsenflamme kräftig, aber nicht bis zum Glühen erhitzten, eisernen Schmelzlöffel und läßt verglimmen. Die gesammelte, schwarze lockere Masse, die nicht geschmolzen sein darf, wird in ein 50-ml-Stehkölbchen gebracht, mit 20 ml 80%igem Alkohol übergossen und mit aufgesetztem Rückflußkühler auf dem Wasserbad zum Sieden erhitzt. Dann gießt man die klare überstehende Lösung in ein kurzes Reagenzglas ab, kühlt unter der Wasserleitung und durch Einstellen in Eis. Die ausgeschiedenen Cyanatkristalle werden durch Zentrifugieren von der Mutterlauge getrennt, letztere in das Kölbchen zurückgegossen, wieder zum Sieden erhitzt, abermals in das gleiche Reagenzglas abgegossen und gekühlt. Das Auslaugen wird so oft wiederholt (5- bis 6mal), bis alles Salz extrahiert ist, was daran erkannt wird, daß man schließlich in ein leeres, kurzes Reagenzglas dekantiert,

in welchem beim Abkühlen nichts mehr ausgeschieden werden darf.
Das Salz wird zweimal mit Alkohol und dreimal mit Äther gewaschen und scharf getrocknet.

Ausbeute: 1,5 g

b) Harnstoff

Je 1 g Kaliumcyanat und Ammoniumsulfat werden in 12,5 ml Wasser gelöst und in einem Porzellanschälchen auf dem Wasserbad zur Trockene verdampft. Der Rückstand wird in einem kurzen Reagenzglas erschöpfend mit abs. Alkohol ausgekocht und die alkoholische Lösung im Porzellanschälchen auf dem Wasserbad zur Trockene eingedampft. Dieser Rückstand wird in ein kurzes Reagenzglas gebracht, mit wenig abs. Alkohol übergossen, zum Sieden erhitzt und vom Ungelösten abzentrifugiert. Die klare Lösung gießt man in ein zweites kurzes Reagenzglas, kühlt unter der Wasserleitung und trennt die ausgeschiedenen Harnstoffkristalle durch Zentrifugieren von der Mutterlauge. Fp.: 132°C.

Aus der Mutterlauge verdampft man den Alkohol, löst in wenig Wasser und versetzt mit conc. Salpetersäure, worauf beim Kühlen unter der Wasserleitung das Harnstoffnitrat ausfällt.

Beim Erhitzen über den Schmelzpunkt spaltet sich Harnstoff in Biuret und Ammoniak. Das Biuret sublimiert aus der Schmelze.

$$H_2N \cdot CO \cdot NH_2 \longrightarrow HN = C = O + NH_3$$
$$HN = C = O + H_2N \cdot CO \cdot NH_2 \longrightarrow H_2N \cdot CO \cdot NH \cdot CO \cdot NH_2$$

Biuret-Nachweis: In alkalischer Lösung tritt auf Zusatz von wenig verd. Kupfersulfatlösung Violettfärbung auf.

Ausbeute: 0,5 g   *Dauer:* 4 bis 5 Stunden

9. Semicarbazid

a) Aceton-semicarbazon

$$H_2N \cdot NH_2 + O = C = NH \longrightarrow H_2N \cdot NH \cdot CO \cdot NH_2$$

$$H_2N \cdot NH \cdot CO \cdot NH_2 + CH_3 \cdot CO \cdot CH_3 \xrightarrow{-H_2O} (CH_3)_2C = N \cdot NH \cdot CO \cdot NH_2$$

Reagenzien: 3,7 g Hydrazinsulfat
1,5 g Soda, wasserfrei
2,5 g Kaliumcyanat (Darstellung siehe S. 58)
4,3 ml Aceton
Alkohol, abs.

Geräte: 2 Erlenmeyer-Kölbchen, kurzes Reagenzglas, Becherglas, Abdampfschale, Extraktionsapparat (Abb. 21 oder 22).

In einem Erlenmeyer-Kölbchen werden 3,7 g Hydrazinsulfat in 15 ml siedendem Wasser gelöst und die Lösung nach vorsichtiger Zugabe von 1,5 g wasserfreier Soda auf 50°C abgekühlt. Dann gibt man eine Lösung von 2,5 g Kaliumcyanat in 7 ml Wasser zu und läßt über Nacht stehen. Am nächsten Tag wird von geringen Mengen Hydrazo-dicarbonamid und auskristallisierten anorganischen Salzen abfiltriert, zum Filtrat 4,3 ml Aceton zugesetzt und der entstandene weiße Niederschlag unter häufigem Umschütteln weitere 24 Stunden stehengelassen, wobei noch Abscheidung und Kristallisation erfolgt. Das auskristallisierte Aceton-semicarbazon wird abzentrifugiert und getrocknet. Die Mutterlauge dampft man zur Trockene ein und extrahiert den gepulverten Rückstand mit abs. Alkohol im Extraktionsapparat, wobei nach dem Erkalten aus der alkoholischen Lösung weitere Mengen Semicarbazon auskristallisieren. Fp.: 187°C.

Ausbeute: 3 g   *Dauer:* zirka 2 Tage

Nachweis der NH_2-Gruppe vgl. S. 181

b) Semicarbazid-hydrochlorid

$$\begin{array}{c} H_3C \\ \\ H_3C \end{array}\!\!\!\diagdown\!\!\!\diagup C = N \cdot NH \cdot CO \cdot NH_2 \xrightarrow{HCl} CH_3 \cdot CO \cdot CH_3 + \\ + H_2N \cdot NH \cdot CO \cdot NH_2 \cdot HCl$$

Reagenzien: 1,5 g Aceton-semicarbazon
                  1,2 ml Salzsäure, conc.

Geräte: Kölbchen, Nutsche.

Man löst das Aceton-semicarbazon unter Erwärmen in der conc. Salzsäure und läßt zum Kristallisieren erkalten. Die abgesaugte Kristallmasse wird mit wenig kaltem Alkohol gewaschen und getrocknet.

Ausbeute: 0,7 g   *Dauer:* 1 Stunde

10. Acetonitril

$$CH_3CONH_2 \xrightarrow{P_2O_5} CH_3 \cdot CN + H_2O$$

$$CH_3 \cdot COONH_4 \xrightarrow{P_2O_5} CH_3 \cdot CN + 2\,H_2O$$

Beim Erhitzen von Säureamiden mit wasserentziehenden Mitteln erhält man Nitrile. Man kann auch direkt aus dem Ammoniumsalz einer Carbonsäure das Nitril darstellen, wenn man das Ammoniumsalz mit einem heftig wasserentziehend wirkenden Mittel erhitzt.

Infolge der dreifachen Bindung zwischen C und N zeigen die Nitrile Additionsfähigkeit, z. B. mit Wasser, wobei Säureamid zurückgebildet wird.

Reagenzien: 1,0 g Phosphorpentoxyd
            0,6 g Acetamid
            Kaliumcarbonat, wasserfrei

Geräte: Kurzes Jenaer Reagenzglas, Kugelkühlrohr (Abb. 28).

In einer kurzen, unten etwas erweiterten Jenaer Eprouvette vermengt man Acetamid mit Phosphorpentoxyd, setzt ein absteigendes Kühlrohr auf und destilliert mit kleiner leuchtender Bunsenbrennerflamme das Acetonitril in eine zweite kurze Eprouvette über. Dann gibt man in das Destillat etwas festes Kaliumcarbonat und eine Spatelspitze Phosphorpentoxyd, setzt das Thermometer und ein absteigendes Kühlrohr auf und destilliert das Acetonitril ab, das bei 82°C übergeht.

Ausbeute: 0,2 g   *Dauer:* 30 Minuten

11. Benzylcyanid

$$C_6H_5 \cdot CH_2Cl + NaCN \longrightarrow C_6H_5 \cdot CN + NaCl$$

Säurenitrile können nach KOLBE durch Erhitzen von Alkylhalogeniden mit Alkalicyanid dargestellt werden.

Reagenzien: 1,5 g Natriumcyanid   Alkohol
            1,55 g Benzylchlorid   Äther
            Calciumchlorid, gekörnt

Geräte: Kurze Reagenzgläser, Rückflußkühler, Vakuumdestillationsapparat (Abb. 31 und 32).

In einem kurzen Reagenzglas wird Natriumcyanid heiß in 1 ml Wasser gelöst und 1,25 ml Alkohol zugegeben. Dieses Gemisch wird mit Benzylchlorid versetzt und nach Zusatz von Siedesteinchen 1½ Stunden unter Rückfluß über kleingedrehter Flamme eines Mikrobrenners gekocht. Das erkaltete Reaktionsgemisch wird zentrifugiert und vom abgesetzten Natriumchlorid in ein unten zu einer Kugel erweitertes, kurzes Reagenzglas dekantiert. Nach

Zusatz einiger Siedesteinchen verschließt man mit einem doppelt durchbohrten Gummistopfen. Durch die eine Bohrung wird eine Kapillare zur Verhinderung eines Siedeverzuges eingeführt, in der zweiten Bohrung wird das Rückflußkühlrohr angebracht, das mit der Wasserstrahlpumpe verbunden wird. Nach vorsichtigem Anlegen des Vakuums destilliert man den Alkohol aus dem Reaktionsgemisch durch Eintauchen des Gläschens in ein auf 40° bis 50°C erwärmtes Wasserbad ab. Man gießt das Gemisch in einen kleinen Scheidetrichter, spült mit einigen ml Äther nach, äthert aus und läßt die wässerige Lösung ablaufen. Nach dem Trocknen mit Calciumchlorid bringt man den Ätherauszug in die Vakuumdestillationsapparatur. Durch vorsichtiges Anlegen des Vakuums wird der Großteil des Äthers abgedunstet. Sodann läßt man den Rückstand in Glaswolle aufsaugen und destilliert im Vakuum unter Verwendung eines Schwefelsäurebades bei 105° bis 109°C (12 mm Hg) das Benzylcyanid ab.

Ausbeute: 0,7 g   *Dauer:* zirka 3 Stunden

12. Essigsäureäthylester

$$CH_3COOH + C_2H_5OH \rightleftharpoons CH_3COOC_2H_5 + H_2O$$

Die Bildung eines Esters entspricht formelmäßig der Salzbildung aus Säure und Base. Es handelt sich dabei um eine umkehrbare Reaktion, d. h. die entstandenen Produkte können miteinander in Reaktion treten und die Anfangsprodukte zurückbilden. Im folgenden Beispiel setzen sich bei Verwendung äquimolekularer Mengen nur zwei Drittel um. Durch Verdoppelung der Alkohol- (oder Eisessig-) Konzentration läßt sich der Stand der Umsetzung auf 85% erhöhen. Bei Kenntnis der Gleichgewichtskonstante K läßt sich berechnen, wie sich die Gleichgewichtsreaktion bei Änderung des Mengenverhältnisses der Reaktionsteilnehmer verschiebt. Auf die Bedeutung der Schwefelsäure als Katalysator sei besonders hingewiesen.

Reagenzien: 1 ml Alkohol   8 ml Eisessig (8,4 g)
           1 ml Schwefelsäure, conc. 2 g Calciumchlorid
           8 ml Alkohol (6,32 g)   Sodalösung, verd.

Geräte: Kurzes Jenaer Reagenzglas, Kühlrohr, Pipette (20 ml) Scheidetrichter, Ölbad.

Ein Reagenzglas, in welchem sich eine Mischung von Alkohol und conc. Schwefelsäure und ein Siedesteinchen befindet, wird mit einem zweifach durchbohrten Kork verschlossen. In eine Bohrung ist eine Pipette mit fein ausgezogener Spitze eingefügt. In diese Pipette wird eine Mischung von 8 ml Alkohol und 8 ml Eisessig aufgesaugt. Oben ist ein Schlauch angeschlossen, der mit einem

Quetschhahn versperrt ist. In die zweite Bohrung ist das Kugelkühlrohr eingesetzt, das in einen als Vorlage dienenden Scheidetrichter reicht (Abb. 59).

Man erhitzt im Ölbad auf 140°C
und läßt die Alkohol-Eisessig-
Mischung in dem Maße zutropfen,
wie der gebildete Ester abdestilliert.

Ist die Esterifizierung beendet,
gibt man in den Scheidetrichter
eine schwach verd. Sodalösung,
um mitgerissene Essigsäure zu neu-
tralisieren. Blaues Lackmuspapier
darf vom Ester nicht mehr gerötet
werden. Nach Trennung der Schichten wird zum Ester (obere Schicht!)
eine Lösung von 2 g Calciumchlorid in 2 ml Wasser zur Bindung
vorhandenen Alkohols gegeben. Die
Schichten werden getrennt, der
Ester mit Calciumchloridkörnchen
getrocknet und destilliert. Kp.:
77°C.

Zur Destillation verwendet man
hier nicht den Destillationsapparat,
sondern ein 50-ml-Kölbchen mit
zweifach durchbohrtem Kork. In
der einen Bohrung ist das Kugelkühlrohr, in der anderen ein Thermometer.

Ausbeute: 7,0 g

Dauer: 60 Minuten

Nachweis von Carbonsäureestern
vgl. S. 168

13. Benzoesäure-äthylester

$$C_6H_5 \cdot CO \cdot OH + C_2H_5OH \rightleftharpoons C_6H_5 \cdot CO \cdot OC_2H_5 + H_2O$$

Reagenzien: 0,6 g Benzoesäure
1,5 ml Äthylalkohol, abs.
3 bis 4 Tropfen Schwefelsäure, conc.
Natriumcarbonat, fest; Calciumchlorid, gekörnt

Geräte: Kurzes Reagenzglas, Kühlrohr, Scheidetrichter, Destillationskölbchen.

In einem kurzen Reagenzglas mit aufgesetztem Kühlrohr (Abb. 56) werden Benzoesäure, abs. Äthylalkohol und 3 bis 4 Tropfen conc. Schwefelsäure 15 Minuten mit einem Mikrobrenner erhitzt. Der nicht in Reaktion getretene Alkohol wird im siedenden Wasserbad abgedampft, das Reaktionsgemisch in einen Scheidetrichter gegossen und die Eprouvette mit wenig Wasser (2 bis 3 ml) ausgespült. Dann gibt man in den Scheidetrichter eine Spatelspitze Soda zur Neutralisation der Schwefelsäure, setzt 2 bis 3 ml Äther zu und schüttelt durch. Die untere Schicht wird abgelassen, der Äther mit einigen Körnchen Calciumchlorid getrocknet und in ein Destillationskölbchen gegossen. Nachdem der Äther abdestilliert ist, geht der Ester bei 212°C über.

Ausbeute: 0,6 g   *Dauer:* 30 Minuten

Gruppennachweis s. S. 168

14. Fettverseifung

$$
\begin{array}{l}
CH_2 - O - OC\cdot R \\
\quad | \\
CH \ - O - OC\cdot R + 3\,NaOH \longrightarrow \\
\quad | \\
CH_2 - O - OC\cdot R
\end{array}
\qquad
\begin{array}{l}
CH_2OH \\
\quad | \\
CHOH \ + 3\,R\cdot COONa \\
\quad | \\
CH_2OH
\end{array}
$$

Reagenzien: 1 g Fett oder Öl   Schwefelsäure, 2n
          Natronlauge, 5n   Calciumchlorid
          1,5 g Kochsalz

Geräte: Kurzes Reagenzglas, kleines Becherglas, Schütteltrichter (nur wenn Öl verseift wird), Vakuumdestillationsapparatur, Paraffinbad.

Die angegebene Menge Fett oder Öl versetzt man in einem kurzen Reagenzglas mit 1 ml Lauge und erhitzt unter häufigem Rühren das Gemisch eine halbe Stunde auf einem lebhaft siedenden Wasserbad. Nach Zusatz von 1 ml Wasser setzt man diese Behandlung noch weitere zwei Stunden fort. Das verdampfende Wasser erneuert man von Zeit zu Zeit. Schließlich setzt man unter kräftigem Rühren 6 bis 7 ml heißes Wasser zu und salzt mit 1,5 g Kochsalz aus. Die Trennung der beiden Schichten wird durch Zentrifugieren vervollständigt. Dann wird unter der Wasserleitung gekühlt, bis die obere Schicht erstarrt ist. Der Seifenkuchen (bei der Ölverseifung eine Gallerte) wird abgehoben, von der Unterseite die anhaftende Lauge weggespült und zur Darstellung der freien Fettsäuren weiterverarbeitet. 3 g der rohen feuchten Seife (bei Ölverseifung 6 g) werden in 20 ml Wasser bis nahe zum Siedepunkt erhitzt. Dann setzt man unter gutem Umrühren 2n-Schwefelsäure bis zur stark sauren Reaktion zu und läßt die sich an der Oberfläche abscheidenden Fettsäuren erstarren. Die erstarrte Schicht hebt man ab und wiederholt das Schmelzen über Wasser und Erstarrenlassen noch einmal. Die so gewonnenen Fettsäuren werden durch Vakuumdestillation gereinigt. Hat man Öl verseift, so erstarren die Fettsäuren nicht. Man äthert in diesem Falle aus, trocknet mit Calciumchlorid und bringt die ätherische Lösung in den Vakuumdestillationsapparat. Der Äther wird abgedunstet und das Gemisch der Fettsäuren im Vakuum destilliert. Dazu wird das Siedekölbchen des Apparates mit Glaswolle gefüllt und vorsichtig in einem Paraffinbad erhitzt.

Siedepunkt: 12 mm, 220° bis 225°C.

Ausbeute: 0,5 g Fettsäuren   *Dauer:* 3 bis 3½ Stunden

Nachweis von Carbonsäuren vgl. S. 167

15. Methylamin

$$CH_3 \cdot C = O \xrightarrow{Br_2} CH_3 \cdot C = O \xrightarrow{-HBr} \left[CH_3 \cdot C = O \right] \longrightarrow$$
$$\underset{NH_2}{|} \qquad\qquad \underset{HNBr}{|} \qquad\qquad \underset{N|}{|}$$
$$\text{(I)} \qquad\qquad\qquad \text{(II)}$$

$$\longrightarrow CH_3 \cdot N = C = O \xrightarrow{+H_2O} CH_3 \cdot NH_2 + CO_2$$
$$\text{(III)} \qquad\qquad\qquad \text{(IV)}$$

Durch diese als HOFMANNscher Abbau bezeichnete Reaktion erhält man aus einem Säureamid das um 1 C-Atom ärmere primäre Amin. Durch Einwirkung von Hypobromit auf die $-CONH_2$-Gruppe erhält man das N-Bromamid (I). Aus diesem entsteht, indem durch Alkali HBr entzogen wird, ein Radikal (II). Dieses lagert sich zu Cyansäureester (III) um, der in primäres Amin (IV) und CO_2 zerlegt wird.

Reagenzien: 0,75 g Acetamid
            2,0 g = 0,65 ml Brom
            1,25 g Kaliumhydroxyd in 9 ml Wasser
            2 g Kaliumhydroxyd in 4 ml Wasser
            5 ml Salzsäure, verd. (2,5 ml conc. HCl + 2,5 ml H_2O)

Geräte: Kurze Jenaer Reagenzgläser, Wasserdampfdestillationsapparat, 25-ml-Erlenmeyer-Kölbchen, Porzellanschale.

0,75 g Acetamid werden in einer Eprouvette mit 0,65 ml Brom versetzt und unter Kühlung (Wasserleitung) eine Lösung von 1,25 g KOH in 9 ml Wasser zugefügt, bis die Farbe ins Hellgelbe umschlägt. Dabei rühre man mit einem Glasstab um. Das Reaktionsgemisch läßt man langsam längs eines Glasstabes in eine auf 70° bis 75°C erwärmte Lösung von 2 g KOH in 4 ml Wasser einfließen, bis das Reaktionsgemisch farblos geworden ist. Die Temperatur ist dabei auf 75°C zu halten.

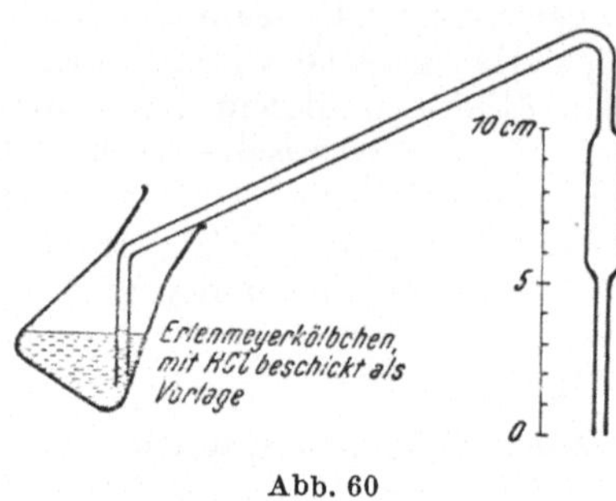

Abb. 60

Man destilliert nun das Methylamin mit Wasserdampf über (vgl. Abb. 42). Als Vorlage verwendet man ein Erlenmeyer-Kölbchen (25 ml), das mit 5 ml verd. Salzsäure beschickt ist. Die Vorlage steht in einem Becherglas mit kaltem Wasser, der „Vorstoß" taucht in die Salzsäure ein (Abb. 60). Reagiert das Kondensat im Kühler nicht mehr alkalisch (man prüfe dies, indem man den „Vorstoß" kurz über die Salzsäure hält: treten dabei noch Nebel von Ammoniumchlorid auf, muß weiterdestilliert werden), so bricht man die Destillation ab. Man gießt den Inhalt der Vorlage in eine Porzellanschale und dampft am Wasserbad bis zur Trockene ein. Sodann wird der Rückstand in ein Zentrifugengläschen gegeben und 15 bis 30 Minuten unter Vakuum getrocknet, um die letzten Wasserreste zu entfernen. Das vollkommen trockene Salz wird in möglichst wenig abs. Alkohol gelöst und vom Rückstand — Ammoniumchlorid — in ein zweites Zentrifugengläschen dekantiert. Man engt ein und läßt auskristallisieren. Es wird zentrifugiert, mit wenig Alkohol gewaschen und im Vakuum getrocknet.

Ausbeute: 0,4 g Methyl-ammoniumchlorid   *Dauer:* 1½ bis 2 Stunden

Nachweis von Aminen vgl. S. 179

16. Malonsäure*[1]

$$2\ ClCH_2COOH + Na_2CO_3 \longrightarrow 2\ ClCH_2COONa + CO_2 + H_2O$$
$$ClCH_2COONa + NaCN \longrightarrow CNCH_2COONa + NaCl$$

[1] Org. Synth., Coll. Vol. II.

$$CNCH_2COONa + NaOH + H_2O \longrightarrow CH_2(COONa)_2 + NH_3$$

$$CH_2(COONa)_2 + CaCl_2 \longrightarrow CH_2(COO)_2Ca + 2\ NaCl$$

$$CH_2(COO)_2Ca + 2\ HCl \longrightarrow CH_2(COOH)_2 + CaCl_2$$

Reagenzien: 2,5 g Monochloressigsäure 3 g Calciumchlorid
1,5 g Natriumcarbonat Salzsäure, conc.
1,5 g Natriumcyanid Äther
1,2 g Natriumhydroxyd Eis

Geräte: 2 25-ml-Kölbchen, Extraktionsapparat (Abb. 21 oder 22), kurze Reagenzgläser.

In einem 25-ml-Kölbchen werden 2,5 g Monochloressigsäure in 3,5 ml Wasser gelöst und bei 50°C mit 1,5 g Natriumcarbonat neutralisiert. In einem zweiten Kölbchen werden 1,5 g Natriumcyanid in 3,5 ml Wasser bei 55°C gelöst und diese Lösung nach dem Abkühlen zur neutralisierten Chloressigsäurelösung rasch unter Wasserkühlung zugegeben. Dann wird die Temperatur allmählich bis 95°C gesteigert. Bei Erreichen dieser Temperatur wird mit 4 ml Eiswasser abgekühlt und diese Operation zwei- bis dreimal wiederholt. Nach dem Erkalten werden in dem Reaktionsgemisch 1,2 g Natriumhydroxyd gelöst, auf dem Wasserbad bis zur Entfernung der Hauptmenge des entstandenen Ammoniaks erwärmt und 20 ml Wasser als Dampf durchgeleitet. Man löst 3 g Calciumchlorid in 9 ml Wasser bei 40°C und läßt diese Lösung langsam unter stetem Rühren zum heißen Reaktionsgemisch zufließen.

Der über Nacht grobkristallin gewordene Niederschlag wird nach vier- bis fünfmaligem Waschen und Zentrifugieren mit der Filterpapierrolle abgepreßt und im Exsikkator über conc. Schwefelsäure getrocknet. Das Calcium-malonat wird mit wenig alkoholfreiem Äther versetzt und unter Kühlung für 1 g Malonat 1 ml conc. Salzsäure zugetropft. Man extrahiert schließlich mit Äther und dampft ihn dann ab. Fp.: 135°C.

Ausbeute: 0,9 g *Dauer:* 36 Stunden

17. Malonsäurediäthylester

$$CH_2\begin{array}{l} \diagup COOC_2H_5 \\ \diagdown COOC_2H_5 \end{array}$$

Reagenzien: 2 g Malonsäure 20 ml Äther
11 ml Alkohol, abs. 2 g Natriumsulfat
7 ml Schwefelsäure, conc. 2 g Natriumcarbonat

Geräte: 25-ml-Rundkölbchen, Rückflußkühler, kleiner Scheidetrichter, Destillationsapparat.

2 g Malonsäure werden in einem Rundkölbchen mit aufgesetztem Rückflußkühler mit 3 ml abs. Alkohol übergossen und mit
einer erkalteten Mischung von 8 ml abs. Alkohol und 7 ml conc.
Schwefelsäure versetzt. Man erhitzt eine Stunde unter Rückfluß
auf dem Wasserbad und gießt die erkaltete Lösung dann in 20 ml
Wasser. Nun wird im Scheidetrichter mit 20 ml Äther ausgeschüttelt, die Ätherschicht abgetrennt und dieselbe mit Sodalösung bis
zur Neutralisation geschüttelt. Der Äther wird abgetrennt, mit
Natriumsulfat getrocknet und abgedunstet. Der Rückstand wird
anschließend fraktioniert, der Malonester siedet bei 195°C.

Ausbeute: 2,4 g   *Dauer:* 2 Stunden

18. Brommalonsäure-diäthylester[1]

$$\begin{array}{c} \diagup COOC_2H_5 \\ HCBr \\ \diagdown COOC_2H_5 \end{array}$$

Reagenzien: 1,6 g Malonsäure-diäthylester
1,5 ml Tetrachlorkohlenstoff
1,65 g (0,53 ml) getrocknetes Brom
Natriumcarbonatlösung, 5%ig

Geräte: 50-ml-Stehkolben mit Rückflußkühlung, Trichter und
Glasschale zur Bromwasserstoffabsorption, Scheidetrichter, Vakuumdestillationsapparatur (Abb. 31 und
32).

In einem 50-ml-Stehkölbchen werden 1,6 g Malonsäure-diäthylester in 1,5 ml Tetrachlorkohlenstoff gelöst, die Lösung mit 1,65 g
trockenem Brom versetzt, durchgeschüttelt und der Rückflußkühler mit einem Gummistopfen rasch aufgesetzt. Durch gelindes
Erwärmen setzt man die Reaktion in Gang (Aufsieden des Gemisches). Schließlich wird das Erhitzen unter Rückfluß noch so
lange fortgesetzt, bis die Bromwasserstoffentwicklung aufgehört
hat (etwa ½ Stunde). Den entweichenden Bromwasserstoff absorbiert man, indem man das obere Ende des Kühlrohres mit einem
Gummischlauch und einem Glastrichter verbindet, der in eine mit
Wasser gefüllte Schale taucht. Nach Beendigung der Reaktion

---

[1] Org. Synth., Coll. Vol. I.

zieht man zuerst den Trichter aus dem Wasser und gießt das Reaktionsgemisch nach dem Abkühlen in einen kleinen Scheidetrichter, wo es fünfmal mit je 0,5 ml 5%iger Natriumcarbonatlösung ausgeschüttelt wird. Nach dem Abdampfen des Tetrachlorkohlenstoffes destilliert man unter vermindertem Druck, wobei die bis 120°C/14 mm und von 120° bis 124°C/14 mm übergehenden Fraktionen getrennt aufgefangen werden.

Ausbeute: 1,9 g   *Dauer:* zirka 2 Stunden

19. Barbitursäure
(Malonylharnstoff)

$$CH_2(COOC_2H_5)_2 + C_2H_5ONa \longrightarrow NaCH(COOC_2H_5)_2 + C_2H_5OH$$

$$NaCH \begin{smallmatrix} COOC_2H_5 \\ \\ COOC_2H_5 \end{smallmatrix} + \begin{smallmatrix} HNH \\ \\ CO \\ \\ HNH \end{smallmatrix} \longrightarrow 2\,C_2H_5OH +$$

$$+ NaCH \begin{smallmatrix} CO-NH \\ \\ CO \\ \\ CO-NH \end{smallmatrix} \xrightarrow{HCl} CH_2 \begin{smallmatrix} CO-NH \\ \\ CO \\ \\ CO-NH \end{smallmatrix} + NaCl$$

Barbitursäure bildet sich durch Kondensation des Harnstoffes mit Malonsäure-diäthylester in Gegenwart von Natriumäthylat in abs. Alkohol.

Reagenzien: 3,2 g Malonsäure-diäthylester   Alkohol, abs.
              0,46 g Natrium   Salzsäure, $D = 1,19$
              1,2 g Harnstoff

Geräte: 50-ml-Kölbchen mit Rückflußkühler, 2 Zentrifugengläser.

3,2 g Malonsäure-diäthylester werden mit einer Lösung von 0,46 g Natrium in 19 ml abs. Alkohol versetzt und nach Zugabe einer Lösung von 1,2 g trockenem Harnstoff in 6 ml heißem Alkohol auf dem Wasserbad zwei Stunden unter Rückfluß gekocht. Der Brei wird mit 16 ml heißem Wasser und 1,52 ml Salzsäure versetzt und unter Rühren bis zur völligen Klärung erhitzt. Beim Erkalten fällt die Barbitursäure aus. Man läßt über Nacht stehen, zentrifugiert am nächsten Tag ab und wäscht dreimal mit kaltem Wasser. Zur Trocknung erhitzt man die Säure unter Anlegen des Vakuums der Wasserstrahlpumpe auf dem Wasserbad (Abb. 10).

Zur Reinigung löst man das Rohprodukt in einem 50-ml-Erlen-meyer-Kölbchen in wenig (9 bis 10 ml) siedendem Wasser, filtriert von Verunreinigungen kochend heiß in ein Zentrifugenglas ab und läßt erkalten. Den kristallinen Niederschlag wäscht man dreimal mit kaltem Wasser und trocknet im Vakuum bei 80° bis 100°C. Fp. 255°C unter Zersetzung.

Ausbeute: 1,6 g   *Dauer:* 3 Stunden

20. Hippursäure*[1]
(Benzoyl-aminoessigsäure)

$$Cl \cdot CH_2 \cdot COOH + 3\ NH_3 \longrightarrow CH_2(NH_2) \cdot COONH_4 + NH_4Cl$$

$$CH_2(NH_2) \cdot COONH_4 + NaOH \longrightarrow CH_2(NH_2) \cdot COONa + NH_3 + H_2O$$

$$CH_2(NH_2) \cdot COONa + Cl \cdot CO \cdot C_6H_5 \longrightarrow C_6H_5 \cdot CO \cdot NH \cdot CH_2 \cdot COONa$$

$$C_6H_5 \cdot CO \cdot NH \cdot CH_2 \cdot COONa + HCl \longrightarrow C_6H_5 \cdot CO \cdot NH \cdot CH_2 \cdot COOH$$

Reagenzien: 0,95 g Monochloressigsäure   Ammoniak, 25%ig
           1,3 g Ätznatron   Salzsäure, conc.
           1,5 g Benzoylchlorid   Tierkohle
           Tetrachlorkohlenstoff

Geräte: 50-ml-Kölbchen, kurze Reagenzgläser.

In einem 50-ml-Kölbchen wird zu 30 ml conc. Ammoniak 0,95 g Monochloressigsäure, gelöst in 1 ml Wasser, hinzugefügt und über Nacht stehengelassen. Darauf wird auf 6 bis 7 ml eingeengt, eine Lösung von 0,5 g Natriumhydroxyd in 1 ml Wasser und etwas Tierkohle zugefügt, gekocht, bis kein Ammoniakgeruch mehr wahrnehmbar ist, und abgesaugt. Die Lösung wird in einem 50-ml-Kölbchen auf 5 ml aufgefüllt, unter der Wasserleitung zuerst mit einer kalten Lösung von 0,8 g Natriumhydroxyd in 2 ml Wasser versetzt und dann unter Schütteln das Benzoylchlorid zugefügt. Man schüttelt und rührt noch einige Zeit. Dann wird in 1,25 ml conc. Salzsäure gegossen und der entstandene Niederschlag nach dem Abkühlen zentrifugiert und getrocknet. Das getrocknete Produkt wird mit 3 ml Tetrachlorkohlenstoff mäßig erhitzt, anschließend wird abgekühlt, zentrifugiert und mit Tetrachlorkohlenstoff gewaschen. Zur Reinigung wird die Hippursäure in ungefähr 20 ml kochendem Wasser gelöst und von Verunreinigungen abzentrifugiert. Man dekantiert und läßt auskristallisieren. Fp.: 183°C.

Ausbeute: 1,1 g   *Dauer:* 36 Stunden

---

[1] Org. Synth., Coll. Vol. II.

21. Rhodanin*[1]

$$CS_2 + 2\,NH_3 \longrightarrow NH_4 - S - CS - NH_2$$

$$NH_4 - S - CS - NH_2 + CH_2Cl \cdot COONa \longrightarrow$$

$$\begin{array}{ccc} CH_2 - S & & \\ | & | & \\ \longrightarrow O = C & C = S + NH_4Cl \xrightarrow{HCl} \\ | & | & \\ ONa & NH_2 & \end{array}$$

$$\begin{array}{ccc} CH_2 - S & & \\ | & | & \\ \longrightarrow O = C & C = S + NaCl + H_2O \\ \diagdown N \diagup & \\ H & \end{array}$$

Rhodanin, auch Rhodaninsäure genannt, ist ein Derivat des Tetrahydrothiazols und entsteht über das Ammoniumdithiocarbamat aus Schwefelkohlenstoff, Ammoniak und Monochloressigsäure.

Reagenzien: 2,5 ml Alkohol, 95 %ig
0,76 g Schwefelkohlenstoff
2 ml Äther
0,71 g Monochloressigsäure
0,4 g Natriumcarbonat, wasserfrei
Salzsäure, 6 n
Ammoniakgas
Eis

Geräte: 50-ml-Kölbchen, Gaseinleitungsröhrchen, Becher gläser.

a) Ammoniumdithiocarbamat

Das Kölbchen mit Alkohol wird gewogen, in ein Eisbad gestellt und so lange Ammoniakgas eingeleitet, bis die Gewichtszunahme 0,38 g beträgt. Zu dieser eisgekühlten Lösung wird eine gut gekühlte Mischung von 0,76 g Schwefelkohlenstoff und 2 ml Äther hinzugefügt und 2 Stunden im Eis stehengelassen. Dann läßt man 6 Stunden bei Raumtemperatur stehen (am besten über Nacht!) und stellt, ehe man die Kristalle abfiltriert, nochmals in den Eisschrank. Die gelben Kristalle werden rasch abgesaugt, kurz mit wenig Äther gewaschen und sofort weiterverarbeitet, da die Verbindung unbeständig ist und sich rasch zersetzt.

---

[1] Org. Synth., Coll. Vol. III.

b) Rhodanin

Noch vor der Filtration des Ammoniumdithiocarbamates bereitet man eine Lösung des Natriumsalzes der Monochloressigsäure durch Auflösen von 0,71 g Monochloressigsäure in 1,5 ml Wasser und neutralisiert diese Lösung mit 0,4 g wasserfreiem Natriumcarbonat. Diese Lösung wird in Eis gestellt und unter dauerndem Schütteln das Ammoniumdithiocarbamat hinzugegeben. Die Lösung färbt sich dunkel. Ist alles vereinigt, entfernt man das Eis und läßt 15 bis 20 Minuten ruhig stehen. Es tritt ein Farbwechsel nach gelb auf.

In einem Becherglas werden 6 ml 6n-Salzsäure zum Sieden erhitzt und die Lösung langsam unter Schütteln in die heiße Säure gegossen. (Wenn die Lösung nicht klar sein sollte, muß sie vorher filtriert werden.) Man erhitzt auf 90°C und läßt dann auf Raumtemperatur abkühlen. Das Rhodanin scheidet sich in langen, fast farblosen Plättchen ab. Es wird filtriert, mit Wasser gewaschen und getrocknet. Fp.: 167° bis 168° C.

Ausbeute: 0,35 g   *Dauer:* 10 Stunden

22. Phthalimid*[1]

Reagenzien: 0,5 g Phthalsäureanhydrid
            Ammoniak
Geräte: Rundkölbchen, Kühlrohr, kleine Porzellanschale.

0,5 g Phthalsäureanhydrid und 4,4 ml 28 %iges wässeriges Ammoniak werden in einem Rundkölbchen mit aufgesetztem Kühlrohr langsam mit freier Flamme erhitzt, bis bei 300°C eine ruhige Schmelze entsteht. Während des Erwärmens wird geschüttelt, Sublimationsprodukte im Kühlrohr werden mit einem Glasstab zurückbefördert.

Das heiße Reaktionsgemisch wird in eine Porzellanschale geleert. Nach dem Auskühlen wird aus Wasser umkristallisiert (0,4 g lösen sich in 100 ml Wasser!). Schmelzpunkt: 232° bis 235° C.

Ausbeute: 0,44 g   *Dauer:* 2 Stunden

Nachweis der NH-Gruppe s. S. 179

---

[1] Org. Synth., Coll. Vol. I.

23. β-Brom-äthylphthalimid*[1]

$$C_6H_4 \begin{matrix} CO \\ \diagup \diagdown \\ NH \\ \diagdown \diagup \\ CO \end{matrix} + KOH \longrightarrow C_6H_4 \begin{matrix} CO \\ \diagup \diagdown \\ NK \\ \diagdown \diagup \\ CO \end{matrix} + H_2O$$

$$C_6H_4 \begin{matrix} CO \\ \diagup \diagdown \\ NK \\ \diagdown \diagup \\ CO \end{matrix} + Br \cdot CH_2 \cdot CH_2 \cdot Br \longrightarrow C_6H_4 \begin{matrix} CO \\ \diagup \diagdown \\ N - CH_2 \cdot CH_2 \cdot Br \\ \diagdown \diagup \\ CO \end{matrix} + KBr$$

Reagenzien: 1,6 g Phthalimid
18 ml Alkohol, abs.
1,2 g Kaliumhydroxyd
3 ml Aceton
4,5 g Äthylendibromid (Kp.: 129° bis 131°C)
5 ml Schwefelkohlenstoff
Alkohol
Tierkohle

Geräte: Rundkolben, Rückflußkühler, Ölbad, Bechergläser.

a) 0,8 g Phthalimid und 16 ml abs. Alkohol werden 10 Minuten mäßig gekocht, bis sich kein Phthalimid mehr löst. Die heiße Lösung wird dekantiert und in eine Lösung von 0,61 g Kaliumhydroxyd in 0,6 ml Wasser und 1,8 ml Alkohol unter Umrühren gegossen. Man kühlt, saugt den Niederschlag ab, fügt zur Mutterlauge nochmals 0,8 g Phthalimid und wiederholt diesen Vorgang. Beide Niederschläge werden vereinigt und mit 3 ml Aceton gewaschen, um nicht umgesetztes Phthalimid zu entfernen.

Das entstandene Phthalimidkalium wird an der Luft getrocknet.

Ausbeute: 1,5 g

b) 1,5 g Phthalimidkalium und 4,5 g Äthylendibromid werden unter Schütteln 3 Stunden lang im Ölbad auf 180°C erhitzt. Dann wird das Dibromid abdestilliert. Man erhält 2,9 g zurück.

Das rohe Bromäthylphthalimid wird vom Kaliumbromid getrennt, indem man unter Rückflußkühlung mit 4 ml Alkohol aufkocht, bis das dunkle Öl gelöst ist. Die heiße Lösung wird abgesaugt, mit wenig heißem Alkohol gewaschen und der Alkohol abdestilliert. Der trockene Rückstand wird mit 5 ml Schwefelkohlen-

---

[1] Org. Synth., Coll. Vol. I.

stoff unter Rückfluß 10 bis 15 Minuten lang gekocht, um das lösliche Bromäthylphthalimid vom Diphthalimid-äthan zu trennen. Die warme Lösung wird abgesaugt und der Schwefelkohlenstoff im Vakuum abdestilliert (am besten mittels Kugelrohr). Schwach gelbe Kristalle bleiben zurück.

Man kann aus verd. Alkohol unter Zusatz von Tierkohle umkristallisieren. Dazu suspendiert man 0,5 g Tierkohle in 3 ml 75%igen Alkohol und kocht mit dieser Lösung 10 Minuten lang. Dann wird filtriert und auf 0°C abgekühlt. Das reine Produkt schmilzt bei 80,5°C.

Ausbeute: 0,81 g　　　　　　　　　*Dauer:* 6 Stunden

24. Phenylessigsäure-äthylester[*][1]

$$C_6H_5 \cdot CH_2 \cdot CN + C_2H_5 \cdot OH + H_2O \xrightarrow{H_2SO_4}$$
$$\longrightarrow C_6H_5 \cdot CH_2 \cdot COOC_2H_5 + (NH_4)HSO_4$$

Reagenzien:　0,75 g Alkohol, 95%ig
　　　　　　　0,75 g Schwefelsäure, conc.
　　　　　　　0,45 g Benzylcyanid
　　　　　　　Natriumcarbonatlösung, 10%ig
Geräte:　　　Kolben, Rückflußkühler, Scheidetrichter.

Man mischt unter Rückflußkühlung Alkohol, Schwefelsäure und Benzylcyanid. Alsbald bilden sich zwei Schichten. Es wird mit kleiner Flamme eine Stunde lang zum Sieden erhitzt. Man läßt abkühlen, gießt in 2 bis 3 ml Wasser und trennt die beiden Schichten. Die obere Schicht wird mit möglichst wenig 10%iger Natriumcarbonatlösung gewaschen, um kleine Anteile sich bildender Phenylessigsäure zu entfernen. Es wird im Vakuum destilliert. Vorerst geht Wasser über, dann bei 120° bis 125°C/17 mm das reine Produkt. (Langsam! Nicht überhitzen!)

Ausbeute: 0,42 g　　　　　　　　　*Dauer:* 2 Stunden

25. p-Brombenzoesäure[*][2]

$$Br-\langle\bigcirc\rangle-CH_3 + 3\,O \xrightarrow{KMnO_4}$$
$$\longrightarrow Br-\langle\bigcirc\rangle-CO \cdot OH + H_2O$$
$$(2\,KMnO_4 + H_2O \longrightarrow 2\,MnO_2 + 2\,KOH + 3\,O)$$

---

[1] Org. Synth., Coll. Vol. I.
[2] Chem. Zbl. **1937**, I. 3482.

Reagenzien: 1,3 g p-Bromtoluol   Salzsäure, conc.
           4,4 g Kaliumpermanganat   Alkohol
           Kupferspäne
Geräte: 50-ml-Kölbchen, Wasserdampfdestillation, Rückfluß-
           kühler, Scheidetrichter, kurze Reagenzgläser.

1,3 g p-Bromtoluol werden in einem 50-ml-Kölbchen mit Kupferspänen und 3 ml Wasser versetzt und im Abstand von 30 Minuten je 1,1 g Kaliumpermanganat zugegeben. Dabei wird unter Rückflußkühlung gekocht. Nachdem im ganzen 4,4 g Kaliumpermanganat zugesetzt worden sind, tritt Entfärbung ein. Sollte noch p-Bromtoluol vorhanden sein, so wird dieses durch Wasserdampfdestillation entfernt. Man zentrifugiert vom ausgeschiedenen Braunstein ab, kocht diesen mit Wasser aus, vereinigt die Lösungen und engt diese auf 8 bis 10 ml ein. Man neutralisiert mit conc. Salzsäure und wäscht den ausgeschiedenen Niederschlag nach dem Zentrifugieren mit Wasser. Es wird aus Alkohol umkristallisiert und an der Luft getrocknet. Dabei darf die Temperatur 100°C nicht überschreiten, da sonst Anhydridbildung eintritt. Schmelzpunkt: 251° bis 253°C.

Ausbeute: 0,6 g   *Dauer:* 4 Stunden

Gruppennachweis s. S. 167

III. Nitroverbindungen und deren Reduktionsprodukte

1. Nitromethan

$$CH_2ClCOOH + NaNO_2 \rightarrow NaCl + (NO_2CH_2COOH) \rightarrow CH_3NO_2 + CO_2$$

Die aliphatischen Nitrokörper werden gewöhnlich nicht durch direkte Nitrierung mit Salpetersäure dargestellt, sondern durch Umsetzung von Halogenalkyl oder α-Halogenfettsäure mit Silber- oder Alkalinitrit wie im vorliegenden Falle. (Methode von VIKTOR MEYER bzw. H. KOLBE.) Die Nitroparaffine sind neutrale Substanzen, in Wasser schwer oder unlöslich, lösen sich jedoch, sofern primäre oder sekundäre Verbindungen vorliegen, in Natronlauge unter Bildung des Salzes einer isomeren aci-Form.

$$CH_3NO_2 \xrightarrow{\ NaOH\ } CH_2 = N{\diagup\!\!\diagdown}{\,}^{O}_{ONa}$$

Reagenzien: 2,35 g Monochloressigsäure in 5 ml Wasser
           1,4 g Natriumcarbonat, wasserfrei
           1,9 g Natriumnitrit in 3 ml Wasser
           Calciumchlorid, gekörnt

Geräte: 50-ml-Kölbchen, Kühlrohr, Scheidetrichter, Destillationsapparat.

In einem 50-ml-Kölbchen wird die wässerige Lösung von Monochloressigsäure mit 1,4 g wasserfreier Soda gegen Phenolphthalein neutralisiert. Sodann gibt man eine Lösung von 1,9 g Natriumnitrit in 3 ml Wasser hinzu, setzt das Destillationsrohr (Abb. 28) auf und erwärmt mit kleiner leuchtender Bunsenbrennerflamme. Schon vor dem Sieden beginnt eine stürmische Kohlendioxydentwicklung. Zum Sieden gebracht, destilliert das Nitromethan mit Wasserdampf über und wird in einem Scheidetrichter aufgefangen. Nachdem das Destillat abgekühlt ist, setzt man 2 ml Äther zu und schüttelt gut durch. Die untere Schicht wird abgelassen, die ätherische Lösung über Calciumchlorid getrocknet, in ein Fraktionierkölbchen gebracht (Abb. 31) und destilliert. Es destilliert zuerst der Äther ab, zwischen 98° und 101°C geht das Nitromethan über.

Ausbeute: 0,5 g   *Dauer:* 1 Stunde

Gruppennachweis s. S. 186

2. Tetranitromethan

$$4 \ (CH_3 \cdot CO)_2O + 4 \ HNO_3 \longrightarrow 7 \ CH_3 \cdot COOH + C(NO_2)_4 + CO_2$$

Reagenzien: 4,5 g (= 2,7 ml) Salpetersäure, 95 %ig, D = 1,52
2,5 g (= 2,4 ml) Eisessig
7,25 g (= 6,7 ml) Essigsäureanhydrid
Natriumsulfat, wasserfrei

Geräte: 50-ml-Stehkölbchen, 2 Scheidetrichter, Glasbecher.

In einem 50-ml-Stehkölbchen werden unter Kühlung und Umschwenken 2,4 ml Eisessig mit 2,7 ml Salpetersäure versetzt und sodann 6,7 ml Essigsäureanhydrid langsam zugegeben. Das mit einem Glasbecher bedeckte Kölbchen läßt man 2 Stunden unter Kühlung mit fließendem Wasser, dann eine Stunde bei Zimmertemperatur stehen und erwärmt schließlich auf dem Wasserbad im Verlaufe von 3 Stunden allmählich auf 65° bis 70°C. Der Inhalt wird in die 4fache Menge kalten Wassers in einen Scheidetrichter eingegossen und das abgesetzte schwere Öl in einen zweiten kleineren Scheidetrichter abgelassen. In diesem wäscht man zuerst einige Male mit wenig schwach alkalischem und anschließend mit reinem Wasser, wobei man die obere wässerige Flüssigkeit jedesmal vorsichtig mit einer Kapillare möglichst vollständig absaugt. Das so gereinigte Produkt wird in einen kleinen

Glasbecher abgelassen, bis zur Klärung mit wasserfreiem Natriumsulfat geschüttelt und vorsichtig in ein Gefäß dekantiert. Ausbeute zirka 1 g einer schwach gelbgrünen, vollkommen klaren Flüssigkeit, deren Dämpfe Augen und Atmungsorgane heftig reizen. Kp.: 126°C.

Ausbeute: 1 g   *Dauer:* zirka 7 Stunden

Gruppennachweis s. S. 186

3. Nitrobenzol

$$\text{C}_6\text{H}_6 + \text{HO} \cdot \text{NO}_2 \longrightarrow \text{C}_6\text{H}_5\text{NO}_2 + \text{H}_2\text{O}$$

Es ist eine charakteristische Eigenschaft aromatischer Kohlenwasserstoffe, mit Salpetersäure leicht Nitroderivate zu geben. Je nach den Reaktionsbedingungen können eine oder mehrere Nitrogruppen eingeführt werden.

Reagenzien: 2,5 ml Salpetersäure $(D = 1,4)$
                3,1 ml Schwefelsäure, conc.
                1,5 g Benzol
                Calciumchlorid, geschmolzen

Geräte: Scheidetrichter, Destillationskölbchen, Wasserbad, Kapillarrohr, Heber, kurzes Reagenzglas.

Man gibt zu einer Mischung von Schwefelsäure und Salpetersäure (im oben angegebenen Verhältnis) in einen Scheidetrichter 1,5 g Benzol, verschließt und schüttelt. Dabei hält man die Birne des Scheidetrichters unter die Wasserleitung. Nach 10 Minuten läßt man absetzen und entfernt die untere aus Schwefelsäure und Salpetersäure bestehende Schicht. Die obere Schicht ist Nitrobenzol. Zur restlosen Entfernung der Säuren auch aus der Bohrung des Hahnkükens läßt man in dieses Nitrobenzol eintreten. Dann schüttelt man das Nitrobenzol mit Wasser aus und kühlt wiederum unter der Wasserleitung. Wenn man bei verkehrt gehaltenem Trichter kurz den Hahn öffnet, wird das Nitrobenzol, das sich in der Hahnbohrung befindet, zurückgesaugt. Sobald sich die Schichten getrennt haben, wird die obere wässerige Phase bis auf einen kleinen Rest mit einem Kapillarrohr abgesaugt. Dann wird mit verdünnter Natronlauge und anschließend noch zweimal mit Wasser gewaschen.

Nun läßt man das wässerige, daher trübe Nitrobenzol in ein kurzes Reagenzglas fließen, spült den Scheidetrichter mit möglichst wenig Äther aus, gibt in das Reagenzglas ein bohnengroßes Stück Calciumchlorid und hält unter stetem Schütteln in warmes Wasser. Dabei verdampft ein Teil des Äthers. Das Nitrobenzol klärt sich fast augenblicklich.

Man saugt in das Destillationskölbchen ab (Abb. 31), spült das Reagenzglas mit einigen Tropfen Äther aus und destilliert. Kp. des Nitrobenzols: 206° bis 207°C.

Ausbeute: 1,6 g   *Dauer:* 1 bis 1½ Stunden

Nachweis von Nitroverbindungen vgl. S. 186

4. m-Dinitrobenzol

$$\text{C}_6\text{H}_5\text{NO}_2 + \text{HNO}_3 \longrightarrow \text{C}_6\text{H}_4(\text{NO}_2)_2 + \text{H}_2\text{O}$$

Beim zweifachen Nitrieren von Benzol bildet sich fast nur m-Dinitrobenzol. Die Nitrogruppe ist ein Substituent II. Ordnung und lenkt einen neu hinzukommenden Substituenten vorwiegend in die Meta-Stellung.

Reagenzien: 0,7 ml Schwefelsäure, conc.   0,5 g Nitrobenzol
0,5 ml Salpetersäure, rauchend   Alkohol

Geräte: Kurzes Jenaer Reagenzglas, Wasserbad.

In einem Jenaer Reagenzglas mischt man conc. Schwefelsäure und rauchende Salpetersäure im angegebenen Verhältnis. Dann setzt man das Nitrobenzol zu und stellt das Gefäß in ein Becherglas, das mit kochendem Wasser gefüllt ist, und schüttelt häufig. Nach 15 Minuten ist die Reaktion beendet. Man kühlt unter der Wasserleitung und setzt aus der Spritzflasche im kräftigen Strahl die ungefähr 3- bis 4fache Menge Wasser zu. Es wird 15 Minuten zentrifugiert, dekantiert, der Niederschlag mit Wasser aufgewirbelt und nochmals zentrifugiert. Es wird wiederum mit Wasser aufgewirbelt und zentrifugiert. Das auf diese Weise zweimal gewaschene Produkt ist genügend rein. Man preßt den in der Spitze befindlichen Niederschlag mit einer eng gewickelten Filtrierpapierrolle ab, setzt Alkohol zu und löst in der Wärme. Beim Abkühlen unter der Wasserleitung fallen prächtige zitronengelbe Nadeln aus. Fp.: 91°C.

Ausbeute: 0,5 g   *Dauer:* 1 Stunde

Nachweis von m-Dinitroverbindungen vgl. S. 187

5. p-Dinitrobenzol[1]

$$O_2N-\langle\ \rangle-NO_2$$

Reagenzien: 1 g p-Nitroanilin   0,01 g Silbernitrat
         2,5 ml Schwefelsäure, conc.   4,8 g Kaliumpersulfat

Geräte: 50-ml-Becherglas, Wasserdampfdestillationsapparatur.

1 g p-Nitroanilin wird in einem Gemisch von 2,5 ml conc. Schwefelsäure und 11 ml Wasser gelöst und 0,01g Silbernitrat zugesetzt. In diese Lösung werden 4,8 g Kaliumpersulfat bei einer Temperatur von 40° bis 50°C allmählich eingetragen. Während das Kaliumpersulfat langsam in Lösung geht, scheidet sich ein bräunlichgelber Niederschlag aus, der nach 24 Stunden abgesaugt und mit etwas Wasser gewaschen wird. Das Produkt wird dann der Wasserdampfdestillation unterworfen, wobei das p-Dinitrobenzol bereits im Kühlrohr in feinen Nädelchen auskristallisiert. Ausbeute nach dem Zentrifugieren und Trocknen an der Luft zirka 0,1 g. Fp.: 172° C.

Ausbeute: 0,1 g   *Dauer:* 28 Stunden

Gruppennachweis s. S. 186

6. Anilin

$$\langle\ \rangle-NO_2 + 6\,H \longrightarrow \langle\ \rangle-NH_2 + 2\,H_2O$$

Aliphatische und aromatische Nitroverbindungen gehen bei energischer Reduktion in primäre Amine über. In der Technik verwendet man zur Reduktion des Nitrobenzols nicht das teure Zinn, sondern Eisenpulver (nach BÉCHAMP).

Reagenzien: 3 g fein granuliertes Zinn   Äther
         1,5 g Nitrobenzol   Salzsäure, conc.
         4 g Natronlauge   festes Ätzkali
         2 g Natriumchlorid, gepulv.

Geräte: 2 50-ml-Kölbchen, Scheidetrichter, Destillationsapparat, Wasserbad.

In einem 50-ml-Kölbchen mit nicht zu engem Hals versetzt man granuliertes Zinn mit 1,5 g Nitrobenzol und gibt 7 ml conc. Salz-

---

[1] Ber. dtsch. chem. Ges. **45**, 1134 (1912).

säure hinzu. Man verschließt mit einem einfach durchbohrten Kork, setzt ein Kugelkühlrohr ein (Abb. 14) und erhitzt unter oftmaligem Schütteln ¼ Stunde im Wasserbad. 5 Minuten vor Beendigung der Reaktion gießt man durch das Kühlrohr noch 1 ml conc. Salzsäure zu. Nach Ablauf der vorgeschriebenen Zeit muß der Nitrobenzolgeruch verschwunden sein. Jetzt nimmt man das Kölbchen aus dem Wasserbad, läßt durch das Kühlrohr 5 ml Wasser zufließen, entfernt den Aufsatz und gibt tropfenweise unter häufigem Umschwenken eine Lösung von 4 g Ätznatron in 5 ml Wasser zu.

Man destilliert mit Wasserdampf direkt in einen kleinen Scheidetrichter (Abb. 42). Nach 10 Minuten ist die Destillation beendet. Nun salzt man durch Zugabe von 2 g feingepulvertem Kochsalz aus und schüttelt mit 3 ml Äther aus. Man beachte, daß der Scheidetrichter vor der Zugabe des Äthers höchstens „handwarm" sein darf. Man kühlt den verschlossenen Scheidetrichter während des Schüttelns unter der Wasserleitung. Nach dem Absetzen läßt man die Kochsalzlösung abfließen. Nun gibt man zur ätherischen Anilinlösung 3 bis 4 Plätzchen festes Ätzkali. Nach 5 Minuten gießt man die getrocknete Ätherlösung durch die obere Trichteröffnung in einen kleinen Destillierkolben und rektifiziert. Nachdem der Äther überdestilliert ist, erhält man bei 184° C reines, wasserhelles Anilin.

Ausbeute: 0,75 bis 0,85 g   *Dauer:* 1¼ Stunden

Nachweis von primären aromatischen Aminen vgl. S. 182

7. Diphenylthioharnstoff und Phenylsenföl

$$CS_2 + C_6H_5 \cdot NH_2 \longrightarrow S = C \begin{array}{l} \diagup SH \\ \diagdown NH \cdot C_6H_5 \end{array} \xrightarrow{C_6H_5 \cdot NH_2}$$

$$\longrightarrow \left[S = C \begin{array}{l} \diagup SH \cdot NH_2 \cdot C_6H_5 \\ \diagdown NH \cdot C_6H_5 \end{array} \right] \longrightarrow S = C = N \cdot C_6H_5 + H_2S + C_6H_5 \cdot NH_2$$

Dithiocarbaminat   Phenylsenföl

$$S = C = N \cdot C_6H_5 + C_6H_5 \cdot NH_2 \longrightarrow S = C \begin{array}{l} \diagup NH \cdot C_6H_5 \\ \diagdown NH \cdot C_6H_5 \end{array}$$

Diphenylthioharnstoff

Schwefelkohlenstoff wird an ein primäres aromatisches Amin unter Bildung eines aryl-dithiocarbaminsauren Ammoniumsalzes addiert und daraus unter Abspaltung von Schwefelwasserstoff Arylsenföl gebildet. Daran wird ein zweites Mol Amin zum Diaryl-thioharnstoff angelagert.

Reagenzien: 1 g Anilin
1,3 g Schwefelkohlenstoff
1,7 ml Alkohol
0,25 g Ätzkali, fein gepulvert

Geräte: 1 kurzes Jenaer Reagenzglas, Kugelkühlrohr, Wasserbad.

Anilin, Schwefelkohlenstoff, Alkohol und Ätzkali werden in einem Reagenzglas auf dem Wasserbad 20 bis 30 Minuten in gelindem Sieden gehalten. Dem Gefäß ist ein Kugelkühlrohr aufgesetzt. Nach beendigter Reaktion wird das Kugelkühlrohr entfernt und das Gefäß 2 Minuten in siedendes Wasser gestellt. Dabei verdampft die geringe nicht in Reaktion getretene Menge des Schwefelkohlenstoffs. Man gibt nun die 4- bis 5fache Menge Wasser zu und zentrifugiert den erhaltenen kristallinen Niederschlag ab. Nach dem Dekantieren wäscht man mit verd. Salzsäure und Wasser. Der Niederschlag wird mit einer Filterpapierrolle abgepreßt und in Alkohol in der Hitze gelöst. Man kühlt unter der Wasserleitung und zentrifugiert. Weiße, plättchenförmige Kristalle vom Fp. 153° C.

Ausbeute: 0,7 g   *Dauer:* 1 Stunde

Darstellung von Phenylsenföl

$$S = C \overset{\diagup NH \cdot C_6H_5}{\diagdown NH \cdot C_6H_5} \xrightarrow{HCl} S = C = N \cdot C_6H_5 + C_6H_5NH_2$$

Aus Diphenylthioharnstoff kann man das Phenylsenföl mit fast quantitativer Ausbeute darstellen, indem man mit conc. Salzsäure destilliert, bis nur noch ein geringfügiger Rückstand vorhanden ist. Das Destillat wird nach Zusatz der gleichen Menge Wasser mit Äther ausgeschüttelt, die ätherische Lösung nach dem Ausschütteln mit wenig Sodalösung mit Calciumchlorid getrocknet, der Äther verdampft und der Rückstand destilliert. Kp. des Phenylsenföles: 222° C.

Das Phenylsenföl läßt sich durch Anlagerung von Anilin in Diphenyl-thioharnstoff (Thiocarbanilid) zurückverwandeln, indem man einige Tropfen des Phenylsenföles mit Anilin in einem kleinen

Reagenzglas über der Flamme eines Mikrobrenners schwach erwärmt. Beim Reiben mit einem Glasstab erstarrt die Schmelze zu einem Kristallbrei.

Nachweis von Thioketonen und Mercaptanen vgl. S. 188

8. Phenylhydroxylamin

$$C_6H_5NO_2 \xrightarrow{2\,H} \left[C_6H_5N \begin{array}{c} \nearrow O \\ -OH \\ \searrow H \end{array} \right] \xrightarrow{-H_2O}$$

Nitrobenzol

$$\longrightarrow C_6H_5N = O \xrightarrow{2\,H} C_6H_5NH(OH)$$

Nitrosobenzol $\qquad$ Phenylhydroxylamin

Durch Reduktion von Nitrobenzol in neutralem oder schwach alkalischem Medium erhält man Phenylhydroxylamin. Die Zwischenstufe, das Nitrosobenzol, ist unter diesen Bedingungen nicht faßbar, weil die Geschwindigkeit der Weiterreduktion größer ist als die Bildungsgeschwindigkeit. Phenylhydroxylamin, eine schwache Base, verändert sich besonders im unreinen Zustand unter Dunkelfärbung. Unter der Wirkung des Luftsauerstoffes (Autooxydation) bildet sich Nitrosobenzol. Alkalien wirken katalytisch.

Reagenzien: 4- bis 5mal je 0,5 g Ammoniumchlorid
$\qquad\qquad$ 1 g Nitrobenzol
$\qquad\qquad$ 2 g Zinkstaub
$\qquad\qquad$ 4- bis 5mal je 3 g Natriumchlorid, fein gepulvert
$\qquad\qquad$ Eis

Geräte: $\qquad$ 2 100-ml-Zentrifugengläser mit 10-ml-Teilung, kleine Nutsche mit Saugeprouvette.

In einem 100 ml fassenden Zentrifugenglas werden in 10 ml Wasser 0,5 g Ammoniumchlorid gelöst. Man gibt das Nitrobenzol hinzu und unter ständigem Umrühren 2 g Zinkstaub, den man in 2 bis 3 Portionen zusetzt. Während dieser Operation darf die Temperatur nicht über $+10°$ C steigen. Dies erreicht man durch Zugabe von Eisstücken. Das Zentrifugenglas ist mit einer vor Beginn des Versuches angebrachten 10-ml-Teilung versehen, damit, wenn eine durch das geschmolzene Eiswasser bedingte Volumsvermehrung um 10 ml erreicht ist, nochmals 0,5 g Ammoniumchlorid zugegeben werden können.

Nach $\frac{3}{4}$ Stunden ist die Umsetzung beendet. Es wird 5 Minuten scharf zentrifugiert und die klare Flüssigkeit in ein zweites, ebenfalls mit einer 10-ml-Teilung versehenes Zentrifugenglas dekantiert.

Der Zinkoxydschlamm wird mit 10 ml Wasser von 45°C aufgewirbelt, nochmals 5 Minuten zentrifugiert und die klare Flüssigkeit
zum ersten Zentrifugat gegeben. Jetzt löst man pro 10 ml Flüssigkeit 3 g feingepulvertes Natriumchlorid und stellt ½ Stunde in Eis.
Der feinkristalline Niederschlag wird dann abgesaugt und über
conc. Schwefelsäure im Vakuum getrocknet.

Ausbeute: 0,5 g   *Dauer:* 2 Stunden

9. Nitrosobenzol

$$C_6H_5-NH\cdot OH \xrightarrow{K_2Cr_2O_7} C_6H_5-NO + H_2O$$

Aromatische Nitrosoverbindungen können aus den entsprechenden
Nitrokörpern durch milde Reduktion in schwach saurer bzw. neutraler
Lösung dargestellt werden.

Für die präparative Darstellung ist jedoch der hier beschrittene
Weg, nämlich die Oxydation von Phenylhydroxylamin, praktischer.

Auch aus Anilin kann Nitrosobenzol durch Oxydation mit CARO-
scher Säure hergestellt werden.

Reagenzien: 0,3 g Phenylhydroxylamin, frisch bereitet
          Schwefelsäure, conc.
          0,3 g Kaliumdichromat

Geräte: Kleiner Glasbecher, Zentrifugenglas, kurzes Reagenz-
          glas, Wasserdampfdestillationsgerät (Abb. 42).

In einem kurzen Reagenzglas werden 0,3 g frisch bereitetes
Phenylhydroxylamin in eine eiskalte Mischung von 1,25 ml conc.
Schwefelsäure und 6,25 ml Wasser allmählich eingetragen und
möglichst rasch gelöst. Diese auf 0°C abgekühlte Lösung läßt man
unter ständigem Rühren langsam in eine eiskalte Lösung von 0,3 g
Kaliumdichromat in 5 ml Wasser einfließen. Alsbald scheidet sich
Nitrosobenzol in gelben, kristallinen Flocken ab. Man trennt durch
Zentrifugieren von der Mutterlauge, wäscht zweimal mit Wasser
und bringt schließlich den Niederschlag mit wenig Wasser in ein
50-ml-Stehkölbchen zur Wasserdampfdestillation, wobei sich die
grünen Dämpfe schon im Kühlrohr zu fast farblosen Kristall-
krusten verdichten. Als Vorlage wird ein kurzes Reagenzglas verwendet. Durch Abstellen des Kühlwassers und leichtes Erwärmen
des Kühlrohres mit der klein gedrehten Flamme des Mikrobrenners
kann alles Nitrosobenzol in die Vorlage gebracht werden. Man
zentrifugiert und trocknet das feuchte Präparat im Zentrifugenglas
bei 25° bis 30°C im Vakuum der Wasserstrahlpumpe (Abb. 10).

Fp. des mit etwas Äther gewaschenen Nitrosobenzols 68°C unter Bildung einer grünen Schmelze.

Ausbeute: 0,15 g   *Dauer:* 2 Stunden

Nachweis der Nitrosogruppe vgl. S. 185

10. Hydrazobenzol

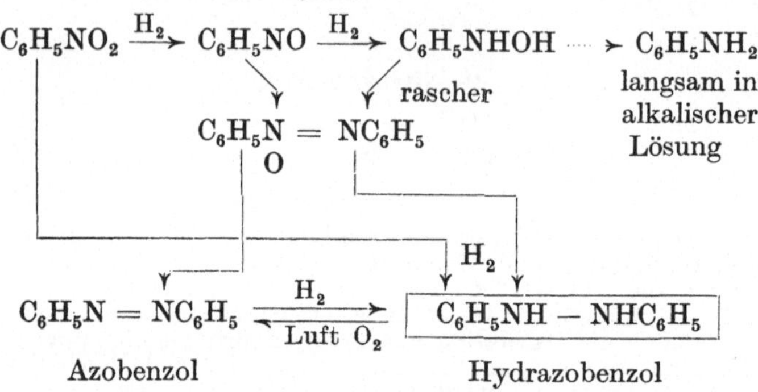

Azobenzol   Hydrazobenzol

Durch Reduktion in stark alkalischer Lösung erhält man aus Nitrobenzol direkt Hydrazobenzol.

Reagenzien: 1,3 g Ätznatron
25 ml Alkohol
1 g Nitrobenzol
6 g Zinkstaub
50 %iger Alkohol mit etwas schwefeliger Säure

Geräte: 2 100-ml-Zentrifugengläser, Wasserbad.

1,3 g Ätznatron werden mit 4 ml Wasser in einem 100-ml-Zentrifugenglas gelöst, 2 ml Alkohol und das Nitrobenzol zugesetzt. Man gibt innerhalb 10 Minuten 6 g Zinkstaub in 2 Portionen hinzu. Sollte die Reaktion zum Stillstand kommen, taucht man das mit einem Kork verschlossene Zentrifugenglas in siedendes Wasser. Nach 10 Minuten gibt man 15 ml Alkohol und eventuell noch etwas Zinkstaub hinzu, erhitzt durch Eintauchen in siedendes Wasser und zentrifugiert noch heiß nach 5 Minuten. War die Reaktion vollständig, so ist kein Nitrobenzolgeruch mehr wahrnehmbar. Es wird in ein zweites Zentrifugenglas dekantiert, der Zinkstaub im ersten Glas mit 5 ml heißem Alkohol aufgewirbelt und nochmals zentrifugiert. Die vereinigten Zentrifugate werden in eine Eis-Kochsalz-Mischung gestellt. Da das Hydrazobenzol an der Luft oxydiert, muß das Gefäß verschlossen werden. Nach ¼ Stunde wird zentrifugiert, abgegossen und der Niederschlag zweimal mit

50%igem Alkohol, der eine Spur schwefeliger Säure enthält, gewaschen. Für die Weiterverarbeitung ist das Präparat genügend rein.

Zur völligen Reinigung löst man in wenig siedendem Alkohol, kühlt in einer Kältemischung und zentrifugiert nach 15 Minuten. Der Niederschlag wird auf hartes Filterpapier gebracht und im Vakuum getrocknet. Farblose Kristalle, die bei 123°C unter Gelbfärbung schmelzen. Um ein völlig farbloses Präparat zu erhalten, muß schnell und ohne Unterbrechung gearbeitet werden!

Ausbeute: 0,4 g   *Dauer:* 2 Stunden

Gruppennachweis s. S. 180

11. Benzidin

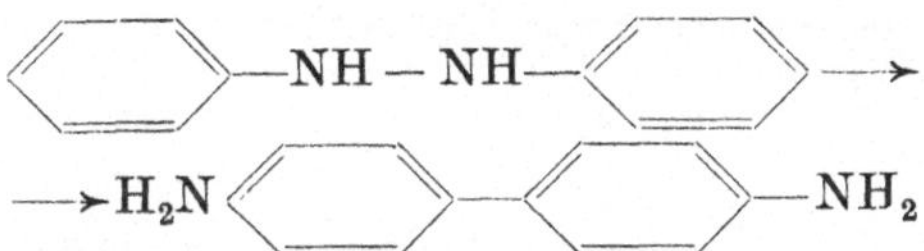

Durch Zugabe von Mineralsäuren lagert sich das Hydrazobenzol zu seinem Isomeren, dem Benzidin, um. Ursache für Umlagerungen ist das Bestreben der Moleküle, in einen energieärmeren Zustand überzugehen.

Reagenzien: 0,3 g Hydrazobenzol Natronlauge, conc.
     Salzsäure, 5n   Äther
     Salzsäure, conc.   Alkohol

Geräte: 100-ml-Zentrifugenglas.

Das Hydrazobenzol wird in wenig Äther gelöst und mit 5 ml eisgekühlter 5n-Salzsäure versetzt. Nach 5 Minuten werden 1,5 ml conc. Salzsäure zugegeben. Dabei ist selbstverständlich zu schütteln. Man läßt 10 Minuten in Eis stehen, zentrifugiert und wäscht mit wenig Äther und conc. Salzsäure.

Das Benzidinchlorhydrat, das auf diese Weise erhalten wurde, kann in der üblichen Weise aus heißem Wasser unter Zugabe von wenig conc. Salzsäure umkristallisiert werden.

Eine wässerige, in der Wärme unter Zugabe von verd. Salzsäure hergestellte Lösung des Chlorhydrats, die auf 15° bis 20°C abgekühlt ist, versetzt man mit conc. Natronlauge im Überschuß. Man zentrifugiert und wäscht zweimal mit Wasser. Falls die Kristalle nicht genügend rein sind, wird die Base aus wenig Alkohol oder heißem Wasser umkristallisiert. Fp.: 122°C.

Ausbeute: 0,15 g   *Dauer:* ³⁄₄ Stunde

Gruppennachweis s. S. 179

IV. Sulfonsäuren

1. Benzolmonosulfonsaures Natrium

$$C_6H_6 + HO \cdot SO_3H \longrightarrow \left[\begin{array}{c} \text{H} \\ -SO_3H \\ -H \\ OH \end{array} \right] \xrightarrow{-H_2O} \text{SO}_3H$$

Die Sulfurierung (Sulfonierung) verläuft bei aromatischen Verbindungen analog der Nitrierung. Wahrscheinlich bildet sich zuerst ein Zwischenprodukt, das unter Wasserabspaltung sofort in Benzolsulfonsäure übergeht. Die Sulfogruppe ist wie die Nitrogruppe ein Substituent II. Ordnung; daher tritt ein weiterer Substituent in die m-Stellung.

Reagenzien: 3,4 g rauchende Schwefelsäure (5 bis 8 % SO_3)
1 ml Benzol
Kochsalzlösung, gesättigt

Geräte: 3 kurze Reagenzgläser.

In einem kurzen Reagenzglas versetzt man 3,4 g rauchende Schwefelsäure allmählich mit 1 ml Benzol unter Kühlung und gutem Umschütteln. Sobald sich alles Benzol gelöst hat, gießt man die Hälfte des Reaktionsgemisches langsam unter Wasserkühlung und Rühren in ein Reagenzglas mit dem 3- bis 4fachen Volumen kalt gesättigter Kochsalzlösung. Auf die gleiche Weise verfährt man mit der zweiten Hälfte des Gemisches. Beim Reiben mit einem Glasstab scheidet sich das benzolsulfonsaure Natrium als dichter Kristallbrei aus. Man zentrifugiert und wäscht zweimal mit wenig gesättigter Kochsalzlösung. Nach dem Abpressen mit der Filterpapierrolle bringt man das benzolsulfonsaure Natrium in eine kleine Abdampfschale und trocknet das lufttrockene Salz bei 110°C im Trockenschrank.

Ausbeute: 1,9 g   *Dauer:* 45 Minuten

Die Darstellung von Benzolsulfochlorid und Benzsulfamid erfolgt analog der Darstellung der entsprechenden Carbonsäurederivate (vgl. S. 54, 57).

Nachweis von Sulfonsäuren vgl. S. 187

2. β-Naphthalinsulfonsaures Natrium

$$+ \; HO \cdot SO_3H \; \longrightarrow \; \underset{}{} \; SO_3H \; + H_2O$$

Bei der Sulfurierung des Naphthalins erhält man bei niederer Temperatur die α-Sulfonsäure (die α-Stellung hat eine erhöhte Reaktionsfähigkeit), während unter den hier angeführten Bedingungen, also bei höherer Temperatur, das β-Derivat entsteht. Die ebenfalls entstandene α-Säure wird weitgehend hydrolytisch gespalten.

Reagenzien: 1,6 g Naphthalin
1,2 ml Schwefelsäure, conc.
2 g Calciumcarbonat, gepulvert
Sodalösung, conc.
Eis oder Kältemischung

Geräte: Porzellantiegel, 3 große Zentrifugengläser, Ölbad, Wasserbad.

Naphthalin und conc. Schwefelsäure werden in den angegebenen Mengen in einem Porzellantiegel vermischt und im Ölbad $\frac{3}{4}$ Stunde auf 170° bis 180° C Innentemperatur erhitzt. Dann gießt man die etwas erkaltete Mischung zu 40 ml Wasser in ein 100-ml-Zentrifugenglas, gibt 2 g gepulvertes Calciumcarbonat portionsweise zu und erhitzt im Wasserbad, bis die Kohlendioxydentwicklung aufgehört hat. Noch warm wird zentrifugiert und in ein zweites Zentrifugenglas dekantiert. Dieses Zentrifugenglas stellt man nun in ein Wasserbad und gibt tropfenweise conc. Sodalösung zu, bis die Reaktion eben alkalisch bleibt. Jetzt wird wiederum noch warm zentrifugiert, in ein Zentrifugenglas dekantiert und $\frac{1}{4}$ bis $\frac{1}{2}$ Stunde in das siedende Wasserbad zum Einengen gestellt. Dann kühlt man zuerst unter der Wasserleitung und stellt sodann das Zentrifugenglas in Eis, besser noch in eine Kältemischung. Nach einiger Zeit hat sich das Natriumsalz der β-Naphthalinsulfonsäure abgeschieden. Es wird zentrifugiert, die Mutterlauge in ein Porzellanschälchen dekantiert und vorsichtig eingeengt. Sobald sich die Kristalle abzuscheiden beginnen, stellt man das abgekühlte Schälchen auf Eis. Nach $\frac{1}{4}$ Stunde wird der dicke Kristallbrei auf hartes Filterpapier gestrichen und getrocknet. Beide Niederschläge werden vermischt und auf dem Wasserbad getrocknet.

Ausbeute: 1,5 g   *Dauer:* 2 bis 3 Stunden
Gruppennachweis s. S. 187

3. p-Toluol-sulfonsäure[1]

$$H_3C-\langle\ \rangle-SO_3H$$

Die freie Toluolsulfonsäure läßt sich direkt durch Erhitzen eines Gemisches von Toluol und conc. Schwefelsäure im stöchiometrischen Verhältnis darstellen, wenn durch Verwendung eines entsprechend gebauten Apparates das entstehende Wasser kontinuierlich entfernt wird.

Im folgenden Beispiel wird die *Sulfonsäure aus dem Säurechlorid* dargestellt.

Reagenzien: 5 g p-Toluolsulfochlorid

Geräte: 50-ml-Rundkölbchen mit Rückflußkühlung, Abdampfschale, kurzes Reagenzglas.

Das p-Toluolsulfochlorid wird in 20 ml Wasser am Rückflußkühler gekocht, bis eine vollkommen homogene Lösung entstanden ist, was 1 bis 1½ Stunden in Anspruch nimmt. Die Lösung wird durch Zentrifugieren von Verunreinigungen befreit und auf dem Wasserbad zur Trockene eingedampft. Die auskristallisierte p-Toluolsulfonsäure wird im Vakuumexsikkator zur Entfernung der letzten Reste Salzsäure und Feuchtigkeit über Kaliumhydroxyd und Phosphorpentoxyd getrocknet.

Ausbeute: 4,7 g   *Dauer:* zirka 3 Stunden

Gruppennachweis s. S. 187

4. Sulfanilsäure

$$\langle\ \rangle-NH_2 \cdot H_2SO_4 \xrightarrow{-H_2O} \langle\ \rangle-NH \cdot SO_3H \longrightarrow$$

(I)

$$\longrightarrow HO_3S-\langle\ \rangle-NH_2$$

(II)

Substituierte aromatische Verbindungen lassen sich leichter sulfurieren als das Benzol, besonders leicht die Amine und Phenole. Bei der Sulfurierung aromatischer Amine entsteht zuerst ein an der Aminogruppe sulfuriertes Produkt, im vorliegenden Falle die Phenyl-

---

[1] Ber. dtsch. chem. Ges. **44**, 2505 (1911).

sulfaminsäure (I). Bei höherer Temperatur lagert sich diese in die Sulfanilsäure (p-Aminophenylsulfonsäure) (II) um.

Reagenzien: 2,5 g Schwefelsäure, conc., rein
0,8 g Anilin, frisch dest.

Geräte: Kurzes Jenaer Reagenzglas, Zentrifugengläschen, Ölbad.

In einer kurzen Jenaer Eprouvette werden die angegebenen Mengen Schwefelsäure und Anilin gemischt und in einem Ölbad $\frac{3}{4}$ Stunde auf 180° bis 190°C Innentemperatur erhitzt. Dann wird das etwas erkaltete Reaktionsgemisch unter Umrühren in ein Zentrifugengläschen mit kaltem Wasser gegossen, wobei die Sulfanilsäure auskristallisiert. Man zentrifugiert, wäscht mit Wasser und kristallisiert aus heißem Wasser um. Fp. 280°C unter Zersetzung.

Ausbeute: 0,7 bis 0,8 g   *Dauer:* 1½ Stunden
Gruppennachweis vgl. S. 187

5. 2,4-Dinitro-1-naphthol-sulfonsäure-7

(Naphtholgelb S)

$$OH$$

$$HO_3S - \underset{7}{\overset{8}{}} \quad \underset{2}{\overset{1}{}} - NO_2$$

$$NO_2$$

Reagenzien: 1 g α-Naphthol   2,75 ml Salpetersäure, $D = 1,4$
4 g Oleum (25%ig)   Eis

Geräte: 3 kurze Reagenzgläser, 1 kleines Becherglas (25 ml).

Die angegebene Menge Oleum wird in einem kurzen Reagenzglas eingewogen und 1 g feingepulvertes α-Naphthol unter stetem Schütteln allmählich eingetragen und gelöst. Man erwärmt die Schmelze ¼ Stunde lang im Ölbad auf 125°C. Die vollständige Umwandlung in die 2,4,7-Trisulfonsäure wird überprüft, indem man gegen Ende des Erwärmens mit einem Glasstab eine kleine Menge des Reaktionsgemisches entnimmt, diese in 1 ml H_2O löst, 1 ml conc. Salpetersäure hinzufügt und erhitzt. Wenn beim Abkühlen weder eine Trübung entsteht, noch Flocken abgeschieden werden, kann die Schmelze der Weiterverarbeitung zugeführt werden. Andernfalls fügt man stärkeres Oleum hinzu und erwärmt weiter.

Die unter der Wasserleitung abgekühlte Schmelze verrührt man allmählich in einem kleinen Becherglas mit 10 g Eis, versetzt die braune Lösung mit 1,75 ml conc. Salpetersäure und erwärmt $\frac{1}{4}$ Stunde auf 50°C. Man verteilt die Lösung noch warm auf 2 kurze Reagenzgläser und kühlt unter der Wasserleitung; der dicke gelbe Brei wird zentrifugiert und aus verd. heißer Salzsäure umkristallisiert. Man trocknet im Exsikkator über conc. Schwefelsäure.

Ausbeute: 1,55 g *Dauer:* 2 Stunden

6. Phenylhydrazin-p-sulfonsäure[1]

$$HO_3S - \langle\!=\!=\!\rangle - NH \cdot NH_2$$

Die Reaktion beruht auf der Diazotierung der Sulfanilsäure und Reduktion der Diazoniumverbindung mit Natriumsulfit oder nascierendem Wasserstoff (vgl. auch S. 111).

Reagenzien: 1,04 g Sulfanilsäure   Schwefelsäure, conc.
              0,33 g Natriumcarbonat   Salzsäure, conc.
              0,42 g Natriumnitrit   Zinkstaub
              1,68 g Natriumsulfit   Eis

Geräte: Kurzes Reagenzglas, 50-ml-Erlenmeyer-Kolben

In einem kurzen Reagenzglas werden 1,04 g Sulfanilsäure mit 4 ml Wasser vermischt und unter Rühren 0,33 g Natriumcarbonat allmählich eingetragen. Dann wird das Gefäß in einem Wasserbad erwärmt, bis eine klare Lösung entstanden ist. Diese versetzt man nach dem Abkühlen langsam unter Umrühren mit 0,4 ml conc. Schwefelsäure und stellt dann in Eis. Unter ständigem Rühren läßt man in das eisgekühlte Reaktionsgemisch eine Lösung von 0,42 g Natriumnitrit in 1 ml Wasser langsam zutropfen und rührt danach noch 5 Minuten weiter. Das ausgeschiedene weiße Diazoniumsalz wird zentrifugiert, mit wenig Eiswasser gewaschen und (wegen Explosionsgefahr in trockenem Zustand) noch feucht wie folgt weiterverarbeitet.

---

[1] FIERZ-DAVID, H. E., und L. BLANGEY: Grundlegende Operationen der Farbenchemie, 7. Aufl., S. 123. Wien: Springer-Verlag. 1947.

Man trägt die feuchte Substanz allmählich in eine in einem Erlenmeyer-Kölbchen befindliche eisgekühlte Lösung von 1,68 g Natriumsulfit in 5 ml Wasser ein und schwenkt gut um, wobei eine orangefarbene klare Lösung entsteht. Man läßt ¼ Stunde in Eis stehen, stellt in ein siedendes Wasserbad und versetzt tropfenweise mit 4 ml conc. Salzsäure, wobei Farbänderung bis hellgelb eintritt und sich zugleich schon die Phenylhydrazin-p-sulfonsäure abscheidet. Zur vollständigen Entfärbung löst man etwas Zinkstaub in dem salzsauren Gemisch auf und kühlt gut ab. Nach einigem Stehen wird zentrifugiert, mit wenig eiskaltem Wasser gewaschen und im Vakuum bei 100°C getrocknet. Farbloses Salz. Aus der Mutterlauge wird durch Eindampfen auf die Hälfte, Erkalten und längeres Stehen noch eine weitere Menge eines jedoch unreineren Produktes gewonnen.

Ausbeute: 0,9 bis 1 g   *Dauer:* 3 Stunden

Gruppennachweis s. S. 187

7. p-Sulfophenyl-3-methyl-pyrazolon-5[1]

$$H_2C - CO \diagdown \quad N - \langle\!=\!\rangle - SO_3H$$
$$H_3C \cdot C = N \diagup$$

Die β-Ketosäureester reagieren mit primären Hydrazinen, indem sie Pyrazolone geben. Zunächst bildet sich ein sekundäres Hydrazin, das durch den Verlust eines Moleküls Alkohol zum Pyrazolon führt. Ausgehend vom Acetessigester in seiner Enolform verläuft also die Reaktion folgendermaßen:

$$CH_3 \cdot C = CH \cdot COOC_2H_5 + R \cdot NH \cdot NH_2 \longrightarrow$$
$$\qquad\quad |$$
$$\qquad\quad OH$$

$$\longrightarrow CH_3 \cdot C = CH \cdot COOC_2H_5 \longrightarrow CH_3 \cdot C = CH$$
$$\qquad\qquad |\qquad\qquad\qquad\qquad\qquad\quad |\qquad\quad |$$
$$\qquad\qquad NH \cdot NH \cdot R \qquad\qquad\qquad HN \quad CO$$
$$\qquad\qquad\qquad\qquad\qquad\qquad\qquad\qquad \diagdown N \diagup$$
$$\qquad\qquad\qquad\qquad\qquad\qquad\qquad\qquad\quad |$$
$$\qquad\qquad\qquad\qquad\qquad\qquad\qquad\qquad\quad R$$

---

[1] FIERZ-DAVID, H. E., und L. BLANGEY: Farbenchemie. 7. Aufl., S. 124. Wien: Springer-Verlag. 1947.

Reagenzien: 0,94 g Phenylhydrazinsulfonsäure (s. S. 90)
  0,3 g Natriumcarbonat   0,65 g Acetessigester
  Salzsäure, verd.   Salzsäure, conc.
Geräte: 2 kurze Reagenzgläser.

In einem kurzen Reagenzglas löst man 0,94 g Phenylhydrazinsulfonsäure in 2,5 ml heißem Wasser unter vorsichtigem allmählichem Zusatz von 0,3 g calc. Soda. Die Lösung wird heiß zentrifugiert und ein etwaiger Sodaüberschuß mit verd. Salzsäure neutralisiert, bis Lackmus neutral reagiert. Nach dem Erkalten versetzt man unter Rühren mit 0,65 g Acetessigester und erwärmt unter ständigem Rühren im Wasserbad $\frac{1}{4}$ Stunde auf 80°C. Danach läßt man unter Rühren erkalten und säuert mit 0,9 ml conc. Salzsäure an. Das Sulfophenylmethylpyrazolon scheidet sich oft erst nach längerem kräftigem Reiben der Gefäßwand mit einem Glasstab ab. Man zentrifugiert und wäscht mit wenigen Tropfen kalten Wassers. Nach dem Trocknen im Vakuum bei 80°C erhält man zirka 1 g schwach gelblich gefärbtes Pulver.

Ausbeute: 1 g   *Dauer:* 2 bis 3 Stunden
Gruppennachweis s. S. 187

8. Echtlichtgelb G von Bayer[1]

$$H_5C_6 - N = N - C \underline{\qquad} C - CH_3$$

$$HO - C \qquad N$$

$$N$$

$$C_6H_4 - SO_3Na$$

Infolge der Anwesenheit einer Enolgruppe verbinden sich die Derivate des Pyrazolons, so wie die Phenole und Naphthole, mit Diazokörpern, indem sie Azofarbstoffe geben, unter denen das Echtlichtgelb G der einfachste Vertreter ist. Einzelne dieser Farbstoffe zeichnen sich durch große Lichtbeständigkeit aus.

Reagenzien: 0,43 g Sulfophenylmethylpyrazolon (s. Präp. 7)
  0,1 g Soda
  0,5 g Natriumacetat   1,6 g Natriumchlorid
  0,16 g Anilin   Schwefelsäure, conc.
  0,12 g Natriumnitrit   Eis
Geräte: Kurzes Reagenzglas, kleiner Glasbecher.

---

[1] FIERZ-DAVID, H. E., und L. BLANGEY: Farbenchemie. 7. Aufl., S. 252. Wien: Springer-Verlag. 1947.

In einem kurzen Reagenzglas werden 0,43 g Sulfophenylmethyl-pyrazolon in 0,1 g Soda und 2 ml Wasser gelöst und mit 0,5 g Natriumacetat versetzt. Die auf 0°C abgekühlte Lösung vermischt man mit einer, wie unten beschrieben, aus 0,16 g Anilin hergestellten Diazoniumlösung und rührt ½ Stunde unter Eiskühlung, wobei die Lösung zu einem dicken, gelben Brei erstarrt. Beim Einstellen in ein heißes (80°C) Wasserbad erhält man eine klare, rote Lösung, aus der das Echtlichtgelb G mit 1,6 g Kochsalz ausgesalzen wird. Nach dem Zentrifugieren, zweimaligem Waschen mit wenig kaltem Wasser und Trocknen im Vakuum bei 80°C erhält man zirka 0,5 g rotgelbes Pulver.

Bereitung der Diazoniumsalzlösung: 0,8 ml Wasser mischt man in einem kleinen Glasbecher unter Rühren mit 0,16 ml conc. Schwefelsäure und trägt in die heiße verdünnte Säure 0,16 g frisch destilliertes Anilin ein. Man stellt in Eis und tropft aus einer Kapillare unter ständigem Rühren eine Lösung von 0,12 g Natriumnitrit in 0,48 ml Wasser langsam zu. Es wird so lange unter Eiskühlung weitergerührt, bis die letzten Reste Anilinsalz in Lösung gegangen sind.

Ausbeute: 0,5 g   *Dauer:* 3 Stunden

V. Aldehyde und Ketone

1. Formaldehyd

$$CH_3OH \longrightarrow H - C \underset{H}{\overset{O}{\big<}} + 2\,H$$

Aldehyde erhält man durch Oxydation eines primären Alkohols. Sie können aber auch durch katalytische Dehydrierung eines Alkohols dargestellt werden. Mit Palladium geschieht dies schon in der Kälte, durch Kupfer erst bei höherer Temperatur.

Reagenzien: 3,1 ml (2,5 g) Methylalkohol

Geräte: Abbildung 61.

In die kurze Eprouvette (*A*) gibt man den Methylalkohol und saugt einen mäßigen Luftstrom durch. Jetzt wird die Kupferspirale oder ein feines Kupferdrahtnetz im Rohr (*B*) bis zur Rotglut erwärmt und der Luftstrom so reguliert, daß die Spirale bei mäßiger Glut ohne weitere Wärmezufuhr bleibt. Die Temperatur des Wasserbades (E) muß genau bei 46° bis 47°C gehalten werden. In den beiden mit einer Eis-Kochsalz-Mischung gekühlten Vorlagen (C, D) kondensiert der entstandene Formaldehyd. Ist sämtlicher Methylalkohol zerlegt, wird zuerst das lange, zur ersten Ausfrierfalle (C) gehende Glasrohr entfernt und dann erst die Wasserstrahlpumpe abgestellt.

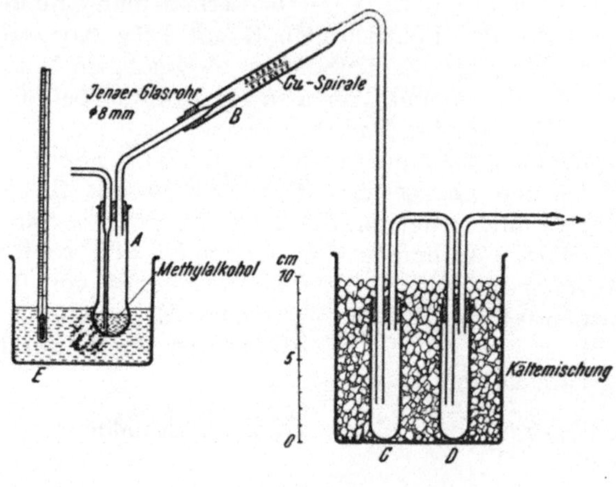

Abb. 61

Der Gehalt an Formaldehyd kann titrimetrisch ermittelt werden. ($2\,CH_2O + H_2O_2 + 2\,NaOH \longrightarrow 2\,HCOONa + H_2 + 2\,H_2O$). Die verbrauchte Natronlauge gibt die Formaldehydmenge an.

2. Benzylalkohol und Benzoesäure

(Cannizzaro-Reaktion)

$$C_6H_5 \cdot C \underset{O}{\overset{H}{<}} \quad + \quad \underset{O}{\overset{H\ \ H}{\vee}} \quad \longrightarrow \quad C_6H_5 \cdot CH_2 \cdot OH$$

$$C_6H_5 \cdot C \underset{O}{\overset{H}{<}} \qquad\qquad\qquad C_6H_5 \cdot CO \cdot OH$$

Die von Cannizzaro entdeckte Disproportionierung von Benzaldehyd mit starken Alkalien verläuft wahrscheinlich so, daß sich zuerst aus 2 Molekülen Aldehyd ein Ester bildet, der anschließend verseift wird.

Reagenzien: 1 g Benzaldehyd, frisch dest.

          0,9 g Kaliumhydroxyd   Sodalösung
          Äther   Natriumsulfat, geglüht
          Bisulfitlauge, 40%ig   Salzsäure

Geräte: 2 kleine Scheidetrichter, kurzes Reagenzglas, Destillationsapparat.

In einem kleinen Scheidetrichter schüttelt man 1 g frisch dest. Benzaldehyd mit einer erkalteten Lösung von 0,9 g Kaliumhydroxyd in 0,6 ml Wasser bis zur bleibenden Emulsion und läßt die Mischung mit einem Kork verschlossen über Nacht stehen. Den abgeschiedenen Kristallbrei löst man in möglichst wenig Wasser und extrahiert den Benzylalkohol durch dreimaliges Ausschütteln mit Äther. Die vereinigten Ätherauszüge schüttelt man zur Entfernung des überschüssigen Benzaldehyds mit 1 ml Bisulfitlauge, läßt ab und entfernt die im Äther gelöste schwefelige Säure durch Schütteln mit wenig Sodalösung. Nach dem Trocknen mit geglühtem Natriumsulfat gießt man die Ätherlösung in den Destillationsapparat, entfernt den Großteil des Äthers durch Abdunsten und unterwirft den Benzylalkohol der Destillation, wobei er ab 198°C übergeht. Kp.: 206°C.

Ausbeute: 0,4 g

Die von der Ätherlösung abgetrennte, wässerige, alkalische Flüssigkeit wird in einem kurzen Reagenzglas mit Salpetersäure angesäuert, wodurch die Benzoesäure ausfällt. Man zentrifugiert, gießt ab, löst in siedendem Wasser, läßt erkalten und zentrifugiert abermals. Die so gereinigte Benzoesäure besitzt nach dem Abpressen mit der Filterpapierrolle und Trocknen in einem Porzellanschälchen auf dem Wasserbad einen Fp. von 122°C.

Ausbeute: 0,55 g   *Dauer:* 14 Stunden

3. Acetaldehyd-diacetal*[1]

$$CH_3 \cdot CH \Big\langle \begin{matrix} OC_2H_5 \\ OC_2H_5 \end{matrix}$$

Reagenzien: 6 ml Alkohol, 35%ig   9 ml Acetaldehyd
            3 g Calciumchlorid, wasserfrei   Kaliumcarbonat

Geräte: Scheidetrichter, Destillationsapparat (wenn möglich Kolonne).

[1] Org. Synth., Coll. Vol. I.

Die angegebenen Mengen Alkohol und wasserfreies Calciumchlorid werden in einem Scheidetrichter gemischt und mit fließendem Wasser auf 8°C abgekühlt. Sodann setzt man tropfenweise
unter Schütteln 9 ml Acetaldehyd zu. Dabei tritt eine leichte Er-
wärmung ein. Man läßt 2 Tage stehen, bis sich zwei Schichten
gebildet haben. Die obere Schicht, eine ölige Flüssigkeit, wird nun
zweimal mit je 3 ml Wasser gewaschen und über Kaliumcarbonat
getrocknet. Man destilliert das Öl mit einer Kolonnenapparatur
und fängt die zwischen 101° und 103°C übergehende Fraktion auf,
die anschließend noch zweimal destilliert wird.

Ausbeute: 4,8 g *Dauer:* 2½ Tage

4. Benzoin

$$C_6H_5 \cdot C\underset{O}{\overset{H}{\diagup}} + KCN \longrightarrow C_6H_5 \cdot CH\underset{CN}{\overset{OK}{\diagup}}$$

$$C_6H_5 \cdot CH\underset{CN}{\overset{OK}{\diagup}} + \underset{O}{\overset{H}{\diagdown}}C \cdot C_6H_5 \longrightarrow C_6H_5 \cdot C\underset{CN}{\overset{OK}{\diagup}} \!\!-\!\!\!-\!\! C\underset{OH}{\overset{H}{\diagdown}} \cdot C_6H_5 \xrightarrow{-\,KCN}$$

$$\xrightarrow{-\,KCN} C_6H_5 \cdot CO \cdot CH(OH) \cdot C_6H_5$$

Bei der Benzoin- oder Acyloinkondensation handelt es sich um
einen Vorgang, der unter der katalytischen Wirkung des Kalium-
cyanids erfolgt, wie aus der Reaktionsgleichung hervorgeht.

Reagenzien: 0,5 g Benzaldehyd, frisch dest.
2 ml Alkohol
0,2 ml Kaliumcyanidlösung (4 g KCN in 10 ml Wasser)

Geräte: Kurzes Jenaer Reagenzglas, Wasserbad, Kugelkühlrohr.

Die oben angeführten Mengen Benzaldehyd, Alkohol und
Kaliumcyanidlösung werden in einer Jenaer Eprouvette, der ein
Kugelrohr aufgesetzt ist, 10 Minuten im siedenden Wasserbad
erhitzt. Man läßt 5 Minuten abkühlen, wobei das Gemisch erstarrt,
und füllt das Gefäßchen zur Hälfte mit Wasser. Es wird zentrifugiert, dekantiert, der Niederschlag mit wenig Alkohol aufgewirbelt und wiederum zentrifugiert. Nach dem Dekantieren saugt man

die letzten Alkoholreste mit einem Filterpapierstreifen ab und trocknet durch kurzes Einstellen in das Wasserbad. Zum Umkristallisieren wird in wenig heißem Alkohol gelöst. Prächtige Kristalle mit einem Fp. von 134°C.

Ausbeute: 0,4 g   *Dauer:* ½ Stunde

5. Benzil

$$C_6H_5 \cdot CO \cdot CH(OH) \cdot C_6H_5 \xrightarrow[\text{mittel}]{\text{Oxyd.}} C_6H_5 \cdot CO \cdot CO \cdot C_6H_5$$

Durch Oxydation von Benzoin erhält man Benzil, das einfachste rein aromatische Diketon.

Reagenzien: 0,3 g Benzoin
           3,0 ml Salpetersäure, conc.

Geräte: Zentrifugengläschen, Wasserbad.

Das getrocknete, nicht umkristallisierte Benzoin wird mit 3 ml conc. Salpetersäure ($D = 1,4$) in einem Zentrifugengläschen im Wasserbad erhitzt. Die Oxydation ist beendet, wenn sich zwei klare Schichten gebildet haben. (Sollte das Reaktionsgemisch anfänglich stark schäumen, so entfernt man das Gläschen kurze Zeit aus dem Wasserbad und kühlt den oberen Rand mit einem angefeuchteten Filtrierpapier.) Dann wird das Gemisch mit kaltem Wasser bis zum Rand aufgefüllt und kurz unter der Wasserleitung gekühlt. Man zentrifugiert, dekantiert, wäscht nochmals mit viel Wasser und dekantiert wiederum nach dem Zentrifugieren. Das restliche Wasser wird mit einem eingeschobenen Filterpapierstreifen abgesaugt und die Kristalle in wenig Alkohol gelöst. Nach dem Abkühlen fallen schöne nadelförmige Kristalle von gelber Farbe aus. Fp.: 95°C.

Ausbeute: 0,15 g   *Dauer:* 1 Stunde

Nachweis aromatischer 1,2-Dioxoverbindungen vgl. S. 175

6. Mandelsäure
(Phenylglycolsäure)

$$C_6H_5 \cdot C\begin{smallmatrix}\diagup H \\ \diagdown O\end{smallmatrix} + NaHSO_3 \longrightarrow C_6H_5 \cdot CH\begin{smallmatrix}\diagup OH \\ \diagdown SO_3Na\end{smallmatrix} \xrightarrow{HCN}$$

I

$$C_6H_5 \cdot CH \begin{smallmatrix} \diagup OH \\ \diagdown CN \end{smallmatrix} \quad \xrightarrow{H_2O} \quad C_6H_5 \cdot CH \begin{smallmatrix} \diagup OH \\ \diagdown COOH \end{smallmatrix}$$

$$\text{II} \qquad\qquad\qquad\qquad \text{III}$$

Es handelt sich hier um eine Cyanhydrinsynthese. Aliphatische und aromatische Aldehyde und Ketone lagern Blausäure an und bilden sogenannte Cyanhydrine, die beim Verseifen in α-Oxysäuren übergeführt werden.

Auf diese Weise entsteht aus Benzaldehyd (I) über das Mandelsäurenitril (II) Mandelsäure (III). Man beachte das asymmetrische C-Atom der Mandelsäure!

Reagenzien: 0,4 g Benzaldehyd, frisch dest.
1,25 ml Natriumbisulfitlösung, conc.
0,3 g Kaliumcyanid, gelöst in 0,6 ml Wasser
Salzsäure, conc.

Geräte: Kurzes Reagenzglas.

Darstellung des Mandelsäurenitrils: In einer kurzen Eprouvette wird die angegebene Menge Benzaldehyd mit der Natriumbisulfitlösung versetzt. Man verschließt mit einem Gummistopfen und schüttelt kräftig, bis die Mischung zu einem Brei erstarrt ist. Man spritzt nun die Wand der Eprouvette mit ganz wenig eiskaltem Wasser ab und zentrifugiert kurz. Nach dem Dekantieren wirbelt man mit wenig eiskaltem Wasser auf und zentrifugiert wieder. Nun gießt man das Wasser bis auf einen kleinen Rest ab und versetzt mit einer eiskalten Lösung von 0,3 g Kaliumcyanid in 0,6 ml Wasser. Man schüttelt jetzt kräftig. Dabei gehen die Kristalle in Lösung und das Mandelsäurenitril scheidet sich als Öl ab. Nach 5 Minuten wird zentrifugiert und die untere wässerige Schicht mit einer Saugkapillare vorsichtig abgesaugt.

Verseifung des Nitrils: Das Nitril wird im Reagenzglas mit 1,5 bis 2 ml conc. Salzsäure versetzt und vorsichtig bis zur Hälfte eingedampft. Nach dem Erkalten scheiden sich Kristalle ab, die zentrifugiert und trocken gepreßt werden. Zur Reinigung kann aus Benzol umkristallisiert werden. Fp.: 118°C.

Ausbeute: 0,2 g   *Dauer:* 1½ Stunden

7. Zimtsäure

$$C_6H_5 \cdot CHO + (CH_3 \cdot CO)_2O \xrightarrow{CH_3 \cdot COONa}$$

$$\longrightarrow C_6H_5 \cdot CH = CH \cdot COOH + CH_3 \cdot COOH$$

Die PERKINSCHE Zimtsäuresynthese erfolgt nach dem Prinzip einer Aldolkondensation. Sie verläuft wahrscheinlich über zwei Stufen, wobei zunächst die Enolisierung des Essigsäureanhydrids unter dem Einfluß von Natriumacetat, dann die Anlagerung des Benzaldehyds an das Enol und abermals eine Enolisierung erfolgt. Das Anlagerungsprodukt zerfällt in Essigsäure und Zimtsäure.

Reagenzien: 0,53 g Benzaldehyd, frisch dest.
0,75 g Essigsäureanhydrid, frisch dest.
0,25 g Natriumacetat, wasserfrei
Tierkohle

Geräte: 50-ml-Kölbchen, Zentrifugenglas, Kugelkühlrohr, Trichter, Wasserdampfdestillation, Ölbad.

Die oben angeführten Reagenzien werden in einem 50-ml-Kölbchen mit aufgesetztem Kugelkühlrohr 2 Stunden im Ölbad auf 180°C erhitzt. Nach beendeter Reaktion läßt man ein wenig abkühlen, setzt einige Milliliter Wasser zu und führt eine Wasserdampfdestillation durch, bis kein Benzaldehydgeruch mehr wahrnehmbar ist. Der Kolbeninhalt wird mit viel Tierkohle aufgekocht und noch heiß in ein Zentrifugenglas filtriert. Nach dem Erkalten scheidet sich die Zimtsäure in Form glänzender, farbloser Plättchen ab. Sie kann aus heißem Wasser umkristallisiert werden. Fp.: 133°C.

Ausbeute: 0,3 bis 0,35 g   *Dauer:* 3 Stunden

8. Salicylaldehyd und p-Hydroxy-benzaldehyd

Die REIMER-TIEMANNSCHE Synthese verläuft wahrscheinlich nach obiger Gleichung. Es wird dabei zuerst Chloroform an eine Doppelbindung angelagert, anschließend schreitet der Prozeß wie ersichtlich weiter.

Für diesen Reaktionsmechanismus spricht das Verhalten von o- und p-Kresol[1].

---

[1] Ber. dtsch. chem. Ges. **35**, 4207 (1902).

Reagenzien: 2 g Natriumhydroxyd   Natriumsulfat, wasserfrei
0,63 g Phenol   Schwefelsäure, verd.
Chloroform   Natriumbisulfitlösung, conc.
Äther   Alkohol

Geräte: 50-ml-Stehkolben mit Rückflußkühlung, Wasserdampfdestillation, Scheidetrichter, kurzes Reagenzglas.

In einem 50-ml-Stehkolben werden 2 g Natriumhydroxyd in 2 ml Wasser unter Erwärmen gelöst; in die 60° bis 65°C warme Lösung trägt man die angegebene Menge Phenol ein und setzt das Rückflußkühlrohr auf. Nun wird auf dem Wasserbad auf 65° bis 70°C erwärmt. Sobald alles in Lösung gegangen ist, werden durch das Kühlrohr noch 2 ml Chloroform hinzugegeben. Man hält das Reaktionsgemisch 1 Stunde auf dieser Temperatur und destilliert das überschüssige Chloroform mit Wasserdampf aus der alkalischen Flüssigkeit ab. Sobald alles Chloroform entwichen ist, läßt man etwas abkühlen und säuert dann die orange gefärbte Flüssigkeit vorsichtig mit verd. Schwefelsäure an. Man leitet abermals so lange Wasserdampf ein, bis keine Öltropfen mehr überdestillieren. Das in einem Scheidetrichter aufgefangene Destillat wird ausgeäthert, die ätherische Lösung in ein kleines Reagenzglas gegossen und anschließend der Großteil des Äthers verdampft. Den Rückstand schüttelt man kräftig mit dem doppelten Volumen conc. Natriumbisulfitlösung, bis sich die Bisulfitverbindung des Aldehyds in fester Form abgeschieden hat. Zur Entfernung des bei der Destillation übergegangenen Phenols wäscht man die Bisulfitverbindung nach $^1/_4$stündigem Stehen zuerst dreimal mit Alkohol und dann noch zweimal mit Äther. Aus dem so gereinigten Niederschlag wird dann durch Übergießen mit verd. Schwefelsäure und nach Aufsetzen des Rückflußkühlrohres und gelindem Erwärmen auf dem Wasserbad der Aldehyd in Freiheit gesetzt. Nach dem Erkalten wird mit Äther überschichtet und stark geschüttelt. Die untere wässerige Lösung saugt man mittels eines Kapillarhebers ab und trocknet die im Reagenzglas verbleibende Lösung mit wasserfreiem Natriumsulfat. Man dekantiert vorsichtig in ein anderes Gläschen, spült mit wasserfreiem Äther und erhält nach dem Verdampfen des Äthers den reinen Salicylaldehyd. Ausbeute: 0,15 g. Das so gewonnene Präparat unterwirft man noch der Destillation, wobei es bei 195° bis 197°C übergeht.

Den mit Wasserdampf nicht flüchtigen p-Hydroxy-benzaldehyd erhält man, wenn der Rückstand der Wasserdampfdestillation mit Kochsalz gesättigt und heiß zentrifugiert wird. Nach dem

Dekantieren scheidet sich oft erst nach längerem Stehen der Aldehyd in Form kurzer Stäbchen ab. Äthert man die Mutterlauge aus, so gewinnt man eine weitere Menge p-Hydroxy-benzaldehyd, die gemeinsam mit der ersten durch Umkristallisation aus Wasser unter Zusatz von etwas wässeriger schwefeliger Säure gereinigt wird. Fp. 116°C.

Ausbeute: 0,15 g   *Dauer:* 4 Stunden

9. Dibenzalaceton*[1]

$$C_6H_5 - CH = CH - \underset{\underset{O}{\|}}{C} - CH = CH - C_6H_5$$

Die Aldehyde und besonders die der aromatischen Reihe kondensieren sich mit der CH_2-Gruppe in α-Stellung zur Carbonylgruppe. So erhält man mit Benzaldehyd die Benzylidenderivate. Wenn zwei CH_2-Gruppen mit der CO-Gruppe verbunden sind, wie z. B. beim Aceton, können zwei Moleküle in Reaktion treten.

Reagenzien: 1,06 g Benzaldehyd, frisch dest.

0,3 g Aceton, frisch dest.   Alkohol

1 g Natriumhydroxyd   Essigester

Geräte: 25-ml-Kölbchen, kurze Reagenzgläser.

In einem 25-ml-Kölbchen wird zu einer Lösung von 1 g Natriumhydroxyd in 10 ml Wasser und 8 ml Alkohol unter heftigem Rühren die Hälfte einer Mischung der angegebenen Mengen Benzaldehyd und Aceton zugegeben. Dabei wird die Temperatur zwischen 20° und 25°C gehalten. Nach 2 bis 3 Minuten entsteht eine Fällung. Nach 15 Minuten wird unter stetem Rühren die zweite Hälfte der Benzaldehyd-Aceton-Mischung zugegeben und das Gefäß, in welchem sich diese befand, mit etwas Alkohol nachgespült. Man rührt noch 20 Minuten, gießt in zwei kurze Reagenzgläser ab und zentrifugiert. Der Niederschlag wird mit Wasser gewaschen und an der Luft getrocknet. Nach dem Umkristallisieren aus Essigester erhält man das reine Dibenzalaceton. Fp.: 111°C.

Ausbeute: 0,9 g   *Dauer:* 1½ Stunden

10. Dibenzylaceton*

$$C_6H_5 - CH_2 - CH_2 - \underset{\underset{O}{\|}}{C} - CH_2 - CH_2 - C_6H_5$$

---

[1] Org. Synth., Coll. Vol. II.

Reagenzien: 0,5 g Dibenzalaceton (s. S. 101)
15 ml Essigester
Palladium-Katalysator

Geräte: Absaugeprouvette, Vakuumdestillationsapparat,
Wasserstoff-Kipp.

Die Absaugeprouvette (Abb. 1) wird als Hydriergefäß benützt. Man löst die angegebene Menge Dibenzalaceton in 15 ml Essigester und bringt die Lösung in das Hydriergefäß ein. Mit einem langhalsigen Trichter wird eine Spatelspitze Palladium-Katalysator unter die Oberfläche der Lösung gebracht und der Trichter mit etwas Essigester nachgespült. Die Absaugeprouvette wird oben verschlossen und am seitlichen Ansatz, der sonst zum Anschluß an die Vakuumpumpe dient, die Wasserstoffzuführung angebracht. Nach halbstündigem Schütteln ist die Aufnahme von Wasserstoff beendet. (Theoretisch werden 108 ml Wasserstoff aufgenommen.) Nach Entfernung des Katalysators destilliert man den Essigester ab und rektifiziert das erhaltene Dibenzylaceton durch Vakuumdestillation. Kp.: 13 mm, 210°C.

Diese Darstellung ist ein Beispiel für eine selektive Reduktion der Äthylengruppe in Gegenwart des Palladium-Katalysators.

Ausbeute: 0,3 g   *Dauer:* 2 Stunden

Darstellung des Palladiumkatalysators (auch im Handel erhältlich).

1 g Tierkohle, in 50 ml Wasser suspendiert, wird in einer etwa 300 ml fassenden Schüttelbirne mit Wasserstoff gesättigt. Das Gas wird dabei unter Verwendung eines durch einen Gummistopfen in den Tubus der Birne eingeführten Tropftrichters eingeleitet. Darauf wird unter dauerndem Schütteln eine Lösung von 0,05 g Palladiumchlorid in 5 ml 0,1-n-Salzsäure durch den Trichter allmählich zugetropft. Nach vollständiger Sättigung wird der Katalysator auf einer Filterplatte abgesaugt, sofort mit viel Wasser gut gewaschen und mit Alkohol und Äther nachgewaschen. Das ätherfeuchte Produkt wird sogleich in den Exsikkator gebracht und dieser evakuiert. Nach 24 Stunden wird beim Öffnen des Exsikkators Stickstoff oder CO_2 eingeleitet. Der vollständig trockene Katalysator ist an der Luft haltbar.

11. 4,5-Diphenylglyoxalon*[1]

$$\begin{array}{ccc} H_5C_6 \!\!-\!\! CH \!\!-\!\! NH & \\ | & \rangle CO \\ H_5C_6 \!\!-\!\! C =\!\!= N & \end{array}$$

---

[1] Org. Synth., Coll. Vol. II.

Reagenzien: 1,06 g Benzoin (s. S. 96)   Eisessig
              0,55 g Harnstoff   Äther

Geräte: Kurze Reagenzgläser, Rückflußkühlrohr.

Die angegebenen Mengen Benzoin, Harnstoff und 4 ml Eisessig werden in einer kurzen Eprouvette mit aufgesetztem Rückflußkühlrohr $1\frac{1}{2}$ Stunden mit einem Mikrobrenner zum Sieden erhitzt. Nach dieser Zeit erscheinen in der Flüssigkeit Kristalle. Man läßt auskühlen und zentrifugiert ab. Mit der Filterpapierrolle wird abgepreßt, mit 2,5 ml Äther verrührt, zentrifugiert und wiederum abgepreßt. Das getrocknete Produkt wird dann mit 5 ml Eisessig versetzt und bis zur völligen Lösung erhitzt. Die klare Lösung wird in 10 ml Wasser gegossen, zentrifugiert und, nachdem man mehrere Male den erhaltenen Niederschlag mit Wasser gewaschen hat, schließlich mit Äther gewaschen und an der Luft getrocknet.

Fp.: 320° bis 330°C.

Ausbeute: 0,9 g   *Dauer:* 3 Stunden

VI. Phenole

1. Anisol

$$\text{C}_6\text{H}_5\text{—ONa} + \text{SO}_2 \begin{smallmatrix} \text{OCH}_3 \\ \\ \text{OCH}_3 \end{smallmatrix} \longrightarrow$$

$$\longrightarrow \text{C}_6\text{H}_5\text{—O}\cdot\text{CH}_3 + \text{SO}_2 \begin{smallmatrix} \text{OCH}_3 \\ \\ \text{ONa} \end{smallmatrix}$$

Die Methylierung des Phenols gelingt leicht mit Dimethylsulfat im alkalischen Medium. Man berücksichtige bei der Berechnung der zu verwendenden Menge, daß nur eine Methylgruppe zur Ätherbildung in Reaktion tritt.

Dimethylsulfat ist sehr giftig. Alle Reaktionen müssen unter dem Abzug und sehr vorsichtig durchgeführt werden!

Reagenzien: 0,5 g Phenol   0,65 g Dimethylsulfat
              3 ml Natronlauge, 2n

Geräte: Kurzes Jenaer Reagenzglas, Scheidetrichter, Destillationskölbchen, Wasserbad.

Das Phenol wird in der angegebenen Menge 2n-Natronlauge gelöst und sodann mit 0,65 g Dimethylsulfat versetzt. Man schüttelt gut durch, indem man das Gläschen heftig schwenkt, erhitzt 10 Minuten im Wasserbad und gießt nach dem Erkalten in einen Scheidetrichter. Die Eprouvette wird mit wenig Äther ausgespült, die untere wässerige Schicht abgelassen und die ätherische Lösung mit einigen Körnchen Calciumchlorid getrocknet. Sodann wird aus einem Destillierkölbchen rektifiziert. Kp.: 155°C.

Ausbeute: 0,5 g   *Dauer:* ½ Stunde

2. o- und p-Nitrophenol

$$\text{Phenol} + HNO_3 \longrightarrow \text{o-Nitrophenol (o-)} + \text{p-Nitrophenol (p-)} + H_2O$$

$$\text{o-Nitrophenol} \xrightarrow{HNO_3} \text{2,4-Dinitrophenol} \xleftarrow{HNO_3} \text{p-Nitrophenol}$$

$$\text{2,4-Dinitrophenol} \xrightarrow{HNO_3} \text{2,4,6-Trinitrophenol} = \text{Pikrinsäure}$$

Der Eintritt von Nitrogruppen in Phenole erfolgt leicht. Dabei liefert bereits verd. Salpetersäure das entsprechende Mononitrophenol. Da die Hydroxylgruppe ein Substituent erster Ordnung ist, dirigiert sie die Nitrogruppe vorwiegend in die o- und p-Stellung.

Reagenzien: 2 g Natriumnitrat oder 2,4 g Kaliumnitrat
1,4 ml Schwefelsäure, conc.
1,25 g Phenol
Natronlauge, 2n
Salzsäure
Tierkohle

Geräte: 50-ml-Kölbchen, Scheidetrichter, Wasserdampf-
destillationsrohr, kurzes Reagenzglas, Trichter.

In einem 50-ml-Kölbchen werden 2 g Natriumnitrat in 5 ml warmem Wasser gelöst und noch vor dem Erkalten mit der angegebenen Menge conc. Schwefelsäure versetzt. Dann kühlt man unter der Wasserleitung auf 20°C ab. Das Thermometer bleibt im Kölbchen, während man eine durch Erwärmen verflüssigte Mischung von 1,25 g Phenol mit 2 Tropfen Wasser in das Kölbchen gießt. Man schwenkt kräftig um und hält die Temperatur durch Kühlen unter der Wasserleitung zwischen 20° und 25°C. Nun läßt man $^1/_4$ Stunde stehen, gibt 10 ml Wasser hinzu, mischt durch und läßt absitzen. Man dekantiert das Wasser vorsichtig aus dem Kölbchen und wäscht das Nitrierungsprodukt in gleicher Weise noch einmal. Jetzt wird die Wasserdampfdestillation vorbereitet und das o-Nitrophenol in ein Zentrifugenglas destilliert. Man läßt erkalten und zentrifugiert. Sollte das Produkt nicht genügend rein sein, kann es entweder aus methylalkoholischer Lösung mit Wasser ausgefällt oder nochmals durch eine Wasserdampfdestillation gereinigt werden. Fp.: 45°C.

Ausbeute: 0,8 g

Die mit Wasserdampf nicht flüchtige p-Verbindung wird aus dem Rückstand isoliert. Man gibt so lange 2n-Natronlauge zu, bis die Reaktion auf Kongopapier eben verschwunden ist, dazu noch 5 ml Natronlauge, kocht mit etwas Tierkohle auf und filtriert heiß durch ein kleines Faltenfilter. Das Filtrat engt man auf ungefähr 3 ml ein. Wenn jetzt beim Erkalten nicht das Natriumsalz auskristallisiert, erwärmt man nochmals und versetzt die heiße Lösung mit 1 ml verd. Natronlauge (1:1). Es wird noch heiß in eine kurze Jenaer Eprouvette gegossen. Nach dem Erkalten zentrifugiert man ab, wäscht mit 2n-Natronlauge und löst das Salz in der Wärme mit verd. Salzsäure. Beim Erkalten scheidet sich das p-Nitrophenol ab. Bei ungenügender Reinheit kann aus sehr verd. heißer Salzsäure umkristallisiert werden. Fp.: 114°C.

Ausbeute: 0,1 bis 0,2 g   *Dauer:* 2 bis 3 Stunden

Gruppennachweis s. S. 179, 186

3. 2,4-Dinitrophenol

(α-Dinitrophenol)

$$OH$$

$$NO_2$$

$$NO_2$$

Reagenzien: Schwefelsäure, 67%ig
Salpetersäure, 53%ig   1,5 g Tierkohle
4,7 g Phenol   2 ml Eisessig
Natronlauge, 20%ig   Alkohol

Geräte: 100-ml-Becherglas, kurze Reagenzgläser, 50-ml-
Becherglas, Rückflußkühlrohr, Kölbchen.

Eine Lösung von 4,7 g Phenol in 1,5 ml Wasser wird in ein gekühltes Gemisch von 20 ml 67%iger Schwefelsäure und 13,5 ml 53%iger Salpetersäure im Verlaufe von etwa 20 Minuten unter ständigem Rühren eingetragen, so daß die Temperatur höchstens auf 30°C steigt. Dann wird das Reaktionsgemisch in ein auf 90° bis 100°C erwärmtes Wasserbad gestellt, worauf bald eine heftige Reaktion unter Entwicklung nitroser Gase einsetzt und die Temperatur auf zirka 105°C steigt. Das Schäumen kann derart stark werden, daß die Flüssigkeit überläuft. Dies verhindert man durch Rühren des Schaumes mit einem Glasstab. Nach ungefähr 10 Minuten läßt die heftige Reaktion nach. Man setzt das Erhitzen auf 90° bis 100°C noch ½ Stunde fort. Das abgeschiedene dunkelrote Rohprodukt wird nach dem Erkalten und Zentrifugieren mit Wasser gewaschen. Ausbeute 6,7 g.

Zur Reinigung wird das Rohprodukt in 40 ml Wasser nach Zusatz von 5,6 ml 20%iger Natronlauge durch Erwärmen auf 70° bis 80°C gelöst und mit 1,5 g Tierkohle unter Rühren ungefähr 1 Stunde auf dieser Temperatur gehalten. Hernach wird heiß filtriert, das Filtrat mit 2 ml Eisessig und dem gleichen Volumen Wasser versetzt und der Kristallisation überlassen. Das erhaltene Produkt wird in Alkohol gelöst und die Lösung nach Zusatz von etwas Tierkohle 1 Stunde unter Rückfluß zum Sieden erhitzt.

Man filtriert, bzw. zentrifugiert und erhält nach dem Einengen blaßgelbe, plättchenförmige Kristalle. Anschließend wird die Mutterlauge abzentrifugiert und die Kristalle mit wenig Alkohol gewaschen. Fp.: 112°C.

Ausbeute: 6 g   *Dauer:* 4 Stunden

Gruppennachweis s. S. 187

4. Pikrinsäure

(2,4,6-Trinitrophenol)

$$OH$$
$$O_2N - \overset{6 \quad 2}{\bigcirc} - NO_2$$
$$\underset{4}{}$$
$$NO_2$$

o- und p-Nitrophenol gehen bei weiterer Nitrierung mit stärkerer Säure über das 2,4-Dinitrophenol in das 2,4,6-Trinitrophenol, die Pikrinsäure, über.

Reagenzien: 0,6 g Phenol
1,7 ml Schwefelsäure, conc.
1,7 ml Salpetersäure $(D = 1,5)$

Geräte: 2 kurze Jenaer Reagenzgläser, Wasserbad.

Phenol und Schwefelsäure werden in einer kurzen Eprouvette bis zum völligen Klarwerden der Lösung erhitzt. Man läßt abkühlen und gießt unter gleichzeitiger Außenkühlung in eine zweite Eprouvette, in welcher sich 2,5 ml Wasser befinden. Dann setzt man die angegebene Menge rauchende Salpetersäure zu. Die Lösung färbt sich tiefrot und nitrose Gase entweichen. Man erhitzt noch 15 Minuten im Wasserbad und verdünnt nach dem Erkalten mit dem gleichen Volumen Wasser. Die abgeschiedenen gelben Kristalle können nach dem Zentrifugieren aus 50%igem Alkohol umkristallisiert werden. Fp.: 121° bis 122°C.

Ausbeute: 1,2 g   *Dauer:* 1 Stunde

Gruppennachweis s. S. 187

5. 3,5-Dinitrophenol

(γ-Dinitrophenol)

$$O_2N \underset{5 \quad 3}{\underset{}{\bigcirc}}\!\!-NO_2 \quad (OH)$$

Reagenzien: 0,9 g m-Nitrophenol
Salpetersäure, $D = 1,3$

Geräte: 50-ml-Stehkölbchen, Wasserdampfdestillationsapparat.

In einem 50-ml-Stehkölbchen übergießt man 0,9 g m-Nitrophenol mit dem gleichen Gewicht Salpetersäure und setzt die Reaktion durch gelindes Erwärmen in Gang. Es entwickeln sich bald große Mengen brauner nitroser Dämpfe und die Flüssigkeit beginnt heftig zu sieden. Nach dem Erkalten wird die untere der zwei entstandenen Schichten mit kaltem Wasser gewaschen, das Waschwasser mit einer Kapillare abgehebert und das zähflüssige rotbraune Öl mit Wasserdampf destilliert. Schon im Kühlrohr scheidet sich das γ-Dinitrophenol in fast farblosen Nädelchen aus. Nach zweistündiger Wasserdampfdestillation zentrifugiert man die gekühlten Destillate ab und trocknet das hellgelbe Präparat. Fp.: 106°C.

Ausbeute: 0,15 g *Dauer:* 3 Stunden

Gruppennachweis s. S. 187

VII. Diazo-Reaktionen

1. p-Tolunitril

$$H_3C-\!\!\bigcirc\!\!-NH_2 + HNO_2 + HCl \longrightarrow$$

$$\longrightarrow \left[H_3C-\!\!\bigcirc\!\!-N^+ \equiv N\right] Cl^- \xrightarrow{K_3[Cu(CN)_4]}$$

$$\longrightarrow H_3C-\!\!\bigcirc\!\!-CN + N_2$$

Die hier angeführte SANDMEYERsche Reaktion wird immer dann verwendet, wenn es sich darum handelt, primäre aromatische Aminogruppen durch andere Reste zu ersetzen. Die Leichtigkeit, mit der die Diazoniumsalzgruppe $-N \equiv N$ durch einen anderen Rest ersetzt werden kann, ist verschieden. Man kann die Zersetzung durch Zusatz verschiedener Katalysatoren (im vorliegenden Fall komplexe Kupfercyanürlösung) erreichen.

Reagenzien: 1,35 g Kupfersulfat   0,2 g Zinn-II-chlorid
               1,4 g Kaliumcyanid   Natronlauge, 2n
               0,5 g p-Toluidin   Eis
               0,4 g Natriumnitrit

Geräte: 50-ml-Kölbchen, Wasserdampfdestillation, Wasserbad, 2 bis 3 Bechergläser (25 ml), Zentrifugenglas, Scheidetrichter.

In einem 50-ml-Kölbchen wird die angegebene Menge Kupfersulfat auf dem Wasserbad in 5 ml Wasser gelöst. Unter stetem Erwärmen fügt man eine Lösung von 1,4 g Kaliumcyanid in 2,5 ml Wasser hinzu. (Vorsicht, es entwickelt sich Cyan!) Man erwärmt die Kupfercyanürlösung weiter am Wasserbad und stellt sich inzwischen eine p-Tolyldiazoniumchloridlösung wie folgt her:

Die angegebene Menge p-Toluidin wird in einer Mischung von 1,2 ml conc. Salzsäure und 3,8 ml Wasser unter Erwärmen in einem 25-ml-Bechergläschen gelöst. Sodann stellt man in Eiswasser und rührt lebhaft, damit das sich bildende Toluidinhydrochlorid möglichst feinkristallin ausfällt. Jetzt wird unter Eiskühlung eine Lösung von 0,4 g Natriumnitrit in 2 ml Wasser zugegeben. Kaliumjodidstärkepapier soll eine bleibende Reaktion auf salpetrige Säure anzeigen. Dieses so erhaltene Diazoniumchlorid wird nun portionsweise unter Umschwenken zu der warmen Kupfercyanürlösung gegeben und anschließend noch 10 Minuten am Wasserbad erwärmt. Es wird mit Wasserdampf in einen Scheidetrichter destilliert (Abb. 42), wobei das Nitril als gelbliches Öl übergeht. Nach ¼ Stunde ist die Wasserdampfdestillation beendet. Man äthert das Destillat aus und schüttelt die ätherische Lösung zur Entfernung von gleichzeitig entstandenem p-Kresol mit 2n-Natronlauge aus. Durch die obere Öffnung des Scheidetrichters gießt man die Ätherlösung in ein Zentrifugengläschen, dampft den Äther unter ständigem Schütteln ab und versetzt den Rückstand zur Entfernung von entstandenem Azotoluol — dieses ist die Ursache der Gelbfärbung — mit einer Lösung von 0,2 g Zinn-II-chlorid in 0,5 ml conc. Salzsäure. Man schüttelt gut durch und verdünnt mit Wasser. Bei guter Kühlung — man stellt am besten in Eis — scheidet sich alsbald das Tolunitril ab. Es wird zentrifugiert, mit

Wasser gewaschen und auf einem Filterpapier getrocknet. Sollte die Substanz nicht genügend rein sein, wird aus Alkohol oder Äther umkristallisiert. Fp.: 29°C.

Ausbeute: 0,35 g   *Dauer:* 1½ bis 2 Stunden

2. p-Bromtoluol*[1]

$$CH_3 - \langle\!\!\!\bigcirc\!\!\!\rangle - Br$$

Nach GATTERMANN läßt sich bei der SANDMEYERschen Reaktion das Cuprosalz durch Kupferpulver ersetzen.

$$Ar - N_2 - Br + Cu_2Br_2 \longrightarrow ArN_2Br \cdot Cu_2Br_2$$

$$ArN_2Br \cdot Cu_2Br_2 \longrightarrow ArBr + N_2 + Cu_2Br_2$$

In gleicher Weise läßt sich auch Fluor, Chlor, Jod, Cyan in den aromatischen Kern einführen.

Reagenzien: 1,26 g Kupfersulfat, krist.   Natronlauge
0,4 g Kupferspäne   Schwefelsäure, verd.
3,8 g Natriumbromid   Äther
2,14 g p-Toluidin   Natriumchlorid
2,4 ml Schwefelsäure, conc.   Natriumsulfit
1,4 g Natriumnitrit   Eis

Geräte: Mehrere 50-ml-Kölbchen, Scheidetrichter, Wasser-dampfdestillationsapparat, Destillationsapparat, Kugelkühlrohr (Abb. 28).

Man bereitet sich wie folgt zwei Lösungen:

Lösung 1: In einem 50-ml-Kölbchen werden die angegebenen Mengen Kupfersulfat, Kupferspäne und Natriumbromid mit 20 ml Wasser versetzt, ein Kugelkühlrohr aufgesetzt und 75 Minuten erhitzt. Dabei tritt eine gelbliche Farbe auf. Zweckmäßig setzt man eine kleine Spatelspitze Natriumsulfit zur Vervollständigung der Reduktion zu.

Lösung 2: In einem zweiten 50-ml-Kölbchen werden 2,14 g p-Toluidin und 2,4 ml conc. Schwefelsäure vorsichtig mit 20 ml Wasser versetzt und diese Lösung unter Eiskühlung mit einer Lösung von 1,4 g Natriumnitrit in 2,5 ml Wasser diazotiert. Nach 15 Minuten ist die Diazotierung beendet; die Temperatur soll dabei 15°C nicht überschreiten.

---

[1] Org. Synth., Coll. Vol. I.

In einem 50-ml-Kölbchen wird nun die Lösung 1 zum Sieden erhitzt. Man läßt unter gleichzeitigem Durchleiten eines kräftigen Wasserdampfstromes die Diazoniumlösung (Lösung 2) allmählich zutropfen. Nach 45 Minuten ist die Destillation beendet. Das in einem Scheidetrichter aufgefangene Destillat wird mit Natronlauge alkalisch gemacht und das p-Bromtoluol von der wässerigen Schicht abgetrennt. Man schüttelt mit wenig Äther aus, dampft diesen ab, wäscht dann das Rohprodukt zuerst mit verd. Schwefelsäure und anschließend mit Wasser. Nach dem Trocknen über Natriumchlorid wird destilliert. Kp.: 183° bis 185°C, Fp.: 25° bis 26°C.

Ausbeute: 2,1 g   *Dauer:* 3 bis 4 Stunden

3. Phenylhydrazin

$$[C_6H_5 - N \equiv N]^+ + Na_2SO_3 \longrightarrow C_6H_5 - \underset{\underset{N - SO_3Na}{\|}}{N} \qquad + NaCl$$

$$Cl^-$$

Im ersten Teil der Reaktion bildet sich Phenylantidiazosulfonat. Bei Zugabe von Salzsäure im zweiten Teil der Umsetzung entsteht durch die freiwerdende schwefelige Säure wahrscheinlich ein Additionsprodukt, aus dem durch Hydrierung Phenylhydrazinchlorhydrat entsteht.

$$C_6H_5 - \underset{\underset{SO_3H}{|}}{N} - NHSO_3Na \xrightarrow{\text{HCl}}$$

$$\longrightarrow C_6H_5 - NH - NH_2 \cdot HCl \xrightarrow{\text{NaOH}} C_6H_5 - NH - NH_2$$

Reagenzien: 0,96 g Anilin, frisch dest.
4 ml Salzsäure, conc., 1:1 verd.
0,8 g Natriumnitrit   Natronlauge, 4n
6,5 g Natriumsulfit   Äther
Zinkstaub   Eisessig
Salzsäure, conc., verd. (1:3)   Eis

Geräte: Kurze Reagenzgläser, Kölbchen, Scheidetrichter, Vakuumdestillationsapparat, Bechergläser.

In einem Kölbchen wird die angegebene Menge Anilin in 4 ml Salzsäure (1:1) gelöst, mit einer Lösung von 0,8 g Natriumnitrit in 2 ml Wasser unter Schütteln und Eiskühlung diazotiert und die entstandene Diazoniumsalzlösung rasch in eine eiskalte Lösung von 6,5 g Natriumsulfit in 25 ml Wasser gegossen. Dabei färbt

sich die Lösung orangerot. Dann werden unter stetem Schütteln
2 ml conc. Salzsäure zugesetzt (Farbumschlag nach gelb), auf dem
Wasserbad erhitzt und nach Zugabe von einem Tropfen Eisessig
und einer Spatelspitze Zinkstaub zentrifugiert. Nach dem Erkalten
scheiden sich Kristalle ab, die zentrifugiert und mit verd. Salzsäure angegebener Konzentration gewaschen werden. Dieser
kristalline Niederschlag wird in einem Scheidetrichter mit 3 ml
4n-Natronlauge unter Äther zersetzt, die wässerige Schicht noch
einmal ausgeäthert und die vereinigten Ätherauszüge getrocknet.
Nach dem Abdunsten des Äthers wird im Vakuum destilliert.
Kp.: 10 mm, 118°C.

Ausbeute: 0,45 g　　　　　　　　　*Dauer:* 4 bis 5 Stunden

Gruppennachweis vgl. S. 184

4. Dithizon*[1]

(Diphenyl-thiocarbazon)

Das Dithizon ist ein wichtiges organisches Reagens für die analyti-
sche Chemie. Seine Darstellung verläuft nach folgendem Schema:

$$2\ C_6H_5 \cdot NH \cdot NH_2 + CS_2 \longrightarrow$$

$$\longrightarrow C_6H_5 \cdot NH \cdot NH \cdot C \cdot SH \cdot NH_2 \cdot NH \cdot C_6H_5$$

$$\underset{S}{\overset{\|}{}} \tag{I}$$

$$\longrightarrow \begin{matrix} C_6H_5 \cdot NH \cdot NH \\ C_6H_5 \cdot NH \cdot NH \end{matrix} \Big\rangle C = S + H_2S \tag{II}$$

$$2\ \begin{matrix} C_6H_5 \cdot NH \cdot NH \\ C_6H_5 \cdot NH \cdot NH \end{matrix} \Big\rangle C = S \xrightarrow[CH_3OH]{KOH}$$

$$\longrightarrow \begin{matrix} C_6H_5 \cdot N = N \\ C_6H_5 \cdot NH \cdot NH \end{matrix} \Big\rangle CS + C_6H_5 \cdot NH \cdot NH \cdot CS \cdot NH_2 +$$

$$+ C_6H_5 \cdot NH_2 \tag{III}$$

Reagenzien: 1,3 g Phenylhydrazin　　　　　　Äther
　　　　　　　0,52 ml Schwefelkohlenstoff　　　Alkohol
　　　　　　　1,5 ml Alkohol, abs.　　　　　　Schwefelsäure, 1n
　　　　　　　0,6 g Kaliumhydroxyd　　　　　　Natronlauge, 5%ig
　　　　　　　6 ml Methylalkohol, abs.　　　　Eis

---

[1] Org. Synth., Coll. Vol. III.

Geräte: Kurze Reagenzgläser, Giftpipette, Kugelkühlrohr, Extraktionsapparatur, Wasserbad.

a) Phenylhydrazinsalz der β-Phenyldithiocarbazinsäure (I). In einem kurzen Reagenzglas werden 1,3 g Phenylhydrazin in 6 ml Äther gelöst. Unter starkem Schütteln wird mit einer Giftpipette tropfenweise 0,52 ml Schwefelkohlenstoff zugesetzt. Sodann wird das Kugelkühlrohr aufgesetzt und weitere 5 Minuten geschüttelt. Der weiße Niederschlag wird abzentrifugiert und mit Äther gewaschen.

Ausbeute: 1,5 g

b) Diphenylthiocarbazid (II). Das unter a) dargestellte Salz wird in einem kurzen Reagenzglas unter dauerndem Rühren am Wasserbad erhitzt. Unter Entweichen von Schwefelwasserstoff wird das Produkt leicht gelblich und zäh. Sobald die ersten Ammoniakdämpfe auftreten, taucht man das Gläschen in Wasser und kühlt anschließend, indem man in Eis stellt. Nach Zugabe von 1,5 ml absolutem Äthylalkohol wird unter stetem Rühren etwas erwärmt. Die zähe Masse geht in eine kristalline Substanz über. Man zentrifugiert und wäscht mit Alkohol.

Ausbeute: 0,75 g

c) Diphenyl-thiocarbazon = Dithizon (III). Das rohe Diphenyl-thiocarbazid wird zu einer Lösung von 0,6 g Kaliumhydroxyd in 6 ml abs. Methylalkohol gegeben, am Wasserbad erwärmt und mit aufgesetztem Kugelkühlrohr einmal kurz zum Sieden erhitzt. Die rot gefärbte Lösung wird in Eis gekühlt, zentrifugiert und in ein zweites Reagenzglas dekantiert. Unter Schütteln werden zu dem Zentrifugat zirka 7 ml 1 n-Schwefelsäure gegeben, bis die Lösung auf Kongorotpapier gerade sauer reagiert. Der schwarzblaue Niederschlag wird abzentrifugiert, das Rohprodukt in 5 ml 5%iger Natronlauge gelöst, zentrifugiert und die klare Lösung wiederum wie oben mit 1 n-Schwefelsäure angesäuert. Diese Operationen müssen mit eisgekühlten Lösungen durchgeführt werden. Der zuletzt erhaltene Niederschlag wird nach dem Zentrifugieren in Wasser aufgeschlämmt und wieder zentrifugiert und dies so lange wiederholt, bis im Waschwasser kein SO_4'' nachweisbar ist. Das Rohprodukt wird sodann im Trockenschrank bei 40°C getrocknet. Um noch vorhandene Verunreinigungen herauszulösen, wird das Rohprodukt im Extraktionsapparat mit Äther extrahiert. Zersetzungspunkt: 169°C.

Ausbeute: 0,3 g   *Dauer:* 24 Stunden

5. m-Nitrophenol[1]

$$HO - \underset{1}{\overset{3}{\bigcirc}} - NO_2$$

Die Diazoniumsalze, insbesondere die Sulfate, lassen sich durch Erhitzen ihrer Lösungen im sauren Medium in Phenole umwandeln.

$$ArN_2X + H_2O \longrightarrow Ar \cdot OH + N_2 + HX$$

Die Leichtigkeit, mit der sich die Reaktion vollzieht, hängt von der Natur und Stellung des Substituenten des aromatischen Kernes ab. Diese Reaktion stellt eine wichtige Methode zur Darstellung gewisser Phenole dar.

Reagenzien: 2,1 g m-Nitranilin, gepulvert
1,1 g Natriumnitrit
Schwefelsäure, conc.
Salzsäure, conc., (1:1 verd.)
Eis

Geräte: 25- und 100-ml-Becherglas, kurze Reagenzgläser.

In einem 25-ml-Bechergläschen diazotiert man eine möglichst homogene Mischung von 2,1 g gepulvertem m-Nitranilin, 3,3 ml conc. Schwefelsäure, 4,5 ml Wasser und 8 g Eis bei 0° bis 5°C im Laufe von 4 bis 5 Minuten mit einer Lösung von 1,1 g Natriumnitrit in 2,5 ml Wasser bis zur bleibenden Blaufärbung von Jodkalium-Stärkepapier. Hierauf gibt man die diazotierte Lösung und in kleinen Portionen das auskristallisierte Diazoniumsulfat zu einer in einem 100-ml-Becherglas heftig siedenden Mischung von 10 ml conc. Schwefelsäure und 7,5 ml Wasser. Man läßt nach Beendigung der Stickstoffentwicklung unter starkem Rühren schnell abkühlen und wäscht das abzentrifugierte Rohprodukt mit 4,5 ml Eiswasser.

Zur Reinigung kocht man das Rohprodukt mit verd. Salzsäure (1:1) aus, läßt die Lösung auf 40° bis 50°C erkalten und filtriert. Das die Verunreinigung darstellende Öl bleibt auf dem Filter, während sich aus dem Filtrat beim Abkühlen reines farbloses m-Nitrophenol ausscheidet. Nadelförmige Kristalle, Fp.: 97°C.

Ausbeute: 1,5 g   *Dauer:* zirka 1 Stunde

Gruppennachweis s. S. 179, 187

----

[1] Org. Synth., Coll. Vol. I.

6. Diphensäure*[1]

Zwei Moleküle diazotierter Anthranilsäure können sich durch Verlust des Stickstoffes zu Derivaten des Diphenyls kondensieren. Man arbeitet in saurem Milieu in Gegenwart von Kupferpulver oder im alkalischen Milieu in Gegenwart von ammoniakalischem Kupferoxyd. Gewisse elektronegative Substituenten in o-Stellung zur Diazogruppe, wie $COOH$, NO_2, begünstigen die Bildung von Diphenylderivaten.

Reagenzien: 5 g Kupfersulfat, krist.   0,51 g Natriumnitrit
1,5 g Kochsalz   2,7 ml Ammoniak, conc.
1,1 g Natriumbisulfit   Ammonchlorid
3,5 ml Natronlauge, 6 n   Salzsäure
1 g Anthranilsäure   Eis
1,4 ml Eisessig   Zinkstaub

Geräte: Rundkolben, Bechergläser, Tropfpipette.

A. Kupfersulfat und Natriumchlorid werden in 25 ml Wasser mit 1,1 g Natriumbisulfit leicht erwärmt. Danach wird dekantiert und der Niederschlag des Cuprochlorids zu einer Lösung von 3,5 ml 6n-Natronlauge in 10 ml Wasser in einem Becherglas zugegeben. Es wird heftig geschüttelt, wobei sich ein dunkeloranger Niederschlag von Kupferhydroxyd bildet, der mit Wasser gewaschen wird.

B. Die Anthranilsäure wird in einem Bechergläschen mit 3 ml dest. Wasser und 1,4 ml Eisessig versetzt und mit einer Lösung von 0,51 g Natriumnitrit in 2 ml Wasser langsam diazotiert. Temperatur 5°C!!

(Das Diazotieren mittels Eisessig statt Salzsäure verhindert die Bildung von o-Chlorbenzoesäure.)

C. Zu A. werden 3 ml Wasser und 2,7 ml conc. Ammoniak gegeben (nicht mehr, da sich sonst braune, schmierige Produkte

---

[1] Org. Synth., Coll. Vol. I.

bilden) und nun langsam die diazotierte Anthranilsäure unter Eiskühlung mit einer Tropfpipette, deren Spitze in die Lösung eintaucht, zugesetzt. Während des Zutropfens der Lösung B wird ständig
geschüttelt. Man entfernt das Eisbad und erhitzt kurz zum Sieden.
Nun wird sorgsam mit Salzsäure angesäuert (Kontrolle mit Kongorotpapier), wobei der dicke Kupferhydroxydniederschlag ver-
schwindet und Diphensäure als körniger Niederschlag ausfällt.
Man kühlt unter der Wasserleitung, saugt ab und wäscht mit
schwacher, mit Ammoniumchlorid gesättigter Salzsäure, bis der
Niederschlag frei von Kupfersalzen ist. Dann wird mit Wasser
nachgewaschen.

Man erhält ein graues Produkt vom Fp. 210° bis 225°C.

Man setzt 5 ml Eisessig und 1 ml heißes Wasser zu und kocht
die dunkle Lösung nicht länger als 10 Minuten mit einer Spatelspitze Zinkstaub auf. (Beseitigt Oxydverbindungen, z. B. o-Azo-
benzoesäure.) Gegen Ende setzt man eine kleine Spatelspitze
Tierkohle zu und filtriert durch einen Kurzhalstrichter. Das klare
tiefrote Filtrat wird zum Sieden gebracht und mit 8 ml heißem
Wasser langsam und unter Schütteln, damit sich kein Niederschlag
bildet, versetzt. Man läßt abkühlen und mindestens 3 Stunden
lang stehen. Eine langsame Kristallisation ist notwendig, damit
die Verunreinigungen in Lösung bleiben. Absaugen, mit wenig
Wasser waschen. Man erhält ein hellgraues bis farbloses Produkt.

Fp.: 226° bis 228°C.

Ausbeute: 0,12 g   *Dauer:* 5 bis 6 Stunden

7. Azofarbstoffe

a) Helianthin

$$\longrightarrow HO_3S - \langle\!\!\!\!\bigcirc\!\!\!\!\rangle - N = N - \langle\!\!\!\!\bigcirc\!\!\!\!\rangle - N \begin{smallmatrix} \nearrow CH_3 \\ \searrow CH_3 \end{smallmatrix}$$

(I)

p-Dimethylamino-azobenzol-sulfonsäure

Das durch Diazotierung von Sulfanilsäure erhaltene Diazonium-chlorid kuppelt mit Dimethylanilin zu einem gelben Farbstoff, dem Helianthin. Die verdünnte wässerige Lösung dieses Farbstoffes wird mit Säuren rot gefärbt. Das Natriumsalz von Helianthin ist der in der Acidimetrie benutzte Indikator *„Methylorange"*. Das gelbe Natriumsalz leitet sich von der Formel I ab, das rote Salz entspricht folgender Formulierung:

$$HO_3S - \langle\!\!\!\!\bigcirc\!\!\!\!\rangle - \overset{\overset{\textstyle H}{|}}{N} - N = \langle\!\!\!\!\bigcirc\!\!\!\!\rangle = \overset{\nearrow CH_3}{\underset{\underset{Cl^-}{}\searrow CH_3}{N^+}}$$

Reagenzien: 0,5 g Sulfanilsäure   Salzsäure, 2n
              1,5 ml Natronlauge, 2n   Salzsäure, 1n
              0,2 g Natriumnitrit   Eis
              0,3 g Dimethylanilin   Natronlauge, verd.

Geräte: kurze Reagenzgläser

Die oben angegebene Menge Sulfanilsäure wird in 1,5 ml 2n-Natronlauge gelöst. Dazu gibt man eine Lösung von 0,2 g Natriumnitrit in 2,5 ml Wasser. Man stellt das Reagenzgläschen in Eis und gibt 1,5 ml 2n-Salzsäure zu.

Nun löst man die angegebene Menge Dimethylanilin in 2,5 ml 1n-Salzsäure und gibt diese Lösung zu der eisgekühlten Diazonium-lösung. Es wird jetzt unter ständigem Umrühren mit verd. Natron-lauge alkalisch gemacht. Man beobachtet ein sofortiges Ausfallen des Farbstoffes. Nach einigen Minuten wird zentrifugiert und in möglichst wenig Wasser in der Hitze gelöst. Beim Abkühlen kristallisiert in kürzester Zeit das Helianthin aus und wird ab-zentrifugiert. Nach dem Dekantieren trocknet man mit einem Filterpapierstreifen, entfernt den Farbstoff aus dem Gefäß und trocknet ihn völlig an der Luft.

Ausbeute: 0,75 g   *Dauer:* $\frac{1}{2}$ bis $\frac{3}{4}$ Stunde

b) p-Amino-azobenzol

$$\langle\!=\!\rangle\!-\!N = N \cdot NH \!-\!\langle\!=\!\rangle \xrightarrow{\ C_6H_5 \cdot NH_2 \cdot HCl\ } \quad (I)$$

$$\longrightarrow \langle\!=\!\rangle\!-\!N = N\!-\!\langle\!=\!\rangle\!-\!NH_2 \quad (II)$$

Das beim Diazotieren von Anilin entstandene primäre Produkt, das Diazo-aminobenzol (I), lagert sich beim Erwärmen mit Anilin-chlorhydrat und Anilin in p-Amino-azobenzol (II) um.

α) Diazo-aminobenzol

Reagenzien: 1,4 g Anilin   2,1 g Natriumacetat
2 ml Salzsäure, conc.   zirka 15 ml Petroläther
5,2 g Natriumnitrit   Eis

Geräte: kleines Becherglas, kleines Reagenzglas, kleine Nutsche und Saugflasche.

In einem kleinen Becherglas werden 1,4 g Anilin mit 7,5 ml Wasser und 2 ml conc. Salzsäure unter Umrühren versetzt und 5 g zerstoßenes Eis zugegeben. Dann löst man 5,2 g Natriumnitrit in 1,2 ml Wasser auf und gießt diese Lösung unter Umrühren zu der eisgekühlten Flüssigkeit in das Becherglas. Nach 10 Minuten versetzt man mit einer Lösung von 2,1 g Natriumacetat in 4 ml Wasser und saugt den ausgefallenen gelben Niederschlag nach 20 Minuten ab. Die Temperatur soll während des Stehens 20° C nicht überschreiten. Der mit wenig kaltem Wasser gewaschene Niederschlag wird getrocknet und aus Petroläther umkristallisiert. Fp.: 98° C.

Ausbeute: 1,4 g   *Dauer:* 2 Stunden

β) p-Amino-azobenzol

Reagenzien: 1 g Diazo-aminobenzol
3 g Anilin
0,5 g Anilin-Chlorhydrat*
3 ml Eisessig
zirka 3 ml Tetrachlorkohlenstoff

Geräte: kleines Becherglas, kleines Reagenzglas, Nutsche, Saugflasche.

1 g Diazo-aminobenzol wird in 3 g Anilin gelöst und mit 0,5 g Anilin-Chlorhydrat versetzt. Das Gemisch wird am Wasserbad bei 40° C 30 Minuten lang erwärmt. Zu der erkalteten Lösung

gießt man unter Umrühren eine Mischung von 3 ml Eisessig und 25 ml Wasser. Der ausgefallene Niederschlag wird abgesaugt und mit wenig Wasser gewaschen. Nach dem Trocknen wird aus Tetrachlorkohlenstoff umkristallisiert. Orangerote Kristalle. Fp.: 124° C.

Ausbeute: 0,7 g   *Dauer:* 1½ Stunden

* Das benötigte Anilin-Chlorhydrat kann folgendermaßen hergestellt werden: 1 g Anilin wird mit 1,5 ml conc. Salzsäure versetzt und das Gemisch eisgekühlt. Der ausgefallene Niederschlag wird abgesaugt und mit wenig Äther gewaschen.

VIII. Chinoide Verbindungen

1. p-Benzochinon[1]

$$\text{HO} - \langle = \rangle - \text{OH} \xrightarrow{-2\,\text{H}} \text{O} = \langle = \rangle = \text{O}$$

Die einfachste Methode zur Darstellung von p- und o-Chinonen besteht in der Oxydation (Dehydrierung) der p- und o-Dioxybenzole. p-Chinone werden gewöhnlich durch Oxydation primärer aromatischer Amine gewonnen; o-Chinon nur aus o-Dioxybenzol.

Reagenzien: 1 g Hydrochinon   6 ml Benzol
               1 g Schwefelsäure, conc.   Natriumchlorid
               1,4 g Natriumdichromat   Eis

Geräte: Kölbchen, Bechergläser, Scheidetrichter, Saugeprouvette, Kristallisierschale.

Das Hydrochinon wird in 20 ml Wasser von 50° C gelöst, sodann auf 20° C gekühlt und unter Beibehaltung der Kühlung langsam die Schwefelsäure hinzugetropft. Nun wird eine Lösung von 1,4 g Natriumdichromat in 0,65 ml Wasser langsam zur Hydrochinonlösung gegeben, wobei man stets schütteln muß. Die Temperatur darf während dieser Operation 30° C nicht überschreiten. Der sich zuerst bildende Niederschlag (grünschwarz) schlägt gegen Ende in gelbgrün um.

Man kühlt auf 10° C, saugt ab und extrahiert das Filtrat zweimal mit je 2 ml Benzol. Der Chinonniederschlag wird in einem Becherglas mit insgesamt 5 ml Benzol (einschließlich des Extraktionsbenzols) im Wasserbade schwach erwärmt, bis alles gelöst ist. Es wird mit Kochsalz getrocknet und die Benzollösung in eine Kristallisierschale dekantiert. Man nimmt die Schale in die

---

[1] Org. Synth., Coll. Vol. I.

warme Hand und entfernt das Benzol durch Hineinblasen.
Schöne, gelbe Nadeln scheiden sich ab. Es wird in Eis gestellt,
nach vollständiger Kristallisation rasch abgesaugt, ganz kurz
getrocknet und im Dunkeln aufbewahrt. Fp.: 115° bis 116° C
(sublimiert).

Ausbeute: 0,6 g　　　　　　　　　　　　*Dauer:* 4 Stunden

2. Alizarin

$$\text{Anthrachinon-}\beta\text{-sulfosaures Natrium} \xrightarrow[\text{2 O}]{\text{NaOH}} \text{1,2-Dioxyanthrachinon} + Na_2SO_4$$

Alizarin oder 1,2-Dioxyanthrachinon ist einer der wichtigsten
Farbstoffe. Seine Synthese aus anthrachinonsulfosaurem Natrium
wurde 1869 von GRAEBE und LIEBERMANN, PERKIN und RIESER
fast gleichzeitig gefunden. Der Farbstoff kommt in der Natur als
Glucosid in der Krappwurzel vor.

Reagenzien: 0,05 g Kaliumchlorat
　　　　　　　　0,75 g Natriumhydroxyd
　　　　　　　　0,25 g β-anthrachinonsulfosaures Natrium

Geräte:　　　Starkwandiges Jenaer Glasröhrchen, 50-ml-Becher-
　　　　　　　glas, großes Zentrifugenglas (100 ml), Zentrifugen-
　　　　　　　gläschen, Filterstäbchen, Wasserbad, Ölbad.

In einem starkwandigen Jenaer Glasröhrchen werden 0,75 g
Ätznatron mit 1 ml Wasser versetzt, die oben angegebenen Mengen
anthrachinonsulfonsaures Natrium und Kaliumchlorat zugegeben
und das Röhrchen zugeschmolzen. Es wird 1 Stunde im Ölbad
auf 170° bis 180° C erhitzt. Nach dem Erkalten zerschlägt man das
Röhrchen in nicht zu kleine Stücke und kocht diese in einem
50-ml-Becherglas mit Wasser aus. Es wird direkt mit einem Filterstäbchen in ein 100-ml-Zentrifugenglas umgesaugt, der Rückstand
nochmals ausgekocht und das Filtrat mit dem ersten vereinigt
(vgl. Abb. 3). Sollte kein Filterstäbchen vorhanden sein, so kann
natürlich auch durch ein gewöhnliches Filter filtriert werden.
Das Zentrifugenglas mit den vereinigten Filtraten stellt man nun
in ein Becherglas mit kochendem Wasser und säuert mit verd.

Salzsäure an. Dabei schlägt die Farbe von dunkelrot in gelb um. Es wird 5 bis 10 Minuten erhitzt und der Niederschlag zentrifugiert. Das salzsaure Wasser wird abgehebert, der Niederschlag mit Wasser aufgewirbelt und zentrifugiert. Dieses Waschen wird wiederholt. Der voluminöse Niederschlag wird nach dem letzten Waschen durch Einstellen des Zentrifugenglases in siedendes Wasser direkt in diesem getrocknet. Zum trockenen Rückstand gibt man Eisessig, erhitzt im Wasserbad, zentrifugiert und gießt die Lösung in ein kleines Zentrifugenglas. Nach dem Erkalten zentrifugiert man die hellroten Kristalle von Alizarin ab. Zur Reinigung kann auch sublimiert werden. Fp.: 289° C.

Ausbeute: 0,15 g *Dauer:* 3 Stunden

3. p-Nitrosodimethylanilin

$$C_6H_5N(CH_3)_2 \xrightarrow{HNO_2} ON - \langle\!=\!\rangle - N(CH_3)_2 + H_2O$$

Das p-Wasserstoffatom ist im Dimethylanilin reaktionsfähig und läßt sich mit verschiedenen Reagenzien leicht umsetzen. Mit salpetriger Säure erhält man das grüne p-Nitrosodimethylanilin. Die Salze dieser Base sind gelb gefärbt.

Reagenzien: 1,0 g Dimethylanilin   Sodalösung, gesättigt
              0,6 g Natriumnitrit   Äther
              Salzsäure, conc (1 : 1 verd.)   Eis

Geräte: 25-ml-Bechergläschen, Zentrifugenglas, Scheidetrichter, Kristallisierschale.

In einem 25-ml-Becherglas wird die angegebene Menge Dimethylanilin in 6,25 ml 1 : 1 verd. Salzsäure gelöst. Man stellt in Eis, gibt in die Lösung 5 g Eis und versetzt unter ständigem Rühren allmählich mit einer Lösung von 0,6 g Natriumnitrit in 2,5 ml Wasser. Die Temperatur soll dabei nicht über 5° C steigen und es sollen sich keine nitrosen Gase entwickeln. Man läßt noch $^1/_4$ Stunde im Eis stehen, gießt in ein Zentrifugengläschen und zentrifugiert scharf ab. Es wird einige Male mit verd. Salzsäure gewaschen und mit einer Filterpapierrolle getrocknet. Aus diesem so erhaltenen Chlorhydrat erhält man die freie Base folgendermaßen:

Man versetzt das Chlorhydrat — am besten noch im Zentrifugengläschen — vorsichtig mit einer gesättigten Sodalösung, gießt in einen Scheidetrichter, spült das Zentrifugengläschen mit Äther aus und gibt 2 bis 3 ml Äther in den Scheidetrichter. Es wird ausgeschüttelt, bis sämtliches p-Nitrosodimethylanilin in Äther gelöst ist. Man gießt die smaragdgrüne Lösung in eine Kristallisierschale und engt am Wasserbad ein. Nitrosodimethylanilin kristallisiert in grünen Plättchen aus. Fp.: 80° C. Es kann auch aus Petroläther umkristallisiert werden.

Ausbeute: 1,2 g *Dauer:* $1^1/_4$ Stunden

Gruppennachweis s. S. 185.

4. p-Amino-dimethylanilin

p-Amino-dimethylanilin dient als Ausgangsprodukt für die Darstellung verschiedener Farbstoffe, z. B. Methylenblau, Bindschedlers Grün, Wurstersches Rot. Unter der Einwirkung von Oxydationsmittel in saurer Lösung entsteht das Chinon-di-imid.

Reagenzien: 1 g frisch dargestelltes, noch feuchtes p-Nitrosodimethylanilinchlorhydrat

2,5 g Zinn-II-chlorid Äther

3 ml Salzsäure, conc. Kaliumcarbonat, geglüht

3,75 g Natriumhydroxyd Eis

Geräte: 50-ml-Stehkolben, 25-ml-Becherglas, 2 Scheidetrichter, Vakuumdestillation, Abdampfschale.

In einem 50-ml-Stehkolben wird die angegebene Menge Zinn-II-chlorid in 3 ml Salzsäure gelöst. In diese Lösung trägt man unter Schütteln nach und nach 1 g p-Nitroso-dimethylanilinhydrochlorid ein, wobei man jedesmal so lange wartet, bis die vorher eingetragene Menge fast in Lösung gegangen ist. Durch Erwärmen im Wasserbad kann man die Reaktion beschleunigen. Die am Schluß hellgelbe Lösung wird in Eis gestellt, auch etwas Eis eingeworfen und mit einer erkalteten Lösung von 3,75 g Natriumhydroxyd in 7,5 ml Wasser versetzt. Die zuerst ausfallende Zinnsäure löst sich zum Großteil wieder. Ohne Rücksicht auf kleine Mengen ungelöster Zinnsäure äthert man dreimal aus, trocknet mit geglühter Pottasche und dampft in der Destillationsapparatur den Großteil des Äthers ab. Den Rückstand läßt man im Siederaum von Glaswolle aufsaugen und destilliert im Vakuum durch Erwärmen im Schwefelsäurebad bei 138° bis 140° C/12 mm, wobei die freie Base fast farblos übergeht. Sie erstarrt beim Abkühlen zu langen Nadeln. Fp.: 41° C.

Die freie Base ist sehr unbeständig und zersetzt sich an der Luft in kurzer Zeit unter Braunfärbung. Zur Aufbewahrung verwandelt man sie in das beständige salzsaure Salz. Das p-Amino-dimethylanilin wird in einer Abdampfschale mit einem kleinen Überschuß von Salzsäure (conc. Salzsäure mit Wasser 1 : 1 verd.) auf dem Wasserbad eingedampft und im Vakuumexsikkator über conc. Schwefelsäure und Kalilauge getrocknet.

Ausbeute: 0,45 g   *Dauer:* 2 Stunden

5. Methylenblau

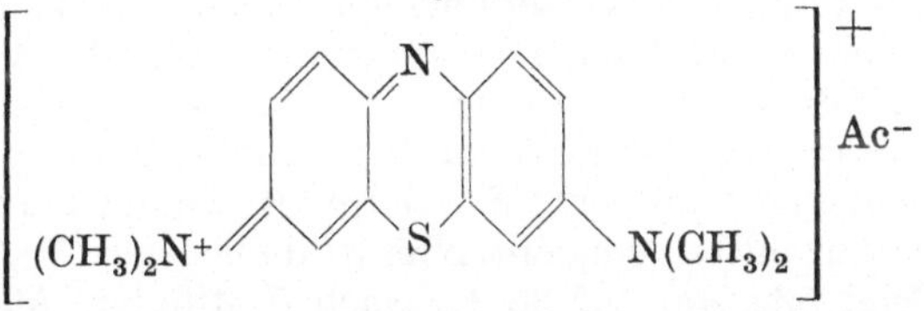

Methylenblau gehört zur Gruppe der Thiazinfarbstoffe. Der basische Farbstoff läßt sich durch Oxydation des p-Dimethylamino-anilins, wobei das Chinon-di-imid entsteht, unter Einwirkung von Schwefelwasserstoff darstellen.

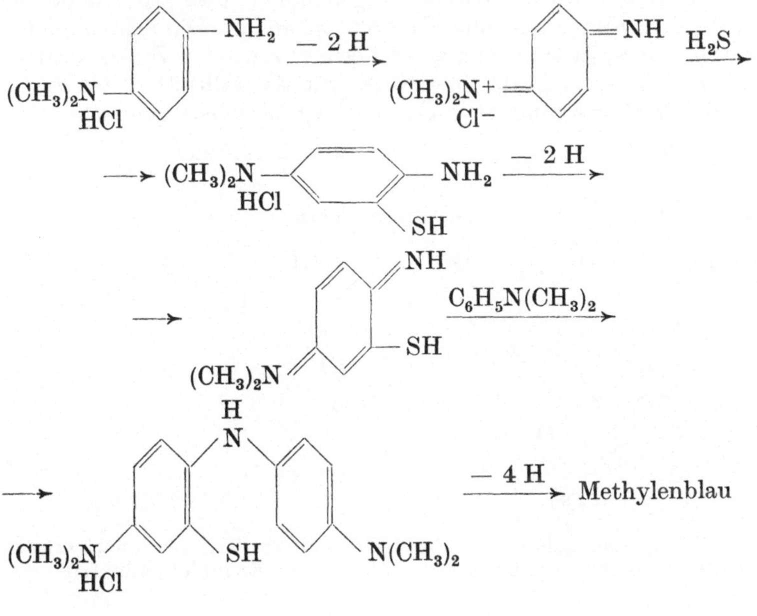

Reagenzien: 0,24 g p-Amino-dimethylanilin-hydrochlorid
0,38 g Natriumthiosulfat
0,15 g Dimethylanilin
0,88 g Zinkchlorid   Salzsäure, 1n
0,4 g Natriumdichromat   Salzsäure, conc.
0,3 g Aluminiumsulfat   Schwefelsäure, conc.

Geräte: 2 kurze Reagenzgläser, 6 kleine Glasbecher.

In einem kurzen Reagenzglas werden 0,24 g salzsaures p-Amino-dimethylanilin in 1,4 ml Wasser gelöst und mit 0,35 ml 1n-Salzsäure versetzt. Dazu gibt man eine Lösung von 0,88 g Zinkchlorid in 1,25 ml Wasser und unter Schütteln eine Lösung von 0,3 g Aluminiumsulfat in 0,5 ml Wasser und eine solche von 0,38 g Natriumthiosulfat in 0,5 ml Wasser. Unmittelbar darauf versetzt man mit einem Drittel einer Lösung von 0,4 g Natriumdichromat in 0,75 ml Wasser, erwärmt rasch auf 40° C und setzt 0,15 g Dimethylanilin gelöst in 0,2 ml conc. Salzsäure zu, worauf man den Rest des Oxydationsmittels eingießt. Nun wird rasch auf 70° C erwärmt, anschließend langsam auf 85° C. Nach 5 Minuten läßt man auf 50° C erkalten und bringt dann die anorganischen Fällungen mit 0,38 ml conc. Schwefelsäure in Lösung. Nach völligem Erkalten wird der rohe Farbstoff durch scharfes Zentrifugieren gewonnen, direkt in 5 bis 7 ml Wasser aufgenommen und $^1/_4$ Stunde im siedenden Wasserbad unter Rühren behandelt. Die zentrifugierte Lösung versetzt man mit einer Lösung von 0,5 g Zinkchlorid in 0,5 ml Wasser und läßt über Nacht zur Kristallisation stehen. Es wird scharf zentrifugiert und mit wenig Eiswasser gewaschen.

Ausbeute: 0,1 g   *Dauer:* 2 Stunden

6. Fluorescëin

Fluorescëin gehört zu den sogenannten Triphenylmethanfarbstoffen, und zwar zur Gruppe der Phthaleine. Es bildet gelbe Kristalle,

die sich in Alkali orange und mit starker, grüner Fluoreszenz lösen.
Die Farbe spricht für die chinoide Struktur und nicht für die Lakton-
formel.

Reagenzien: 0,75 g Phthalsäure-anhydrid
1,1 g Resorcin
0,4 g Zinkchlorid (muß unmittelbar vor der Reaktion
geschmolzen und noch heiß gepulvert werden)

Geräte: kleiner Porzellantiegel, Zentrifugengläschen, Ölbad,
Wasserbad.

Die eingewogenen Mengen Resorcin und Phthalsäureanhydrid
werden in einem kleinen Porzellantiegel im Ölbad auf 180° C
Innentemperatur gebracht und in die klare Schmelze 0,4 g entwässer-
tes Zinkchlorid gegeben. Nun wird unter ständigem Rühren die
Temperatur auf 210° C erhöht. Dabei wird die zuerst dünnflüssige
Schmelze zäh. Nach ungefähr 30 bis 40 Minuten nimmt man den
Tiegel aus dem Ölbad und verteilt die Schmelze, solange sie noch
zäh ist, über die ganze Innenfläche des Tiegels. Nach dem Erstarren
wird sie von der Tiegelwand mit einem Spatel abgekratzt und mit
einem scharfkantigen Glasstab im Tiegel gepulvert. Das gelbe
Pulver gibt man in ein Zentrifugengläschen, setzt 10 ml Wasser
und 0,5 ml conc. Salzsäure zu und erhitzt bis zum Sieden. Jetzt
wird zentrifugiert, dekantiert und zwei- bis dreimal mit Wasser
gewaschen, bis das Waschwasser nicht mehr sauer reagiert. Nach
dem Dekantieren preßt man die letzten Wasserreste mit einer
Filterpapierrolle ab und trocknet den Farbstoff im Wasserbad.

Ausbeute: 1,5 g   *Dauer:* 1½ Stunden

7. Eosin

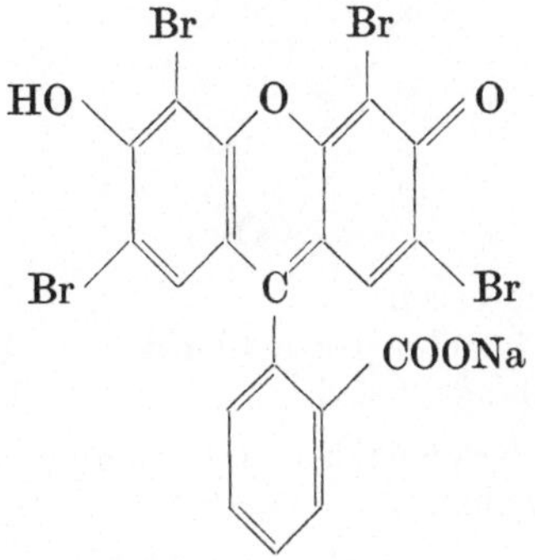

Eosin entsteht aus Fluorescëin, indem man vier Bromatome in
die o-Stellung einführt.

Reagenzien: 0,4 g Fluorescëin   0,3 ml ($= 0,9$ g) Brom
               2 ml Alkohol

Geräte: Zentrifugengläschen.

Die angegebene Menge Fluorescëin wird mit 2 ml Alkohol übergossen und unter Umschütteln 0,3 ml Brom aus einer kalibrierten Pipette zugetropft. Man läßt einige Minuten stehen, zentrifugiert und wäscht zwei- bis dreimal kurz mit Alkohol in der üblichen Weise. Nach dem Dekantieren werden die letzten Alkoholspuren mit einem Filterpapierstreifen abgesaugt. Man trocknet, indem man das Zentrifugengläschen in ein siedendes Wasserbad stellt.

Ausbeute: 0,55 g   *Dauer:* $^1/_4$ Stunde

Eosin-natrium

Durch Verreiben von Eosin mit entwässerter Soda, Anfeuchten des Gemisches mit wenig Alkohol, Zusatz von Wasser, Erhitzen im Wasserbad, bis die CO_2-Entwicklung zu Ende ist, stellt man das Eosin-natrium her. Die wässerige Lösung wird in überschüssigen Alkohol gegossen, zum Sieden erhitzt und heiß filtriert. Beim Erkalten scheidet sich nach längerem Stehen das Natriumsalz in mattglänzenden braunen Nadeln ab.

8. Dichlorfluorescëin

Reagenzien: 1 g Fluorescëin
            1,7 g Phosphorpentachlorid   Alkohol
            Natronlauge, verd.   Toluol

Geräte: kurzes Reagenzglas, 2 Bechergläser (25 und 50 ml), Reibschale.

Unter dem Abzug werden in einer kleinen Reibschale Fluorescëin und Phosphorpentachlorid möglichst rasch und innig vermischt. Die Mischung bringt man in ein kurzes Reagenzglas, erwärmt vorsichtig unter ständigem Rühren, bis die rote Masse zu sintern beginnt und unter Schäumen die Reaktion eintritt. Die entstandene dickflüssige Schmelze wird dann noch 1 Stunde auf 100° C erhitzt und schließlich vorsichtig tropfenweise und unter gutem Rühren mit Wasser versetzt, bis das überschüssige Phosphorpentachlorid verbraucht ist. Dann versetzt man mit mehr Wasser, erhitzt im siedenden Wasserbad, zentrifugiert heiß, gießt ab und behandelt den gelben Niederschlag noch einmal auf dieselbe Weise. Verbliebenes Fluorescëin wird dann durch Ausziehen mit verd. Natronlauge bei Zimmertemperatur entfernt. Dabei muß 5- bis 6mal gewaschen werden. Schließlich beseitigt man durch 3- bis 4maliges Auskochen mit Alkohol im Wasserbad die Nebenprodukte. Das so erhaltene Rohprodukt ist gelblichweiß. Es läßt sich im Wasserbad trocknen. Zur vollständigen Reinigung löst man in einem 25-ml-Becherglas heiß in Toluol, gießt vom ungelösten braunen Rückstand in ein 50-ml-Becherglas und versetzt mit dem 1- bis 2fachen Volumen Alkohol, wodurch das Dichlorfluorescëin alsbald beim Abkühlen in glänzenden, farblosen Kriställchen ausfällt. Der Kristallniederschlag wird aufgewirbelt und in ein Zentrifugenglas gegossen, zentrifugiert, die Mutterlauge abgegossen und auf diese Art weiter verfahren, bis sich alles Dichlorfluorescëin als farbloser Niederschlag im Zentrifugengläschen befindet.

Ausbeute: 0,2 bis 0,3 g   *Dauer:* 2 bis 3 Stunden

9. Phthalocyanin

Phthalocyanin wird als Lackfarbstoff verwendet. Es ist dem Grundgerüst des Blutfarbstoffes und des Chlorophylls analog. (Die Methinbrücken sind durch Stickstoff ersetzt.)

Reagenzien: 0,25 g Phthalsäureanhydrid
0,05 g Kupfer-II-chlorid
1,3 g Harnstoff
0,002 g Ammoniummolybdat (1 Mikrospatelspitze)
Salzsäure, verd., Natronlauge, verd.

Geräte: kurze Jenaer Eprouvette, Ölbad.

Ein Gemisch der oben angeführten Reagenzien wird im Ölbad $\frac{1}{2}$ Stunde lang bei 180° C Innentemperatur in einem kurzen Jenaer Reagenzgläschen erhitzt. Man läßt abkühlen, kocht mit verd. Salzsäure aus und zentrifugiert 2 bis 3 Minuten. Es wird dekantiert, der blaue Niederschlag mit verd. kalter Natronlauge aufgewirbelt und zentrifugiert. Nach dem Dekantieren wird mit verd. Salzsäure nochmals ausgekocht und dann mehrere Male mit Wasser in der üblichen Weise gewaschen. Nach dem Dekantieren werden die letzten Wasserreste mit einem Filterpapierstreifen abgesaugt. Der feuchte Farbstoff wird mit einem Spatel über die Innenfläche des Gefäßes verteilt, dieses mit einem durchbohrten Kork verschlossen und in heißes Wasser gestellt. Man schließt an die Wasserstrahlpumpe an und trocknet im Vakuum (Abb. 10). Nach 10 Minuten ist der Farbstoff getrocknet und kann leicht aus dem Gläschen entfernt werden.

Ausbeute: 0,2 g   *Dauer:* 1 bis 1½ Stunden

IX. Grignard-Reaktionen

Alkyl- und Arylhalogenide lösen bei Anwesenheit von absolutem Äther metallisches Magnesium auf und bilden metallorganische Verbindungen, sogenannte Grignardsche Verbindungen (R—Mg—Hal.).

Substanzen, die reaktionsfähigen Wasserstoff enthalten, zersetzen diese derart, daß der dem angewandten Halogenid entsprechende Kohlenwasserstoff entsteht.

Eine zweite, wichtige Eigenschaft ist die, daß sich das Grignardsche Reagens an ungesättigte Systeme ($=C=O$, $=C=N-$, $-C\equiv N$, $-N=O$) anlagert.

Wichtig für das Gelingen von Grignard-Reaktionen ist, daß der verwendete Äther völlig wasserfrei ist (Trocknen über Calciumchlorid genügt nicht!) und daß die verwendeten Gefäße und Reagenzien ebenfalls vollkommen trocken sind.

1. Benzhydrol

$$C_6H_5Br + Mg \longrightarrow C_6H_5MgBr$$

$$C_6H_5MgBr + C_6H_5 \cdot \underset{\underset{O}{\parallel}}{\overset{H}{\diagup}}C \longrightarrow C_6H_5 \cdot \underset{\underset{C_6H_5}{\mid}}{\overset{H}{\mid}}C \cdot OMgBr$$

$$C_6H_5 \cdot \underset{\underset{C_6H_5}{\mid}}{\overset{\overset{H}{\mid}}{}}C \cdot OMgBr \xrightarrow{\;H_2O\;} C_6H_5 \cdot \underset{\underset{C_6H_5}{\mid}}{\overset{\overset{H}{\mid}}{}}C \cdot OH + Mg\overset{\diagup OH}{\underset{\diagdown Br}{}}$$

Reagenzien: 0,15 g Magnesiumspäne
1 g Brombenzol, frisch dest.
0,8 g Benzaldehyd, frisch dest.
Äther, abs. (über Natrium getrocknet)
Jod
Eis
Salzsäure, conc. (1 : 1 verd.)
Natriumbisulfitlösung, $40^0/_0$ig
Sodalösung
Calciumchlorid

Geräte: kurze Jenaer Reagenzgläser, Scheidetrichter, Kugel-kühlrohr.

Bereitung des Grignardschen Reagens: In einer kurzen Jenaer Eprouvette werden 0,15 g Magnesiumspäne mit einer Mischung von 1 g Brombenzol und 3 ml abs. Äther versetzt. Um die Reaktion in Gang zu setzen, gibt man ein Körnchen Jod zu. Man verschließt mit Kork und aufgesetztem Kugelkühlrohr. Die Reaktion beginnt alsbald von selbst. Sollte das Sieden zu heftig werden, muß kurz unter der Wasserleitung oder durch Eintauchen in kaltes Wasser gekühlt werden. Nach 20 bis 30 Minuten ist der größte Teil des Magnesiums verbraucht. Es wird kurz in ein Schälchen mit warmem Wasser gehalten, um möglichst alles Magnesium umzu-setzen. Das fertige Reagens wird in kaltes Wasser gestellt.

Nun setzt man eine Mischung von 0,8 g Benzaldehyd und 0,5 ml abs. Äther zu, wobei man noch kühlt, und erhitzt 15 Minuten im Wasserbad. Das Gefäß wird jetzt in Eis gestellt, das Kugel-kühlrohr abgenommen und einige Stückchen Eis (1 bis 1,5 g) in die Lösung gegeben. Zum Zersetzen des Magnesiumhydroxyds gibt man 2 ml Salzsäure zu. Es wird in einen Scheidetrichter gegossen, das Gläschen mit einigen ml Äther ausgespült und gut ausgeschüttelt. Sollte die Ätherlösung nach Benzaldehyd riechen, wird mit einigen ml Bisulfitlösung ausgeschüttelt, dann zur Entfernung des Schwefeldioxyds mit einer Sodalösung versetzt und die ätherische Lösung mit Calciumchlorid getrocknet. Durch den Trichterhals wird in eine kurze Eprouvette umgegossen, der Scheidetrichter mit wenig Äther ausgespült. Das Gefäß wird nun in warmes Wasser gestellt. Nach dem Verdampfen des Äthers erhält man das Benzhydrol als bald erstarrendes Öl. Es wird aus Ligroin oder wenig Alkohol umkristallisiert. Fp.: 68° C.

Ausbeute: 0,6 g   *Dauer:* $1\frac{1}{2}$ Stunden

2. Triphenylcarbinol

$$C_6H_5MgBr + C_6H_5CO \cdot OC_2H_5 \longrightarrow \underset{\underset{OC_2H_5}{|}}{\overset{\overset{C_6H_5}{|}}{C_6H_5 \cdot C \cdot OMgBr}}$$

$$\underset{\underset{OC_2H_5}{|}}{\overset{\overset{C_6H_5}{|}}{C_6H_5 \cdot C \cdot OMgBr}} \xrightarrow{C_6H_5MgBr} \underset{\underset{C_6H_5}{|}}{\overset{\overset{C_6H_5}{|}}{C_6H_5 \cdot C \cdot OMgBr}} + C_2H_5OMgBr$$

$$(C_6H_5)_3 \cdot COMgBr \xrightarrow{H_2O} (C_6H_5)_3 \cdot C \cdot (OH) + Mg(OH)Br$$

Bei Grignard-Reaktionen mit Estern wird das erste Mol der Grignard-Verbindung wie üblich an die $C = O$-Bindung angelagert. Das entstandene Produkt setzt sich aber noch mit einem zweiten Mol Grignard um. Beim Zersetzen mit Wasser erhält man schließlich einen tertiären Alkohol.

Reagenzien: 0,15 g Magnesiumspäne
                1,0 g Brombenzol, frisch dest.
                0,4 g Benzoesäureäthylester
                Äther, abs. (über Na getrocknet)
                Salzsäure, conc. (1 : 1 verd.)
                Calciumchlorid
                Eis

Geräte: kurze Reagenzgläschen, Scheidetrichter, Kugelkühlrohr.

Das Grignardsche Reagens wird in der beim Benzhydrol beschriebenen Weise dargestellt.

Zum eisgekühlten Reagens wird eine Mischung von 0,4 g Benzoesäureäthylester und 0,5 ml abs. Äther zugegeben, wobei man noch kühlt, und dann 10 Minuten im Wasserbad erhitzt. Die weitere Aufarbeitung erfolgt in der beim Benzhydrol beschriebenen Weise. Der nach dem Abdunsten des Äthers zurückbleibende feste Rückstand wird aus wenig Benzol umkristallisiert. Fp.: 162°C.

Ausbeute: 0,3 g　　　　　　　　*Dauer:* 1½ Stunden

3. Acetophenon

$$\text{C}_6\text{H}_5 - \text{CO} - \text{CH}_3$$

Reagenzien: 2 g Brombenzol　　　　10 ml Schwefelsäure, verd.
　　　　　　0,3 g Magnesiumspäne　2 g Natriumsulfat, wasserfrei
　　　　　　30 ml Äther　　　　　　0,5 g Acetonitril

Geräte:　　10-ml-Rundkolben mit Rückflußkühler und Chlorcalciumrohr, 50-ml-Stehkolben, Scheidetrichter, Fraktionierkölbchen mit Thermometer.

In ein Kölbchen mit aufgesetztem Rückflußkühler und Chlorcalciumrohr werden 0,3 g Magnesiumspäne eingebracht und mit einer Lösung von 2 g Brombenzol in 5 ml wasserfreiem Äther versetzt. Durch Animpfen mit einem Kriställchen Jod und leichtes Erwärmen im Wasserbad wird die Reaktion in Gang gebracht. Sobald nahezu das ganze Magnesium aufgelöst ist, wird noch einige Minuten im Wasserbad erwärmt. Nun gießt man dazu 0,5 g Acetonitril in 3 ml Äther gelöst und erwärmt unter Rückflußkühlung 30 Minuten im Wasserbad. Die erkaltete Mischung wird in zirka 30 ml kaltes Wasser gegossen, mit 10 ml verd. Schwefelsäure versetzt und 15 Minuten am Wasserbad erhitzt. Nach dem Abkühlen wird mit Äther ausgeschüttelt, der Äther mit Natriumsulfat getrocknet und nach dem Abfiltrieren abgedunstet. Der Rückstand wird in einem Fraktionierkölbchen destilliert. Kp.: 201°C.

Ausbeute: 0,6 g　　　　　　　　*Dauer:* 2½ Stunden

X. Friedel-Craftsche-Reaktionen

Die Friedel-Craftsche Synthese ist die wichtigste zur Darstellung rein aromatischer und gemischt fettaromatischer Ketone.

Aromatische Kohlenwasserstoffe geben mit Säurechloriden bei Gegenwart von wasserfreiem Aluminiumchlorid, das als Katalysator wirkt, unter Freiwerden von Salzsäure Ketone.

Voraussetzung für das Gelingen einer Synthese dieser Art ist vollkommen wasserfreies Aluminiumchlorid. Sämtliche Gefäße und Reagenzien müssen ebenfalls völlig trocken sein!

1. Benzophenon

$$C_6H_6 + C_6H_5 \cdot C \overset{O}{\underset{Cl}{\diagdown}} \xrightarrow{AlCl_3} C_6H_5 \cdot CO \cdot C_6H_5 + HCl$$

Reagenzien: 4 ml Benzol   Salzsäure, conc.
0,9 g Benzoylchlorid   Natronlauge, verd.
0,9 g Aluminiumchlorid Calciumchlorid
Eiswasser

Geräte: 50-ml-Kölbchen, Kugelkühlrohr, Destillationsrohr, Wasserdampfdestillation, Scheidetrichter, kurzes Jenaer Reagenzglas.

In einem 50-ml-Kölbchen werden die angegebenen Mengen Benzol und Benzoylchlorid vermischt. Dann gibt man 0,9 g Aluminiumchlorid (dieses wird unmittelbar vorher in einer verschlossenen Eprouvette abgewogen) unter Umschütteln hinzu. Nun setzt man das Kugelkühlrohr auf und erwärmt den Kolben in Wasser von 50° C, bis keine Salzsäure mehr entweicht, was nach $^1/_4$ Stunde der Fall ist. Sodann setzt man das Destillationsrohr auf und destilliert das nicht in Reaktion getretene Benzol im siedenden Wasserbad ab. Der Rückstand — von tiefbrauner Farbe — wird mit 10 ml Wasser von 0° C, in welchem noch einige Eisstückchen sind, versetzt. Dann gibt man vorsichtig 0,5 ml conc. Salzsäure zu und führt eine Wasserdampfdestillation durch, bis ein klares Kondensat übergeht. Der Kolben, in welchem sich ein Rückstand befindet, wird unter der Wasserleitung gekühlt und möglichst wenig Äther zugegeben. Man gießt in einen Scheidetrichter um, spült wenig mit Äther nach und schüttelt unter gleichzeitiger Außenkühlung gut durch. Die wässerige Schicht wird abgelassen und die ätherische Lösung ohne Berücksichtigung des festen Rückstandes mit verd. Natronlauge ausgeschüttelt. Das Ausschütteln mit verd. Natronlauge wird wiederholt. Man trocknet den Äther mit einigen Körnchen Calciumchlorid und gießt ihn portionsweise in eine kurze Eprouvette, die sich in heißem Wasser befindet, in dem Maße, wie der Äther verdunstet.

Es ist zweckmäßig, in die Eprouvette eine Siedekapillare zu stellen. Der Rückstand wird aus Ligroin, Alkohol oder Äther umkristallisiert. Fp.: 48° C, Kp.: 297° C.

Ausbeute: 0,8 g   *Dauer:* 1½ bis 2 Stunden

Benzophenon läßt sich mit der Carbonylreaktion nach S. 173 *nicht* nachweisen.

2. Benzophenonoxim

Reagenzien: 0,8 g Benzophenon (s. S. 132)
0,6 g Hydroxylaminchlorhydrat
Kaliumhydroxyd
Alkohol
Schwefelsäure, verd.

Geräte: Kurze Reagenzgläser.

0,8 g Benzophenon werden in 5 ml Alkohol gelöst. Diese Lösung wird mit einer erkalteten Lösung von 0,6 g Hydroxylaminchlorhydrat in 1,2 ml Wasser und einer weiteren von 1 g Kalilauge in 1 ml Wasser versetzt und etwa $1/_4$ Stunde im Wasserbad erhitzt. Hierauf gießt man in 10 ml Wasser, wobei bereits ein Teil des Oxims ausfällt. Durch Ansäuern mit verd. Schwefelsäure vervollständigt man die Fällung. Man kristallisiert aus Alkohol um. Fp.: 140° C.

Ausbeute: 0,8 g   *Dauer:* 1 Stunde

Nachweis der Gruppe $>$C $=$ N $\cdot$ OH vgl. S. 184.

3. Benzanilid

(Beckmannsche Umlagerung)

Die Beckmannsche Umlagerung verläuft unter dem katalytischen Einfluß von Phosphorpentachlorid. Dabei wird eine energiereichere Verbindung in ihr stabiles Isomeres umgelagert, im vorliegenden Beispiel erfolgt ein Stellungswechsel des Phenylrestes und der Hydroxylgruppe.

Reagenzien: 0,8 g Benzophenonoxim (s. S. 133)
1,2 g Phosphorpentachlorid
Äther

Geräte: Kurze Reagenzgläser.

Das Oxim wird in wenig wasser- und alkoholfreiem Äther in der Kälte gelöst und allmählich mit 1,2 g Phosphorpentachlorid versetzt. Dann destilliert man den Äther ab, versetzt den Rückstand unter Kühlung mit Wasser und kristallisiert den abgeschiedenen Niederschlag nach dem Zentrifugieren aus Alkohol um. Fp.: 163° C.

Ausbeute: 0,6 g   *Dauer:* ½ Stunde

4. p-Bromacetophenon[*1]

$$Br - \langle\!\!\!\bigcirc\!\!\!\rangle - COCH_3$$

Reagenzien: 3,9 g Brombenzol   Benzol
7,5 g Aluminiumchlorid   Salzsäure
10 ml Schwefelkohlenstoff   Natronlauge, 10%ig
Calciumchlorid   Eis
2,04 g Essigsäureanhydrid

Geräte: Rückflußkühler, Rundkölbchen, Kugelkühler.

3,9 g Brombenzol werden in 10 ml trockenem Schwefelkohlenstoff gelöst (wenn die Lösung nicht klar ist, so trocknet man mit Calciumchlorid und filtriert, bevor das Aluminiumchlorid hinzugegeben wird) und 7,5 g Aluminiumchlorid zugegeben. Man erhitzt auf dem Wasserbad, bis der Rückfluß beginnt, und setzt dann tropfenweise 2,04 g Essigsäureanhydrid zu (Kp.: 136° C). Der Rückfluß wird währenddessen und noch 15 Minuten nachher beibehalten (HCl-Entwicklung). Der Schwefelkohlenstoff wird im Wasserbad wegdestilliert. Man läßt etwas auskühlen und schüttet unter Rühren auf Eis und Salzsäure. Es wird zweimal mit je 60 ml Benzol extrahiert, die Extrakte mit Wasser, dann mit

---

[1] Org. Synth., Coll. Vol. I.

10%iger Natronlauge und wieder mit Wasser gewaschen, bis die benzolische Lösung farblos ist (4mal). Dann wird über Calciumchlorid getrocknet, filtriert und das Lösungsmittel im Wasserbad abdestilliert.

Der Rückstand wird im Vakuum destilliert. Nach einem Temperatursprung geht bei 120° bis 125° C/12 mm eine wasserklare Flüssigkeit über. Fp.: 49° bis 50,5° C.

Ausbeute: 1,5 g   *Dauer:* 3 Stunden

5. Acetovanillon[*1]

(Acetoguajacon)

$$\text{(OCH}_3\text{)}\text{(OCOCH}_3\text{)} \xrightarrow{\text{AlCl}_3} \text{(H}_3\text{CO)(HO)}\text{(COCH}_3\text{)}$$

Reagenzien: 1,1 g Guajacolacetat (s. S. 138)
5 g Nitrobenzol, frisch dest.
1,5 g Aluminiumchlorid
Eis   Salzsäure, conc.
Kalilauge, 10%ig   Benzol

Geräte: Kurzes Reagenzglas, 2 Scheidetrichter, kleines Becherglas, Vakuumdestillationsapparatur.

Guajacolacetat und Nitrobenzol werden in einem kurzen Reagenzglas mit der angegebenen Menge Aluminiumchlorid vermischt und unter stetem Rühren 1 Stunde in Eis stehen gelassen. Dann entfernt man die Kühlung, läßt ½ Stunde bei Zimmertemperatur stehen und erhitzt anschließend noch ½ Stunde im Wasserbad. Nach dem Abkühlen spült man das rotbraune Reaktionsprodukt mit salzsäurehaltigem Eiswasser in einen Scheidetrichter und hebert das Nitrobenzol ab. Die wässerige Schicht wird mit Benzol ausgeschüttelt und das Benzol mit dem Nitrobenzol vereinigt. Man schüttelt nun in einem anderen Scheidetrichter mit 10%iger Kalilauge so lange, bis diese nur mehr hellgelb gefärbt ist. Die vereinigten alkalischen Auszüge werden mit conc. Salzsäure angesäuert und über Nacht stehengelassen. Die ausgeschiedenen braunen Kristalle, sowie die braune breiige Masse, die sich ebenfalls abgeschieden hat, werden im Vakuum destilliert.

---

[1] Chem. Zbl. **1937**, I, 1931.

Nach einem Vorlauf scheidet sich Acetovanillon als farbloser, kristallartiger Beschlag ab. Fp.: 115° C.

Ausbeute: 0,15 g   *Dauer:* 36 Stunden

6. Triphenylchlormethan[1]

$$3\,C_6H_6 + CCl_4 \xrightarrow{AlCl_3} \begin{array}{c} C_6H_5 \\ C_6H_5 \\ C_5H_5 \end{array}\!\!\!\!C\!-\!Cl + 3\,HCl$$

Reagenzien: 3 g Aluminiumchlorid   Eis
               4 g Tetrachlorkohlenstoff   Leichtbenzin
               Benzol   Petroläther, Äther
               Salzsäure, conc.   Calciumchlorid

Geräte: 50-ml-Kölbchen, Scheidetrichter, Rückflußkühler.

In einem 50-ml-Kölbchen werden 3 g Aluminiumchlorid nach und nach in eine Mischung von 4 g getrocknetem Tetrachlorkohlenstoff und 10 g ($\approx 11{,}5$ ml) Benzol eingetragen. Durch Kühlung unter der Wasserleitung läßt man die Reaktion nicht zu heftig werden. Nach Abklingen der Hauptreaktion wird noch 20 Minuten mit aufgesetztem Rückflußkühler am Wasserbad gekocht. Das kalte, braungefärbte Reaktionsgemisch wird unter stetem Umschütteln in einen Scheidetrichter auf ein Gemisch von 10 g Eis und 12 ml conc. Salzsäure gegossen. Sollte das Eis wegschmelzen, ergänzt man die Eis-Salzsäure-Mischung. Nach Zugabe von etwas Benzol trennt man die beiden Schichten, trocknet die Benzolschicht mit Calciumchlorid und dampft das Benzol am Wasserbad so weit als möglich ab. Man versetzt mit dem gleichen Volumteil Äther, digeriert und läßt einige Stunden im Eiskasten stehen. Dann wird zentrifugiert und mit wenig eiskaltem Äther gewaschen.

Zur Reinigung löst man das gelbe Produkt in wenig warmem Benzol, gibt die vierfache Menge Leichtbenzin zu und läßt auskristallisieren. Man zentrifugiert und wäscht mit Petroläther. Das Präparat ist gegen Feuchtigkeit empfindlich. Fp.: 111° bis 112° C (108° bis 112° C).

Ausbeute: 3,6 g   *Dauer:* 24 Stunden

---

[1] Ber. dtsch. chem. Ges. **33**, 3147 (1900).

7. Chinizarin

Oft kann man bei der Friedel-Craftschen Reaktion an Stelle des
Säurechlorids das Säureanhydrid verwenden. Die conc. Schwefelsäure
leistet hier dasselbe wie das Aluminiumchlorid.

Reagenzien: 0,25 g Hydrochinon   2,5 ml Schwefelsäure, conc.
1 g Phthalsäureanhydrid   0,25 g Borsäure

Geräte: Kurzes Jenaer Reagenzglas, 2 Zentrifugengläser,
Saugflasche, Nutsche, Porzellanschale, Ölbad.

Die Mischung von Hydrochinon, Phthalsäureanhydrid, Schwefelsäure und Borsäure wird in einer kurzen Eprouvette im Ölbad
½ Stunde auf 150° bis 160° C erhitzt. Dann steigert man auf
190° bis 200° C und läßt das Reagenzglas noch 10 Minuten bei
dieser Temperatur im Ölbad. Die heiße Lösung gießt man
unter Umrühren in 10 ml Wasser, das sich in einer Porzellanschale
befindet. Man erhitzt bis zum Sieden und saugt noch heiß auf
einer kleinen Nutsche ab. Dieses Auskochen wird wiederholt.
Dann kocht man den Rückstand mit 8 ml Eisessig auf, saugt heiß
ab und versetzt das noch heiße Filtrat mit dem gleichen Volumen
heißen Wassers. Beim Erkalten scheidet sich rohes Chinizarin ab,
welches man mehrfach mit Wasser wäscht und aus heißem Eisessig umkristallisiert. Um besonders schöne Kristalle zu erhalten,
kann man aus Toluol oder Xylol umkristallisieren. Auch durch Sublimation kann das Chinizarin gereinigt werden. Fp.: 194° bis 195° C.

Ausbeute: 0,1 g   *Dauer:* 2 Stunden

8. 2,4-Dihydroxyacetophenon

$$HO-\underset{OH}{\underline{\bigcirc}}\;+\;NC-CH_3\;\xrightarrow{\;\frac{ZnCl_2}{HCl}\;}$$

$$\longrightarrow\;HO-\underset{OH}{\underline{\bigcirc}}-\underset{\underset{NH\cdot HCl}{\parallel}}{C}-CH_3\;\longrightarrow\;HO-\underset{OH}{\underline{\bigcirc}}-CO-CH_3$$

Reagenzien: 0,3 g Resorcin   0,1 g Zinkchlorid, wasserfrei
0,15 g Acetonitril   Eis
abs. Äther

Geräte: Scheidetrichter, Chlorwasserstoff-Entwicklungs-
apparatur, kurze Reagenzgläser.

Die angegebenen Mengen Resorcin und Acetonitril werden in
2 ml abs. Äther in einem Scheidetrichter gelöst und mit 0,1 g
wasserfreiem Zinkchlorid versetzt. Dann sättigt man unter Eiskühlung mit HCl-Glas, läßt einige Stunden stehen, fügt zu dem
breiigen Inhalt unter Eiskühlung 2 ml Eiswasser und trennt nach
Zugabe von etwas Äther die Ätherschicht ab. Die wässerige Lösung
des Ketiminsalzes wird durch $^1/_4$stündiges Kochen gespalten.
Das nach dem Erkalten auskristallisierte Produkt wird abzentrifugiert und aus Alkohol umkristallisiert. Fp.: 145° C.

Ausbeute: 0,15 g   *Dauer:* 6 bis 8 Stunden

9. Guajacol-acetat*[1]

$$\underset{\bigcirc}{\overset{OCH_3}{\bigcirc}}-O-CO\cdot CH_3$$

Reagenzien: 2,5 g Guajacol (2,12 ml)
2,3 g Essigsäureanhydrid, frisch dest.
Soda
Natriumsulfat, wasserfrei
Schwefelsäure, conc.
Äther

---

[1] Jour. Am. Chem. Soc. **56,** 2107 (1934).

Geräte: Kurzes Reagenzglas, Scheidetrichter, Vakuumdestillationsapparatur.

Die angegebenen Mengen Guajacol und Essigsäureanhydrid
werden in einer Eprouvette gemischt und mit einem Tropfen
conc. Schwefelsäure versetzt. Das Gemisch erwärmt sich. Unter
Rühren wird dann 1 Stunde im Wasserbad erhitzt. Hierauf kühlt
man ab und gießt in einen Scheidetrichter, in dem sich 7 ml
Wasser befinden. Die Lösung wird vorsichtig mit Soda neutralisiert, mit Äther durchgeschüttelt und nach dem Ablassen der
wässerigen Schicht mit Natriumsulfat getrocknet. Nach dem
Abdunsten des Äthers wird im Vakuum destilliert. Das Guajacolacetat geht bei 120° bis 121° C/11 mm Hg über.

Ausbeute: 2,3 g   *Dauer:* 2 Stunden

XI. Heterocyclen

1. Collidin

Die glatt verlaufende Synthese des Pyridinringes aus Acetessigester, Aldehyden und Ammoniak kommt so zustande, daß zuerst die
Aldehyde mit Acetessigester unter Bildung von Alkyliden-bis-Acet-
essigestern reagieren und daß sich dann die 1,5-Diketonderivate mit
1 Molekül Ammoniak unter Abspaltung von 2 Molekülen Wasser zu
einem Ring schließen (Synthese nach HANTZSCH).

Reagenzien: 3,3 g Acetessigester   Natriumcarbonat
             1 g Acetaldehyd-Ammoniak*   Kaliumcarbonat
             Salzsäure, 2 n   Kaliumhydroxyd
             Alkohol, abs.   Calciumhydroxyd
             Äther   Eis

Geräte: Scheidetrichter, Gasentwicklungsapparat, kleines
             Bombenrohr, kurze Reagenzgläser, Reibschale, Rück-
             flußkühlrohr, 50-ml-Kölbchen, Vakuumdestillations-
             apparat.

* Das Präparat, das zwar im Handel erhältlich, aber sehr teuer
ist, kann ohne besondere Schwierigkeiten aus Acetaldehyd hergestellt werden. Man löst etwa 3 g reinen Acetaldehyd in 10 ml
absolutem, stark gekühltem Äther, stellt die Lösung in eine Kältemischung und leitet unter Verwendung eines weiten Glasröhrchens
langsam etwa 2 l trockenes Ammoniakgas ein. Aldehydammoniak
scheidet sich allmählich kristallinisch ab. Die Reaktion ist dann
beendet, wenn nach längerem Stehen eine abgegossene Probe bei
weiterem Einleiten von Ammoniak keine Fällung gibt. Das kristallinische Produkt wird auf eine Nutsche abgesaugt, mehrmals mit
trockenem Äther gewaschen und dann in einem nicht evakuierten
Schwefelsäure-Exsikkator getrocknet. Das trockene Präparat hält
sich längere Zeit. Unreine Präparate zersetzen sich bald unter Braunfärbung.

Dihydrocollidin-dicarbonsäureester

Eine Mischung von 3,3 g Acetessigester und 1 g Aldehydammoniak wird in einem kleinen Reagenzglas 2 Minuten auf 100°
bis 110° C erwärmt, dann das doppelte Volumen 2n-Salzsäure
zugefügt und so lange gerührt, bis die Masse erstarrt. Das Reagenzglas wird zerschlagen und die Masse fein gepulvert und getrocknet.
Das Rohprodukt wird weiterverarbeitet.

Collidin-dicarbonsäureester

In die gekühlte Mischung des Esters mit Alkohol (1:1) leitet
man so lange nitrose Gase ein, bis Lösung eintritt. (Die nitrosen
Gase stellt man durch Einwirkung von conc. Salpetersäure auf
Arsentrioxydpulver her.) Die Lösung wird in einem Scheidetrichter auf 15 g Eis gegossen, die Säure mit Soda abgestumpft
und ausgeäthert. (Vorsicht! CO_2-Entwicklung!) Die ätherische

Lösung wäscht man zur Entfernung des Alkohols mit Wasser und trocknet mit Kaliumcarbonat. Nach dem Abdunsten des Äthers wird im Vakuum destilliert.

Collidin-dicarbonsaures Kalium

3 g Kaliumhydroxyd werden durch Kochen unter Rückfluß in einem 50-ml-Kölbchen in 10 ml abs. Alkohol aufgelöst, der Ester zugesetzt und 2 Stunden im Wasserbad gekocht. Nach Beendigung der Verseifung wird das erkaltete Reaktionsgemisch zentrifugiert und der Niederschlag mit Alkohol und Äther gewaschen.

Collidin

Das gewonnene Salz wird mit der doppelten Menge Calciumhydroxyd gut gemischt und in ein Bombenrohr von etwa 10 cm Länge und 10 mm Durchmesser eingefüllt. Das Rohr wird an der Öffnung auf die Hälfte seines Durchmessers verjüngt und dieser Teil abgebogen. Man legt nun das Bombenrohr auf ein Asbestnetz und führt den schräg abwärts zeigenden Teil in ein kurzes Reagenzglas. Es wird mit einer kontinuierlich stärker werdenden Flamme erhitzt. Vorher überzeuge man sich, daß über dem Gemisch ein kleiner „Gang" frei ist. Das übergegangene Collidin wird in Äther aufgenommen, mit Kaliumhydroxyd getrocknet und nach Abdunsten des Äthers destilliert. Kp.: 171° C.

Ausbeute: 0,25 g   *Dauer:* 8 Stunden

2. Chinolin

(I) 1,2-Dihydrochinolin   (II) Chinolin

Die SKRAUPsche Synthese erfolgt unter Wasserabspaltung. Es bildet sich aus Glycerin Acrolein, das mit dem Anilin zu einem Azomethin zusammentreten kann, wahrscheinlicher aber die Base an der C = C-Bindung aufnimmt. Es wird ein Dihydrochinolin (I) gebildet, woraus dann das Chinolin (II) entsteht, indem durch Nitrobenzol zwei H-Atome gebunden werden.

Reagenzien: 1 ml Schwefelsäure, conc.   Salzsäure, 2 n
        0,5 g Nitrobenzol   Natronlauge, conc.
        0,8 g Anilin   Salzsäure (1,2 ml conc.
        2,5 g Glycerin, wasserfrei   + 5 ml Wasser)
        0,75 g Zinkchlorid   Kaliumhydroxyd, fest

Geräte: 2 50-ml-Kölbchen, Scheidetrichter, 2 kurze Jenaer Reagenzgläser, Wasserdampfdestillation, Sandbad.

In einem 50-ml-Kölbchen wird das Gemisch von Nitrobenzol, Anilin und Glycerin mit der Schwefelsäure unter Umschütteln versetzt. Man erwärmt vorsichtig über einer kleingestellten Bunsenbrennerflamme, bis die Reaktion eintritt, die bisweilen sehr heftig wird. Wenn die Hauptreaktion abgeklungen ist, erhitzt man noch ½ Stunde mit aufgesetztem Kühlrohr im Sandbad zum Sieden. Dann verdünnt man mit wenig Wasser und treibt aus der sauer reagierenden Flüssigkeit das nicht in Reaktion getretene Nitrobenzol mit Wasserdampf ab. Der im Kölbchen verbliebene Rückstand wird mit conc. Natronlauge alkalisch gemacht und das so in Freiheit gesetzte Chinolin sowie unverändertes Anilin mit Wasserdampf überdestilliert. Das im Scheidetrichter, welcher als Vorlage verwendet wurde, befindliche Destillat wird mit Äther ausgeschüttelt, die ätherische Lösung in eine kurze Eprouvette gegossen und der Äther abgedunstet. Die zurückbleibenden rohen Basen werden in verd. Salzsäure angegebener Konzentration gelöst. Zu der klaren, warmen Lösung gibt man eine Lösung von 0,75 g Zinkchlorid in 1,25 ml 2 n-Salzsäure. Nach dem Erkalten kristallisiert ein Chinolindoppelsalz aus, das zentrifugiert und mit 2 n-Salzsäure gewaschen wird. Sodann zersetzt man dieses Doppelsalz mit starker Natronlauge, gießt in ein 50-ml-Kölbchen, spült das Reagenzgläschen mit wenig Natronlauge aus und führt abermals eine Wasserdampfdestillation durch. Man äthert das Destillat aus, trocknet die im Scheidetrichter befindliche ätherische Lösung mit festem Kaliumhydroxyd und destilliert nach dem Verdampfen des Äthers das Chinolin, das bei 237° C siedet, ab.

Ausbeute: 0,4 bis 0,5 g   *Dauer:* 2½ Stunden

3. Indigo

Die hier angeführte Indigosynthese nach A. BAEYER wurde von ihm bei der Konstitutionsermittlung dieses Farbstoffes gefunden. Dabei wird in alkalischer Lösung o-Nitrobenzaldehyd mit Aceton kondensiert. Es dürfte das o-Nitrophenylketon (I) und daraus vielleicht über das o-Nitrostyrol (II) das Indolon(III) entstehen, das, weil es nicht beständig ist, mit einem zweiten Mol den Farbstoff bildet.

Reagenzien: 0,5 g o-Nitrobenzaldehyd
1,5 ml Aceton
Natronlauge, 1n

Geräte: eine kurze Jenaer Eprouvette

Der o-Nitrobenzaldehyd wird in der angegebenen Menge Aceton gelöst und mit 1 bis 1,5 ml Wasser versetzt. Zur klaren Lösung gibt man tropfenweise 1n-Natronlauge. Die Mischung erwärmt sich dabei und wird dunkelbraun. Nach kurzer Zeit fällt der Farbstoff kristallinisch aus. Man zentrifugiert und wäscht mit Alkohol und Äther. Nach dem Dekantieren wird mit einem Filterpapierstab abgepreßt und so der Farbstoff erhalten, der sich durch besondere Reinheit und einen schönen rotvioletten Oberflächenglanz auszeichnet.

Ausbeute: 0,13 g   *Dauer:* 1 Stunde

4. Isatin[1]

$$CCl_3CH(OH)_2 + NH_2OH \cdot HCl \longrightarrow \qquad\qquad (I)$$

$$\longrightarrow CCl_3CH = NOH + HCl + H_2O \qquad\qquad (II)$$

$$CCl_3CH = NOH + C_6H_5NH_2 \xrightarrow{H_2O} C_6H_5NHCOCH = NOH + 3\,HCl$$
$$(III)$$

Chloralhydrat (I) gibt mit Hydroxylamin das Chloraloxim (II), das mit Anilin zu Isonitroso-acetanilid (III) kondensiert. Unter der Wirkung der conc. Schwefelsäure erfolgt der Ringschluß. Es bildet sich das β-Imid des Isatins (IV), das durch Hydrolyse zu Isatin umgewandelt wird (V).

Reagenzien: 0,9 g Chloralhydrat   Salzsäure (D = 1,19)
              13 g Natriumsulfat, krist.   Schwefelsäure, conc.
              0,47 g Anilin   Natronlauge
              1,1 g Hydroxylamin-   Salzsäure, verd. (1:2)
              hydrochlorid

Geräte: 50-ml-Stehkölbchen, 2 Zentrifugengläser, kurzes Reagenzglas, 50-ml-Becherglas.

a) Isonitroso-acetanilid (III)

In einem 50-ml-Stehkölbchen werden 0,9 g Chloralhydrat (I) in 12 ml Wasser gelöst und 13 g kristallisiertes Natriumsulfat eingetragen; dazu kommt eine Lösung von 0,47 g Anilin in 3 ml Wasser und 0,43 ml conc. Salzsäure (D = 1,19). Schließlich setzt man noch 1,1 g Hydroxylaminhydrochlorid, gelöst in 5 ml Wasser zu und erhitzt das Ganze auf dem Drahtnetz in 10 bis 15 Minuten zum Sieden. Nach 1 bis 2 Minuten Sieden kühlt man unter fließendem Wasser, gießt in ein Zentrifugenglas und zentrifugiert. Der Niederschlag, welcher aus Isonitroso-acetanilid und viel mitgefallenem Glaubersalz besteht, wird durch Waschen mit kaltem Wasser von Natriumsulfat befreit und im Vakuum bei 80° bis 100° C getrocknet.

Ausbeute: 0,6 g

---

[1] Org. Synth., Coll. Vol. I.

b) Isatin (V)

In einem kurzen Reagenzglas trägt man in 2,6 ml conc. Schwe
felsäure nach und nach 0,6 g trockenes Isonitroso-acetanilid ei
und achtet darauf, daß die Temperatur nicht über 60° bis 70° (
steigt. Hat man alles zugegeben, so erwärmt man noch 10 Minute
auf 80° C, kühlt auf Zimmertemperatur ab und gießt dann in ei
Becherglas auf das 10- bis 12fache Volumen zerstoßenen Eise
Nach ½ Stunde gießt man in ein Zentrifugenglas, zentrifugier
scharf ab und wäscht dreimal mit kaltem Wasser. Ausbeute
0,35 g Rohprodukt.

Reinigung: 0,3 g Rohprodukt werden in 1,5 ml Wasser sus
pendiert und mit einer Lösung von 0,13 g Natronlauge in 0,3 m
Wasser geschüttelt, bis sich alles gelöst hat. Unter Schütteln wir
nun tropfenweise eine Mischung von 1 Volumen conc. Salzsäure mi
2 Volumen Wasser bis zur beginnenden Niederschlagsbildun
zugesetzt, wozu etwa 0,45 ml Säure verbraucht werden. Zur Ent
fernung der Verunreinigungen gießt man die reine Isatinlösung i
ein Filterröhrchen mit Glasfritte und zentrifugiert (s. Abb. 15]
Die so filtrierte Lösung säuert man mit der verd. Salzsäure bi
zur kongosauren Reaktion an und zentrifugiert den nach einige
Zeit ausfallenden rotgelben Niederschlag scharf ab. Er wird 2- bi
3mal mit kaltem Wasser gewaschen und getrocknet.
Fp.: 198° C.

Ausbeute: 0,25 g   *Dauer:* 4 bis 4½ Stunden

XII. Naturstoffe

1. Coffein

$$\begin{array}{ccc}
H_3C - N & \text{------} & C = O \\
| & & | \qquad\nearrow CH_3 \\
O = C & & C - N \\
| & & \| \qquad\searrow CH \\
H_3C - N & \text{------} & C - N
\end{array}$$

Reagenzien: 5 g Tee, gepulvert   Schwefelsäure, verd.
              2,5 g Magnesiumoxyd   Chloroform
              Alkohol   Natronlauge, verd.

Geräte: Extraktionsapparat (Abb. 21), Abdampfschale, 50-ml
              Stehkölbchen, 2 Zentrifugengläser, 2 kleine Scheide
              trichter.

5 g feingepulverter Tee werden im Extraktionsapparat 4 Stunden lang mit 20 ml Alkohol extrahiert. Der alkoholische Auszug wird dann zu einer Aufschlämmung von 2,5 g Magnesiumoxyd in 15 ml Wasser gegeben und in einer Abdampfschale im Wasserbad unter Rühren zur Trockene eingedampft. Den Rückstand kocht man zuerst mit 25 ml Wasser, dann noch einmal mit 12 ml Wasser aus, wobei man jedesmal heiß zentrifugiert und die wässerigen Auszüge in einem Porzellanschälchen sammelt. Nach Zugabe von 2,5 ml verd. Schwefelsäure wird auf etwa ein Drittel eingedampft, wenn nötig, heiß von einem sich bildenden Niederschlag abzentrifugiert und nach dem Erkalten in einem Scheidetrichter fünfmal mit je 1,5 ml Chloroform ausgeschüttelt. Die hellgelbe Chloroformlösung wird zur Entfärbung mit 1 ml verd. Natronlauge, dann mit ebensoviel Wasser geschüttelt und eingedampft. Das zurückbleibende fast weiße Rohcoffein kann durch Umkristallisation aus wenig heißem Wasser oder durch Sublimation gereinigt werden. Ausbeute: 0,05 g farblose, biegsame, seidenglänzende Nadeln mit einem Mol Kristallwasser. Fp.: 236° C.

Ausbeute: zirka 0,05 g   *Dauer:* 8 Stunden

2. Blattfarbstoffe

(Chromatographische Trennung)

Reagenzien: Benzin (70° C)
Benzol
Methylalkohol
Petroläther (30° bis 50° C)
Natriumsulfat, wasserfrei
Aluminiumoxyd nach BROCKMANN
Calciumcarbonat, bei 150° C getrocknet
Puderzucker, bei 100° im Vakuum getrocknet
Eis
Spinatblätter

Geräte: 50-ml-Kölbchen, Scheidetrichter, Saugeprouvette, Adsorptionsrohr (Abb. 48).

Ein halbes frisches Spinatblatt wird in einem 50-ml-Kölbchen in ein Gemisch von 23 ml Benzin, 2,5 ml Benzol und 8 ml Methylalkohol gelegt. Nach 1 Stunde wird in einen Scheidetrichter abgegossen und der Rückstand mit dem gleichen Lösungsmittelgemisch gewaschen. Man wäscht vorsichtig ohne zu schütteln im Scheidetrichter mit Wasser, um den Methylalkohol zu entfernen, und trocknet über Natriumsulfat.

Zur Adsorption wird ein Adsorptionsrohr verwendet, das nach dem Füllen mit einem durchbohrten Gummistöpsel in der Saugeprouvette befestigt wird. Der Mantel wird mit Eiswasser gefüllt.

Füllung des Adsorptionsrohres: Zunächst führt man ein Asbestbäuschchen auf den Grund des Rohres und bringt dann in kleinen Portionen Aluminiumoxyd nach BROCKMANN bis zu einer Höhe von 20 mm ein. Durch Stoßen und leichtes Nachdrücken mit einem Glasstab, der genau in das Rohr paßt, erhält man eine feste Säule. Darüber wird eine 40 mm hohe Schicht von bei 150° C getrocknetem Calciumcarbonat und darauf eine 80 mm hohe Schicht Puderzucker gefüllt. Dann läßt man zuerst bei schwachem Vakuum Benzin durch die Säule laufen und anschließend die grüne Lösung. Es bilden sich sehr bald verschiedene Zonen aus, von denen die obere gelbgrüne Schicht das Chlorophyll b und die blaugrüne das Chlorophyll a enthält. Darunter befindet sich eine gelbe Zone Xanthophyll. Das gelbe Carotin wird erst vom Aluminiumoyxd in einer schmalen Zone festgehalten.

Wenn die Farbstofflösung bis auf einen geringen Rest durchgelaufen ist, „entwickelt“ man das „Chromatogramm“, d. h. man zieht die Zonen durch Nachwaschen mit einem Gemisch von Benzin: Benzol (4:1) auseinander. Eine zu starke Ausbreitung der Zonen kann man durch Zugabe von Petroläther (30° bis 50° C) verhindern. Jetzt wird mit Petroläther nachgewaschen und im CO_2-Strom zur Trockene gesaugt.

3. Cholesterinacetat

$$C_{27}H_{45} \cdot O \cdot CO \cdot CH_3$$

Reagenzien: 0,25 g Cholesterin
2,5 ml Eisessig
0,5 ml Essigsäureanhydrid
60 ml Äther
2 ml Natronlauge, 10%ig
30 ml Benzol
50 ml Petroläther
6 g Aluminiumoxyd nach BROCKMANN
1 g Natriumsulfat, getrocknet

Geräte: 10-ml-Kolben, Adsorptionssäule (zirka 100 mm lang und 8 mm Durchmesser mit Hahn), kleiner Destillationsapparat, Schütteltrichter.

0,25 g Cholesterin werden mit 2,5 ml Eisessig versetzt, gut umgeschüttelt und zu dem ausfallenden kristallinen Niederschlag

0,5 ml Essigsäureanhydrid zugegeben. Nun erwärmt man die Mischung im Wasserbad 30 bis 60 Minuten lang. Nach dem Abkühlen versetzt man mit Wasser und extrahiert durch dreimaliges Ausschütteln mit Äther. Der Äther wird zweimal mit Wasser und einmal mit 2 ml 10 %iger Natronlauge gewaschen. Der abgetrennte und mit Natriumsulfat getrocknete Äther wird abgedunstet. Der Rückstand wird nun in 2 ml Benzol aufgelöst und auf die vorbereitete Säule aufgegossen.

Präparation der Adsorptionssäule:

6 g Aluminiumoxyd werden mit 20 ml Petroläther aufgeschlämmt und in das Adsorptionsrohr eingegossen, das oberhalb des Hahnes mit einem leichten Pfropfen aus Glaswolle versehen wurde. Der Hahn wird geöffnet und das Aluminiumoxyd soll gleichmäßig das Rohr ausfüllen. Als Auffanggefäß kann ein kleines Becherglas dienen. Es ist wichtig, daß die Oberfläche des Aluminiumoxyds stets mit einer Petrolätherschicht bedeckt ist.

Nach dem Aufgießen der Benzollösung wird der Hahn so weit geöffnet, daß die Flüssigkeit langsam abtropft. Es werden nun 25 ml Petroläther aufgegossen und Fraktionen von zirka 10 ml aufgefangen und getrennt zur Trockene eingedunstet. Als weitere Waschflüssigkeit dienen 25 ml Benzol, gefolgt von 40 ml Äther.

In den ersten Fraktionen erscheint das Cholesterinacetat, in den letzten Fraktionen unverändertes Cholesterin. Einige dazwischen liegende Fraktionen geben keinen Eindampfrückstand. Die Menge des gewonnenen Cholesterinacetats schwankt je nach der Veresterungsdauer, sie beträgt ungefähr 0,1 bis 0,15 g. Die Identifizierung der beiden Substanzen erfolgt durch den Schmelzpunkt. Cholesterinacetat schmilzt bei 114° C, Cholesterin bei 147° C.

Ausbeute: 0,1 bis 0,15 g   *Dauer:* 3 bis 4 Stunden

Gewinnung von Cholesterin aus menschlichen Gallensteinen:

Etwa 0,5 g gepulverte Gallensteine werden in einem Reagenzglas mit einem Gemisch gleicher Teile Alkohol und Äther (insgesamt etwa 20 ml) extrahiert, die Lösung durch ein trockenes Filter gegossen, der im Reagenzglas verbleibende Rückstand mehrmals mit einer kleinen Menge Äther und Alkohol ausgezogen und schließlich mit etwas Äther nachgewaschen. Aus dem gesammelten Filtrat dunstet man den Äther durch vorsichtiges Eintauchen in ein Gefäß mit warmem Wasser ab. Das Cholesterin scheidet sich in ziemlich reinem Zustand als farblose kristallinische Masse ab und läßt sich durch Umkristallisation aus Alkohol weiter reinigen. Fp. 147° C. Der braune unlösliche Rückstand besteht größtenteils aus Bilirubinkalk.

Mittels eines Extraktors (Abb. 22) läßt sich aus fein gepulverten Gallensteinen das Cholesterin quantitativ gewinnen. Der Gehalt schwankt zwischen 70 und 90%. Eine andere Quelle zur Gewinnung von Cholesterin ist Rindergalle.

XIII. Reduktionsreaktionen

1. Methylphenylcarbinol[1]

$$\langle\!\!=\!\!\rangle\!-\!CHOH - CH_3$$

Reagenzien: 2 g Acetophenon, frisch dest.
2 g Natrium　　　　　　　Äther
Alkohol, abs.　　　　　　Natriumsulfat, wasserfrei

Geräte:　50-ml-Kölbchen, Scheidetrichter, Vakuumdestillationsapparat, Kohlendioxyd-Kipp.

Das frisch destillierte Acetophenon wird in 10 ml abs. Alkohol gelöst und in einem 50-ml-Kölbchen im Wasserbad zum Sieden erhitzt. Man trägt portionsweise 2 g Natrium, das in kleine Stücke zerschnitten wurde, ein. Dann wird Kohlendioxyd eingeleitet, mit Wasser versetzt und der Alkohol vorsichtig abdestilliert. (Sollte der Kolbeninhalt schon während des Einleitens von CO_2 fest werden, so ist sofort mit etwas Wasser zu verdünnen.) Das auf der erkalteten Lösung schwimmende Öl wird ausgeäthert und die ätherische Lösung mit Natriumsulfat getrocknet. Nach dem Abdunsten des Äthers wird das Methylphenylcarbinol im Vakuum destilliert. Kp.: 204° C/14 mm.

Ausbeute: 0,5 bis 0,8 g　　　　*Dauer:* 3 Stunden

2. Dibenzyl

(Diphenyläthan)

Nach CLEMMENSEN lassen sich Ketone und Aldehyde mit amalgamiertem Zink und Salzsäure reduzieren (Clemmensen-Reduktion).

$$C_6H_5 \cdot CO \qquad\qquad C_6H_5 \cdot CH_2$$
$$| \qquad\xrightarrow{\ H\ }\qquad |$$
$$C_6H_5 \cdot CH \cdot OH \qquad C_6H_5 \cdot CH_2$$

Reagenzien: 1,2 g Benzoin　　　　　　5 g Zinkamalgam*
15 ml Salzsäure, conc.

Geräte:　Destillierapparat (Abb. 29), Scheidetrichter.

Die angegebenen Mengen Benzoin und Zinkamalgam werden im Reaktionsgefäß innig vermischt. Dann läßt man langsam Salzsäure zutropfen und erwärmt gleichzeitig mit klein gestellter

---

[1] Ber. dtsch. chem. Ges. **31**, 1003 (1898).

Bunsenbrennerflamme. Nach Zugabe der gesamten Salzsäure wird eine Stunde unter Rückflußkühlung gekocht. Das Reaktionsprodukt, das nach dem Abkühlen als feste Masse auf der Flüssigkeit schwimmt, wird abgehoben, zerkleinert und der Destillation unterworfen. Die Fraktion, welche zwischen 280° und 284° C übergeht, wird aufgefangen und mehrmals aus Alkohol umkristallisiert. Fp.: 52° C.

* **Darstellung des Zinkamalgams:** 5 g Zink werden mit einer Lösung von 5 g Quecksilber-II-chlorid in 100 ml Wasser versetzt und eine Stunde stehen gelassen. Man filtriert und wäscht mehrere Male mit Wasser.

Ausbeute: 0,8 g   Dauer: 4 Stunden

3. Reduktionen mit Lithium-Aluminiumhydrid

In neuerer Zeit hat sich als Reduktions- und Hydrierungsmittel Lithium-Aluminiumhydrid in vielen Fällen anderen Reduktionsmitteln überlegen erwiesen, da es starke Reduktionskraft zeigt und die Reaktionen bei Zimmertemperatur durchgeführt werden können. Außerdem ist es ätherlöslich.

Aldehyde, Ketone, Carbonsäuren, Ester, Säurechloride und Säureanhydride werden zu den entsprechenden primären Alkoholen reduziert. Aliphatische Nitroverbindungen werden zu Aminen, aromatische nur bis zu Azoverbindungen reduziert. Säureamide werden in Amine gleicher C-Anzahl übergeführt.

Die Reaktionen verlaufen meist mit sehr guter Ausbeute, oft 100%ig, und Verluste sind auf die Aufarbeitung zurückzuführen. $C = C$-Bindungen werden nicht angegriffen!

a) Benzylalkohol aus Benzoylchlorid

$$C_6H_5 \cdot CO \cdot Cl \xrightarrow{\text{LiAlH}_4} C_6H_5 \cdot CH_2 \cdot OH$$

Reagenzien: 1,7 g Benzoylchlorid (s. S. 54)
0,6 g Lithium-Aluminiumhydrid
10 ml Salzsäure, conc. (1:1 verd.)
Äther, abs.

Geräte: 25-ml-Becherglas, Destillationsapparat, Scheidetrichter.

Die angegebene Menge Lithium-Aluminiumhydrid wird in 5 ml Äther in einem Becherglas gelöst. Die ätherische Lösung des Benzoylchlorids wird unter Rühren und Eiskühlung langsam innerhalb 15 Minuten zugegeben. Dann wird noch $^1/_4$ Stunde ohne Kühlung gerührt. Man versetzt das Reaktionsgemisch vorsichtig mit Wasser, bis die Gasentwicklung beendet ist. Es wird in einen Scheidetrichter gegossen, das Reaktionsgefäß mit 10 ml Salzsäure angegebener Konzentration ausgespült und diese ebenfalls in den Scheidetrichter gegeben. Man schüttelt mit Äther aus. Nach dem Abdunsten des Äthers wird der Benzylalkohol destilliert. Kp.: 205° bis 206° C.

Ausbeute: 1 g   *Dauer:* 1½ Stunden

b) o-Hydroxybenzylalkohol aus Salizylsäure

$$\text{(Salizylsäure)} - COOH \longrightarrow \text{(Benzolring)} - CH_2 \cdot OH$$

Reagenzien: 1,7 g Salizylsäure
0,6 g Lithium-Aluminiumhydrid
5 ml Salzsäure, conc. (1:1 verd.)
Äther, abs.

Geräte: 25-ml-Becherglas, Scheidetrichter, Destillations-apparat.

In einem Bechergläschen werden 0,6 g Lithium-Aluminiumhydrid in 5 ml Äther gelöst und unter Umrühren langsam eine Lösung von 1,7 g Salizylsäure in 10 ml Äther zugegeben. Man rührt 30 Minuten und kocht dann kurz auf. Nach dem Abkühlen wird so lange vorsichtig Wasser zugegeben, bis die Gasentwicklung aufgehört hat. Das Reaktionsgemisch wird in einen Scheidetrichter gegossen und 5 ml Salzsäure zugegeben. Der Alkohol wird mit Äther aus der salzsauren Lösung ausgeschüttelt und die ätherische Lösung abgetrennt. Nach dem Abdunsten des Äthers kristallisiert man aus wenig Wasser um. Fp.: 87° C.

Ausbeute: 1 g   *Dauer:* 1½ Stunden

c) Azobenzol aus Nitrobenzol

$$2\,C_6H_5 \cdot NO_2 \longrightarrow C_6H_5 - N = N - C_6H_5$$

Reagenzien: 1,2 g Nitrobenzol
0,5 g Lithium-Aluminiumhydrid
5 ml Salzsäure, conc. (1:1 verd.)
Äther, abs.

Geräte: 25-ml-Becherglas, Scheidetrichter, Destillations-apparat.

Die Reaktion wird wie beim vorhergehenden Präparat, jedoch unter Eiskühlung und sehr langsamen Zutropfenlassen (da sonst Selbstentzündung eintritt) ausgeführt. Nach der Zersetzung des überschüssigen Hydrids und nach dem Ausschütteln des Azobenzols wird die ätherische Lösung im Wasserbad zur Trockene abgedunstet. Man kristallisiert aus wenig Alkohol um. Fp.: 69° C.

Ausbeute: 0,85 g   *Dauer:* 1½ Stunden

Über die katalytische Hydrierung mit Palladium vgl. S. 101 (Darstellung von Dibenzylaceton).

XIV. Weitere Literaturpräparate

1. Bornylamin

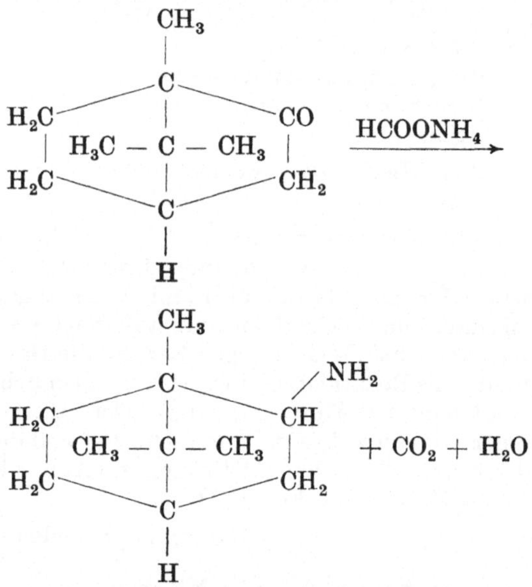

Reagenzien: 4 g Campher   Salzsäure, conc.
             4 g Ammoniumformiat   Äther
             starke alkohol. Kalilauge   Kaliumhydroxyd, fest

Geräte: Bombenrohr, 150-ml-Kölbchen, Wasserdampfdestillationsapparat, Abdampfschale, 2 Scheidetrichter, Destillationsapparat, kleiner Schießofen.

Ein inniges Gemisch von 4 g Campher mit 4 g Ammoniumformiat wird in einem Bombenrohr im Schießofen 5 Stunden auf 220° bis 230° C erhitzt. Die zähflüssige Masse wird nach vorsichtigem Öffnen des Rohres mit alkoholischer Kalilauge in ein

Rundkölbchen gespült und 5 Stunden unter Rückflußkühlung gekocht. Man hat dafür Sorge zu tragen, daß genügend Alkali vorhanden ist, um eine vollständige Zersetzung des entstandenen Formylbornylamins herbeizuführen. Nach dem Kochen wird das Reaktionsgemisch der Wasserdampfdestillation unterworfen, wobei zuerst Alkohol und dann Bornylamin mit etwas Campher übergehen. Da diese Produkte das Kühlrohr verstopfen, unterbricht man zeitweise die Kühlung, wodurch die weißen Krusten rasch in die Vorlage hinüberschmelzen. Es ist dabei zu beachten, daß durch verdampfendes Bornylamin keine Verluste eintreten. Das Destillat neutralisiert man mit Salzsäure, engt im Wasserbad ein und äthert Campher und andere Verunreinigungen aus. Hernach setzt man die Base durch Zusatz von Kalilauge in Freiheit und nimmt sie in Äther auf. Die ätherische Lösung wird mit festem Kaliumhydroxyd getrocknet und in einer Abdampfschale der Äther verdunstet, wobei fast farbloses, eigenartig (wie Campher und Piperidin) riechendes Bornylamin zurückbleibt. Das Rohprodukt wird durch Destillation gereinigt. Kp.: 199° bis 200° C, Fp.: 17° C.

Ausbeute: 1 g   *Dauer:* 12 bis 13 Stunden

2. Vanillinnatrium[*1]

$$NaO - C_6H_3(OCH_3) - C\begin{smallmatrix}H\\O\end{smallmatrix}$$

Reagenzien: 1 g Vanillin   0,26 g Natriumhydroxyd
3 ml Toluol   Methylalkohol

Geräte: Kölbchen, Bechergläser, kurze Reagenzgläser.

Vanillin wird in Toluol suspendiert, mit einer konzentrierten methylalkoholischen Lösung von 0,26 g Natriumhydroxyd versetzt und unter wiederholtem Schütteln mehrere Stunden stehen gelassen. Der dichte farblose Niederschlag wird zentrifugiert, mit Äther gut gewaschen und im Vakuumexsikkator getrocknet. Dann wird das Produkt fein gepulvert und nochmals getrocknet.

Ausbeute: 0,9 g   *Dauer:* 4 Stunden

---

[1] Ber. dtsch. chem. Ges. **61,** 174 (1928).

3. Veratrumaldehyd*[1]

$$CH_3 \cdot O \text{———} \bigcirc \text{———} C \overset{H}{\underset{O}{\diagdown}}$$

$$OCH_3$$

Reagenzien: 1,5 g Vanillin
0,92 g Kaliumhydroxyd in 1,55 ml Wasser
1,6 g Dimethylsulfat, frisch dest.
Eis

Geräte:　　　Rundkölbchen, Rückflußkühler, Mikrotrichter,
Bechergläser, Reibschale.

In einem Rundkölbchen werden 1,5 g Vanillin im Wasserbad geschmolzen. Bei aufgesetztem Rückflußkühler gießt man durch den Kühler 2 Tropfen der Kaliumhydroxydlösung, schüttelt gut und läßt unter andauerndem Schütteln abwechselnd Dimethylsulfat und Kaliumhydroxyd zutropfen (2 Tropfen in der Sekunde). Ist die Hälfte des Dimethylsulfats zugegeben, so bilden sich zwei Schichten. Die Farbe des Reaktionsproduktes ist purpurbraun zu Beginn und schlägt gegen Ende jäh in gelb um. Eine zeitweise grüngelbe Tönung muß durch Laugenzugabe korrigiert werden. Das beständige, gelbe Endprodukt reagiert alkalisch gegen Lackmus.

Das Reaktionsgemisch wird auf einmal in ein größeres Becherglas geschüttet, mit einem Uhrglas bedeckt und nun ohne Erschütterung auskühlen gelassen (am besten über Nacht).

Die harte, kristallisierte Masse wird mit 3 ml Eiswasser in einer Reibschale zerrieben, abgesaugt und im Vakuumexsikkator getrocknet. Fp.: 42,5° bis 43,5° C.

Ausbeute: 1,35 g　　　　　　　　*Dauer:* 26 Stunden

4. Methoxy-methylo-vanillin*[2]

$$CH_3O \cdot CH_2O \text{———} \bigcirc \text{———} C \overset{H}{\underset{O}{\diagdown}}$$

$$OCH_3$$

---

[1] Org. Synth., Coll. Vol. II.
[2] Ber. dtsch. chem. Ges. **62**, 302 (1929).

Reagenzien: 0,32 g Vanillinnatrium (s. S. 153)
1,60 ml Toluol (über Natrium getrocknet)
0,14 g Methyl-chlormethyläther (s. S. 52)
Natriumhydroxydlösung, 2%ig
Eis (Kältemischung)

Geräte: Kölbchen, Bechergläser, Scheidetrichter, Vakuum-destillation.

Vanillinnatrium wird in Toluol suspendiert und mit Methyl-chlormethyläther versetzt. Der Kolben wird verschlossen und unter zeitweisem Umschütteln stehen gelassen (am besten über Nacht).

Am nächsten Tag wird die Toluolsuspension so lange zur Entfernung des ausgeschiedenen Kochsalzes und des unverbrauchten Vanillins mit 2%iger Natronlauge geschüttelt, bis die Lauge nicht mehr gelb gefärbt ist. Die Toluollösung wird filtriert und das Toluol im Vakuum abdestilliert.

Das reine Produkt kann durch eine Eis-Kochsalz-Mischung zur Kristallisation gebracht werden. Es ist äußerst wichtig, gut und ausreichend mit 2%iger Natronlauge zu waschen, da ein unreines Produkt nicht erstarrt und dann im Hochvakuum destilliert werden müßte. Kp.: 122° bis 123° C/10 mm Hg. Fp.: 34° C.

Ausbeute: 0,20 g　　　　　*Dauer:* 26 Stunden

5. 3-Methoxy-4-hydroxy-3',4'-dimethoxy-chalkon[*1]

$$HO \longrightarrow \langle\!\!\!\bigcirc\!\!\!\rangle \longrightarrow CO - CH = CH \longrightarrow \langle\!\!\!\bigcirc\!\!\!\rangle \longrightarrow OCH_3$$

$$OCH_3 \qquad\qquad\qquad OCH_3$$

Reagenzien: 1 g Acetoguajacon (=Acetovanillon, s. S. 135)
1 g Veratrumaldehyd (s. S. 154)
5 ml Methylalkohol
4,8 g Kalilauge, 30%ig

Geräte: Kölbchen, Bechergläser.

Acetoguajacon und Veratrumaldehyd werden in je 2,5 ml Methylalkohol gelöst, die beiden Lösungen vereinigt und 4,8 g 30%ige Kalilauge hinzugegeben. Nach dem Ansäuern der verdünnten alkalischen Lösung scheidet sich das Chalkon als Öl ab. Nach einigen Stunden Stehen im Eisschrank fällt ein feinkristallines Produkt aus. Man kristallisiert aus Methylalkohol um. Fp.: 153°C.

Ausbeute: 0,88 g　　　　　*Dauer:* 30 Minuten

---

[1] Ber. dtsch. chem. Ges. **77**, 519 (1944).

6. 3-Methoxy-4-hydroxy-chalkon*[1]

$$HO-\langle\!\bigcirc\!\rangle-CO-CH=CH-\langle\!\bigcirc\!\rangle$$
$$OCH_3$$

Reagenzien: 1 g Acetoguajacon (s. S. 135)
6 ml Methylalkohol
0,65 g Benzaldehyd, frisch dest.
1,65 g Kaliumhydroxyd
Salzsäure, verd.
Methylalkohol, 70%ig

Geräte: 25-ml-Kölbchen, Bechergläschen.

1 g Acetoguajacon wird in 3,5 ml Methylalkohol gelöst und dann 0,65 g frisch dest. Benzaldehyd, gelöst in 2,5 ml Methylalkohol, hinzugefügt. Darauf löst man 1,65 g Kaliumhydroxyd in 3,5 ml Wasser und fügt dies unter Umschütteln hinzu.

Die Lösung, welche intensiv orange gefärbt ist, wird kurz im Wasserbad erwärmt und über Nacht stehen gelassen. Man verdünnt ungeachtet eventuell ausgeschiedener Kristalle mit 30 ml Wasser und säuert mit Salzsäure an. Es bildet sich ein Öl, das nach dem Animpfen in kurzer Zeit kristallisiert. Ohne Impfkristalle muß man mindestens 24 Stunden im Eisschrank stehen lassen.

Man kristallisiert aus 70%igem Methylalkohol um. Feine, gelbe Nadeln scheiden sich ab. Fp.: 63° bis 66° C.

Ausbeute: 1,3 g   *Dauer:* 24 Stunden

7. Tetraphenylhydrazin

$$2\ \begin{matrix}C_6H_5\\ \\C_6H_5\end{matrix}\!\!\diagdown\!\!NH\longrightarrow\begin{matrix}C_6H_5\\ \\C_6H_5\end{matrix}\!\!\diagdown\!\!N-N\!\!\diagup\!\!\begin{matrix}C_6H_5\\ \\C_6H_5\end{matrix}$$

Tetra-aryl-hydrazine werden durch Oxydation von Diphenylamin bzw. dessen Derivaten gebildet.

Interessant ist, daß das hier dargestellte Tetraphenylhydrazin beim Erhitzen in Toluol auf 80° bis 90° C in geringem Maße in zwei Diphenylstickstoffradikale dissoziiert.

Reagenzien: 0,85 g Diphenylamin   Äther
0,75 g Kaliumpermanganat   Benzol
Aceton   Eis
Äthylalkohol

Geräte: 2 kurze Reagenzgläser.

[1] Ber. dtsch. chem. Ges. **77,** 519 (1944).

Das Diphenylamin wird in einem kurzen Reagenzglas in 5 ml reinem Aceton gelöst. Die eisgekühlte Lösung des Diphenylamins in Aceton wird sodann portionsweise unter häufigem Schütteln mit 0,4 g feinst gepulvertem Kaliumpermanganat versetzt, wobei man mit der Zugabe jeder neuen Menge so lange wartet, bis Entfärbung eingetreten ist. Schließlich wird ohne Kühlung noch Kaliumpermanganat zugesetzt, bis die Färbung mindestens $^1/_4$ Stunde lang bestehen bleibt, auf keinen Fall jedoch mehr als 0,35 g. Bei dieser Oxydation wird ein Teil des Diphenylamins bis zum Phenylisonitril oxydiert, was am Geruch und der CO_2-Entwicklung zu erkennen ist. Nach beendeter Oxydation entfärbt man mit einigen Tropfen Alkohol und zentrifugiert vom entstandenen Braunstein ab. Man wäscht zweimal mit wenig Aceton aus und engt die vereinigten klaren Acetonlösungen bei Zimmertemperatur (20° C) weitgehend ein. Das auskristallisierte Tetraphenylhydrazin wird unter Eiskühlung durch Übergießen mit 0,5 bis 0,75 ml Äther von Schmieren befreit und nach einigem Stehen scharf abzentrifugiert. Nach nochmaligem Waschen mit Äther erhält man so 0,5 g fast farbloses Rohprodukt. Zur Reinigung kristallisiert man aus der 3- bis 4fachen Menge Benzol um. Dabei darf nur kurz aufgekocht werden. Man versetzt die heiße Lösung mit siedendem Alkohol, und zwar mit einem Drittel ihres Volumens. Das nach dem Abkühlen auskristallisierende reine Präparat wäscht man zuerst mit Benzol-Alkohol 1:1, dann mit reinem Alkohol und trocknet im Vakuum. Fp.: 144° C.

Ausbeute: 0,5 g   *Dauer:* 3 Stunden

8. p-Brom-phenacyl-bromid[*1]

$$Br \text{—} \langle \text{benzene ring} \rangle \text{—} CO - CH_2Br$$

Reagenzien: 1 g p-Bromacetophenon (s. S. 134)   Alkohol
2 ml Eisessig   Eis
0,8 g Brom   Alkohol, 50%ig

Geräte: Kölbchen, Bechergläschen.

Zu einer Mischung von Bromacetophenon und Eisessig wird unter Eiskühlung sehr langsam und unter dauerndem Schütteln 0,8 g Brom zugetropft. Gegen Ende der Reaktion beginnen sich einige Nadeln auszuscheiden. Man stellt das Kölbchen in Eis und

---

[1] Org. Synth., Coll. Vol. I.

läßt vollständig auskristallisieren (3 bis 4 Stunden). Hernach wird abgesaugt und mit 50%igem Alkohol gewaschen, bis das Produkt farblos ist (zirka 10 ml Waschflüssigkeit).

Aus 95%igem Alkohol kristallisieren farblose Nadeln. Fp.: 108° bis 109° C.

Ausbeute: 0,84 g   *Dauer:* 4½ Stunden

C. Nachweis einzelner Elemente und funktioneller Gruppen mittels Tüpfelreaktionen

Die Ermittlung der elementaren Zusammensetzung einer organischen Verbindung ist einfach, weil im allgemeinen nur wenige und immer die gleichen Elemente in Betracht kommen. Viel schwieriger ist die Feststellung ihrer Zugehörigkeit zu einer bestimmten Klasse von organischen Verbindungen auf Grund der physikalischen und chemischen Eigenschaften und Reaktionen. Dies gilt insbesondere für neutrale Stoffe von unbekannter Zusammensetzung. Der organische Chemiker muß auch den Nachweis und die Bestimmung der wichtigsten organischen Atomgruppen (Alkohol-, Aldehyd-, Keton-, Carboxyl-, Ester-, Amin-, Alkoxyl-, Nitril-, Nitro-, Nitroso-, Azogruppen u. a.) führen, gesättigte und ungesättigte aliphatische und aromatische Stoffe durch ihre Reaktionen voneinander unterscheiden und Gemische von Substanzen trennen können.

Für die *qualitative organische Analyse* wird auf die Anleitung von H. STAUDINGER (vgl. S. 3) verwiesen. Es werden Analysengänge für die Einordnung und Klassifizierung organischer Stoffe gegeben und die Trennung unter Verwendung von Wasser und Äther als Lösungsmittel und auf Grund ihrer Flüchtigkeit vorgenommen. Da bei der organischen Synthese fast immer ein Gemisch mehrerer Stoffe entsteht und neben dem Hauptprodukt auch Nebenprodukte und Ausgangsstoffe vorhanden sind, ist deren Trennung von entscheidender Bedeutung. Aus diesem Grunde ist auch die Beherrschung des Analysenganges nach STAUDINGER wichtig.

Der Nachweis einzelner Elemente und inbesondere der Nachweis funktioneller Gruppen läßt sich in den meisten Fällen unter Verwendung sehr geringer Mengen von Substanz mittels einer Arbeitstechnik ausführen, die von F. FEIGL entwickelt und ausgebaut wurde. Hiefür prägte er den Ausdruck *„Tüpfelanalyse"*. Darunter versteht man eine Arbeitstechnik der analytischen Chemie, bei welcher der Nachweis bestimmter Stoffe durch Vereinigung eines Tropfens der Probelösung oder sehr geringer Mengen fester Substanzen mit einem oder mehreren Tropfen einer Reagenzlösung erfolgt. Diese Technik hat sich für die sichere Identifizierung von Stoffen, für Reinheitsprüfungen verschiedenster Art und als mikrochemische Arbeitsmethode bewährt.

Tüpfelanalysen können auf nichtporösen Unterlagen (Porzellantüpfelplatten, Uhrgläsern, Porzellantiegeln) oder auf porösen Unterlagen (Filtrierpapier) durchgeführt werden. Die kapillaren Eigenschaften des Papiers können dabei manchmal sehr vorteilhaft verwertet werden, indem die verschiedene Wanderungsgeschwindigkeit von Wasser und darin gelösten Stoffen in den Kapillaren des Papiers beim Aufbringen eines Tropfens einer wässerigen Lösung oft eine Anreicherung eines gelösten Anteiles in bestimmten Zonen bewirkt und dadurch den Nachweis kleiner Stoffmengen erleichtert. Bei Fällungsreaktionen auf Papier kommt es zu einer Ausfällung im Papier und zu einer kapillaren Weiterwanderung von nicht fällbaren Bestandteilen, also zu einer Art Filtration in der Ebene des Papiers. In den Randzonen lassen sich dann die Tüpfelnachweise durchführen. Als *Tüpfelpapier* eignet sich solches von Löschpapierbeschaffenheit, besonders aber Papier Nr. 601 von der Firma Schleicher & Schüll. Auch die quantitativen Filter, z. B. 598, 689 obiger Firma können verwendet werden. Diesen Filterpapieren entsprechen nach FEIGL die in England erzeugten Filterpapiere „Whatman No. 120, 3 MM, und 42 oder 542". Manchmal verwendet man auch imprägnierte Papiere (z. B. mit Benzidin). Die Filterpapiergröße beträgt am besten 2×2 cm.

Tüpfelplatten werden dann mit Vorteil verwendet, wenn Farbreaktionen durchgeführt werden, da auf der Tüpfelplatte Färbungen und Farbänderungen leicht wahrnehmbar sind. Die Ausführung der Reaktion auf nichtporöser Unterlage gestattet die Verwendung stark saurer oder alkalischer Probelösungen und auch die Verwendung mehrerer Tropfen, welche auf dem Filtrierpapier einen zu großen Tüpfelfleck erzeugen würden. *Mikroporzellantiegel* wendet man dann an, wenn bei der Tüpfelreaktion erhitzt werden muß. Zur Entnahme von Probe- und Reagenzlösung verwendet man *Glasstäbchen* (20 mm lang, 3 mm dick), die man in größerer Zahl vorrätig hält. Damit erzielt man bei wässerigen Lösungen Tropfen von etwa 0,05 ml oder man benützt *Glaspipetten*, die man aus Glasröhrchen von 4 mm lichter Weite durch Ausziehen über der Flamme selbst herstellt, oder auch *Platindrahtösen*, die in Glasstäbe eingeschmolzen sind und bei denen man durch Veränderung des Ösenumfanges die Tropfengröße variieren kann. Für die Entnahme der Reagenzlösungen eignen sich besonders *Tropf-*

fläschchen oder *Pipettenfläschchen*. Die Aufbewahrung fester Reagenzien erfolgt in kleinen *Pulvergläsern* (10 ml), aus denen die Substanzen mit einem *Mikrospatel* entnommen werden.

Auf Einzelheiten einzugehen, verbietet der Rahmen des Buches. Sie sind in den Standardwerken von F. FEIGL nachzuschlagen (s. S. 2), dem auch an dieser Stelle gedankt sein soll, daß er die auszugsweise Verwendung seiner Nachweisvorschriften gestattet hat.

I. Elemente

1. Kohlenstoff

Der Nachweis organisch gebundenen Kohlenstoffes kann notwendig sein, wenn z. B. zwischen organischen und anorganischen Stoffen zu unterscheiden ist oder in anorganischen Stoffen Verunreinigungen organischer Natur nachzuweisen sind. Der äußerst empfindliche Nachweis des beim Verbrennen organischer Substanzen im Sauerstoffstrom entstehenden CO_2 kann leicht durch Luft-CO_2 gestört werden. Außerdem geben auch anorganische Carbonate beim Erhitzen CO_2 ab.

Die im folgenden angeführten *Nachweisreaktionen* für *organisch gebundenen Kohlenstoff* sind etwas weniger empfindlich als der Mikro-CO_2-Nachweis, sie geben dafür aber weder mit dem Luft-CO_2 noch mit anorganischen Carbonaten eine positive Reaktion.

a) Durch Veraschung mit Molybdäntrioxyd

Werden organische Verbindungen mit Molybdäntrioxyd vermischt und langsam erhitzt (die höchste Temperatur soll um 500° C liegen), so werden sie bzw. ihre thermischen Zersetzungsprodukte oxydiert, wobei das MoO_3 zu niedrigeren Molybdänoxyden (sogenanntes Molybdänblau) reduziert wird.

$$C + 4\,MoO_3 \longrightarrow 2\,Mo_2O_5 + CO_2$$

Wasserfreies Alkalisulfit oder -arsenit reduziert unter diesen Bedingungen MoO_3 ebenfalls. Solche *Störungen* durch oxydierbare anorganische Substanzen werden am besten vermieden, indem die zu untersuchende Probe vor Ausführung der Nachweisreaktion einige Male mit Wasserstoffperoxyd zur Trockene eingedampft wird. Anwesende Ammoniumsalze stören ebenfalls, da das bei der thermischen Zersetzung entstehende Ammoniak mit heißem Molybdäntrioxyd reagiert.

$$2\,NH_3 + 6\,MoO_3 \longrightarrow 3\,H_2O + N_2 + 3\,Mo_2O_5$$

Ausführung: Auf den Boden eines Reagenzgläschens aus Hartglas (75 × 7 mm) wird eine kleine Menge fester Substanz gebracht oder ein Tropfen der Probelösung zur Trockene eingedampft. Man füllt bis zur Hälfte mit gepulvertem MoO_3 auf und verbindet das offene Ende des Röhrchens mit einer Wasserstrahlpumpe. Nachdem die Luft abgesaugt ist, wird das schräg eingespannte Röhrchen von oben nach unten langsam erhitzt. Sind organische Verbindungen vorhanden, so erscheint ein blauer Ring an der Stelle, wo die Substanzdämpfe mit dem heißen Molybdäntrioxyd in Berührung kommen. Die Größe und Intensität der blauen Zone hängt vom Kohlenstoffgehalt der Probe ab.

Sollen Spuren bestimmt werden, so ist eine Blindprobe auszuführen. Mit dieser Methode sind noch einige μg Kohlenstoff nachweisbar.

Reagens: Molybdäntrioxyd, gepulvert.

b) Durch Erhitzen mit Kaliumjodat

Kaliumjodat gibt beim Schmelzen (Fp.: 560° C) Sauerstoff ab:

$$KJO_3 \longrightarrow KJ + 3\,O$$

Wird ein Gemisch von Kaliumjodat und einer nichtflüchtigen organischen Verbindung erhitzt, so findet die Reduktion zu Kaliumjodid schon bei niedrigerer Temperatur (300° bis 400° C) statt. Letzteres gibt nach dem Auflösen der Schmelze mit nicht reduziertem Kaliumjodat beim Ansäuern Jod, welches leicht nachgewiesen werden kann.

$$5\,HJ + HJO_3 \longrightarrow 3\,H_2O + 3\,J_2$$

Anorganische oxydierbare Substanzen (z. B. Ammoniumsalze, Sulfite) sowie größere Mengen Alkalicyanid stören.

Ausführung: Ein Tropfen der zu untersuchenden Lösung wird in einem Reagenzgläschen aus Hartglas zur Trockene eingedampft oder etwas feste Probe auf den Boden des Gläschens gebracht. Man vermischt mit einigen Milligramm Kaliumjodat, überschichtet die Mischung mit Kaliumjodat und erhitzt einige Minuten in einem Ofen auf 300° bis 400° C. Nach dem Abkühlen wird in verd. Schwefelsäure gelöst und Jod mit Stärkelösung oder durch Ausschütteln mit Chloroform nachgewiesen.

Auf alle Fälle muß mit der gleichen Menge Jodat eine Blindprobe ausgeführt werden, da dieses oft geringe Mengen Jodid enthält. Ferner sollen die Reagenzgläschen unmittelbar vor dem Gebrauch kurz ausgeglüht werden.

Reagenzien: Kaliumjodat, gepulvert
verd. Schwefelsäure (1 : 2)
Stärkelösung, 1%ig
Chloroform

2. Stickstoff

a) Lassaignesche Probe

Ausführung: Einige Milligramm Substanz werden auf den Boden eines engen Proberöhrchens aus schwer schmelzbarem Glas gebracht, ein erbsengroßes Stück blankes Kalium (wenigstens die zehnfache Menge) daraufgegeben und dann von oben her bis zur Verdampfung des Kaliums bzw. bis zur Rotglut des Röhrchens erhitzt. Das noch heiße Röhrchen wird in ein Schälchen mit 5 bis 8 ml Wasser getaucht, die Lösung von Glassplittern und kohligen Bestandteilen abfiltriert und im Filtrat das entstandene Cyanid durch Überführung in Berliner Blau nachgewiesen. Das Filtrat wird in zwei Teile geteilt und davon *ein Teil zum Nachweis von Schwefel* beiseite gestellt.

Zum *Stickstoffnachweis* wird die stark alkalisch reagierende Lösung (sonst Zusatz von Natronlauge) mit je 2 Tropfen etwa doppelt normaler Ferrosulfat- und Ferrichloridlösung versetzt, 1 bis 2 Minuten lang aufgekocht und dann mit verd. Salzsäure angesäuert. Je nach der Menge des Stickstoffes entsteht eine grünliche bis bläuliche Färbung oder ein blauer Niederschlag von Berliner Blau. Bei geringem Stickstoffgehalt kann die Reaktion zunächst undeutlich sein; daher läßt man die Probe über Nacht stehen und untersucht dann auf das Vorhandensein der blauen Flocken. Bleibt die Lösung rein gelb, so war kein Cyanid vorhanden. Bei leicht flüchtigen Substanzen verwendet man ein langes Proberöhrchen, bringt zuerst das Kalium zum Schmelzen und erhitzt die Substanz, so daß die Dämpfe durch das geschmolzene Kalium streichen müssen. Im kalten Teil des Röhrchens sich kondensierende Dämpfe läßt man mehrmals in das heiße Metall zurückfließen. Bei Verbindungen, die ihren Stickstoff schon bei mäßiger Temperatur leicht abspalten (Diazokörper), versagt die Reaktion. Der positive Ausfall der Probe ist absolut beweisend, der negative nicht unter allen Umständen.

Reagenzien: Kalium   Ferrichloridlösung, 2 n
Ferrosulfatlösung, 2 n   Salzsäure, verd.

Die *Lassaignesche Probe* wurde von G. KAINZ[1] zu einem sehr zuverlässigen Nachweis des Stickstoffes in organischen und anorganischen Verbindungen ausgebaut. Das beim Kaliumaufschluß entstehende Cyanid wird durch die *Benzidinblau-Reaktion* nach FEIGL auf Reagenzpapier nachgewiesen. 0,5 μg Stickstoff sind noch einwandfrei nachweisbar. Nur bei Substanzen, die schon bei Zimmertemperatur den Stickstoff quantitativ abspalten, versagt die Methode. Der Nach-

---

[1] Mikrochim. Acta **1954**, 327.

weis des Stickstoffes in anorganischen Verbindungen gelingt durch Zusatz carbidbildender Stoffe (z. B. Glucose zum Kaliumaufschluß). Bezüglich der Ausführung der Reaktion wird auf die Originalarbeit verwiesen.

b) Stickstoffnachweis nach FEIGL-AMARAL

Werden stickstoffhaltige organische Verbindungen mit einem Überschuß von Mangandioxyd trocken erhitzt, so entstehen salpetrige Säure, Stickstofftrioxyd und Stickstofftetroxyd, die mittels der sehr empfindlichen GRIESSschen Nitritreaktion nachgewiesen werden können.

Die Probe wird in einem Mikroreagenzgläschen, das durch ein Stück Asbestpappe gesteckt ist, ausgeführt.

Ausführung: Im Reagenzglas wird etwas feste Substanz (bzw. ein Tropfen der Lösung oder Flüssigkeit) mit ungefähr 0,2 g MnO_2 oder Mn_2O_3 vermischt. Die Öffnung des Röhrchens wird sodann mit einem Stück Filterpapier, das mit GRIESSschen Reagens angefeuchtet ist, bedeckt und der Boden des Röhrchens mittels einer Mikroflamme kräftig erhitzt. Normalerweise ist der Nachweis nach 1 bis 2 Minuten beendet. Bei Anwesenheit von Stickstoff bildet sich auf dem Papier ein rosaroter oder roter Fleck.

Flüchtige Basen müssen vorher durch Eindampfen mit überschüssiger Salzsäure in die entsprechenden Chlorhydrate übergeführt werden.

Bei nichtbasischen flüchtigen Verbindungen und bei solchen mit tiefem Schmelzpunkt wird die Probe auf den Boden des Gläschens gebracht und dieses dann zur Hälfte mit Mangandioxyd gefüllt. Man beginnt von oben mit dem Erhitzen und bewegt die Flamme langsam gegen den Röhrchenboden hin.

Da dieser Nachweis äußerst empfindlich ist, muß ein Blindversuch durchgeführt werden.

Reagenzien: Mangandioxyd oder Mangan-sesquioxyd
GRIESSsches Reagens: Gleiche Teile einer 1%igen Lösung von Sulfanilsäure (in 30%iger Essigsäure) und einer 1%igen Lösung von 1-Naphthylamin (in 30%iger Essigsäure) werden unmittelbar vor Gebrauch gemischt.

3. Schwefel

Für den Nachweis von Schwefel verwendet man einen Teil des alkalischen Filtrates, das bei der Stickstoffbestimmung nach LASSAIGNE gewonnen wird (vgl. S. 163). Die alkalische Lösung wird mit einigen Tropfen einer frisch bereiteten verd. Lösung von *Nitroprussidnatrium* versetzt. Das bei Anwesenheit von Schwefel in der

Lösung enthaltene Alkalisulfid gibt eine violettrote Färbung. Bei positiver Reaktion wird dann in einem anderen Teil des Filtrates mit Bleiacetatlösung festgestellt, ob viel Schwefel vorhanden ist.

Sehr empfindlich ist auch die Reaktion mit *Jodazid:*

Ausführung: In ein Glühröhrchen, dessen Ende zu einer Kugel erweitert ist, wird ein Stäubchen der Probe eingetragen oder ein Tropfen einer Lösung zur Trockene eingedampft. Hierauf wird mittels eines Glasstäbchens ein stecknadelkopfgroßes Stück metallisches Kalium eingeführt — mit dem Kalium streift man an der Röhrchenwand hängende Reste der Probe ab — und sodann durch vorsichtiges Erwärmen vom offenen Ende des Röhrchens her das Kalium zum Schmelzen gebracht. Zuletzt wird kurz zur Rotglut erhitzt und das Röhrchen noch heiß in ein kurzes Reagenzglas getaucht, in dem sich etwas Wasser befindet. Ohne von den Glassplittern und den Kohleteilchen zu filtrieren, werden nacheinander ein Tropfen Cadmiumacetat, 1 bis 2 Tropfen Essigsäure und nach dem Erkalten 1 bis 2 Tropfen Jodazidlösung zugesetzt. Bei Vorliegen einer schwefelhaltigen Verbindung ist dann die Bildung von Stickstoffbläschen wahrzunehmen.

Reagenzien: Kalium
Cadmiumacetatlösung, 20%ig
Essigsäure, 20%ig
Jodazidlösung (s. S. 180)

4. Halogen
(Beilstein-Probe auf Chlor, Brom, Jod)

Ausführung: Ein in einem Glasstab eingeschmolzener Kupferdraht von etwa 1 mm Dicke wird an seinem freien Ende zu einem Spatel von etwa 2 bis 3 mm Breite ausgeklopft und dieser durch Erhitzen oberflächlich mit Kupferoxyd bedeckt. Zur Prüfung auf Halogen wird ein Stäubchen der Probe aufgebracht oder ein Tropfen einer Lösung — sie darf keine freie Halogenwasserstoffsäure enthalten — bei gelinder Wärme zur Trockene verdampft. Hierauf wird der Kupferdraht samt der darauf befindlichen Substanz in die mäßig starke, entleuchtete Flamme eines Bunsenbrenners (zunächst in die innere, dann in die äußere Zone, nahe am unteren Rande) gehalten und auf die Entstehung einer je nach der Halogenmenge verschieden lang anhaltenden Blau- oder Grünfärbung (durch verdampfendes Halogenkupfer) geachtet. Vorteilhafter ist es, einen Platinspatel zu verwenden, auf dessen breites Ende ein Häufchen Kupferoxyd vermischt mit der zu prüfenden Substanz aufgebracht wird.

Der *sichere Nachweis* erfolgt durch Glühen der Substanz mit einem Überschuß von chemisch *reinem Calciumoxyd* in einem Reagenzröhrchen. Nach dem Glühen wird das heiße Röhrchen in wenig Wasser getaucht, dann wird mit reiner Salpetersäure angesäuert, von Glassplittern abfiltriert und mit Silbernitrat auf Halogenionen geprüft.

Über den Nachweis von Fluor, vergl. F. Feigl, Spot Tests in Organic Analysis, 6. Aufl., S. 91.

Über den Nachweis von Spuren von Halogen in Gasen und flüchtigen festen Stoffen vgl. H. Jurany, Mikrochim. Acta **1955**, 134.

5. Sauerstoff

(Nachweis durch Solvatbildung mit Ferrithiocyanat)

Das rotgefärbte Ferrithiocyanat kann aus seiner wässerigen Lösung durch Schütteln mit Äther, Amylalkohol oder anderen sauerstoffhaltigen organischen Lösungsmitteln extrahiert werden. Sauerstofffreie Lösungsmittel (z. B. Benzol. Toluol, Tetrachlorkohlenstoff) haben diese Eigenschaft nicht. Auch festes Ferrithiocyanat verhält sich in gleicher Weise gegen diese beiden Lösungsmittelklassen. Offensichtlich beruht dies darauf, daß die Moleküle der sauerstoffhaltigen Flüssigkeit bzw. der gelösten Verbindung mit den Ferrithiocyanatmolekülen stabile Solvate bilden.

Die *Reaktion ist nicht streng spezifisch*. Auch schwefel- und stickstoffhaltige Substanzen ergeben eine positive Reaktion; daher ist vorher auf Abwesenheit dieser Elemente zu prüfen. Ebenso stören Säuren und oxydierende Verbindungen, andererseits geben z. B. Nitroverbindungen ein negatives Resultat.

Es ist darauf zu achten, daß 20 bis 50 mg Substanz zum Nachweis verwendet werden.

Ausführung: Filterpapierstreifen werden zuerst in eine methylalkoholische Lösung von Ferrithiocyanat getaucht und dann an der Luft getrocknet. Das Reagenzpapier muß jedesmal frisch bereitet werden. Einige Tropfen der zu prüfenden Lösung werden auf das Papier gebracht. Eine positive Reaktion wird durch das Erscheinen einer weinroten Farbe angezeigt (Solvatbildung mit Ferrithiocyanat). Feste Stoffe werden vorher in Kohlenwasserstoffen oder deren Halogenderivaten gelöst.

Reagens: Getrennte Lösungen von je 1 g Ferrichlorid und 1 g Kaliumrhodanid in 10 ml Methylalkohol. Man vereinigt beide Lösungen und läßt das Gemenge einige Stunden stehen. Sodann wird vom ausgefallenen Kaliumchlorid abfiltriert.

6. Phosphor, Arsen, Alkali- und Erdalkalimetalle

Weitere Elemente, wie z. B. Phosphor und Arsen, weist man nach, indem man die organische Substanz durch Oxydation mit Salpetersäure im Einschlußrohr oder durch Schmelzen mit Salpeter oder mit Natriumperoxyd zerstört und dann in der üblichen Weise den Ionennachweis führt.

Alkali- und Erdalkalimetalle in organischen Verbindungen kann man auch nachweisen, indem man eine kleine Probe auf einem Platin- oder Nickelspatel verascht und den Rückstand nach den Regeln der anorganischen Analyse untersucht.

II. Funktionelle Gruppen

1. Carbonsäuren und deren Derivate

Carbonsäuren, sowie deren Ester, Chloride und Anhydride können mit Hydroxylamin leicht in die entsprechenden *Hydroxamsäuren* — $R \cdot CO(NHOH)$ — übergeführt werden, die in schwach saurer Lösung mit Eisen-III-chlorid eine Rot- oder Violettfärbung geben. Dabei reagiert die $CO(NHOH)$-Gruppe mit dem Eisen-III-Ion unter Bildung eines wasserlöslichen inneren Komplexsalzes:

$$R-C{\overset{\displaystyle /NHOH}{\diagdown_O}} \quad + \tfrac{1}{3}\,Fe^{3+} \longrightarrow \quad R-C{\overset{\displaystyle /\,N-O}{\diagdown_{O\cdots Fe/_3}}} \quad + H^+$$

a) Nachweis von Carbonsäuren

Freie Carbonsäuren können nicht direkt in Hydroxamsäuren übergeführt werden. Man muß zunächst das entsprechende Säurechlorid herstellen, aus dem bei Umsetzung mit Hydroxylamin und Alkali leicht das Alkalisalz der betreffenden Hydroxamsäure entsteht:

$$R \cdot COOH + SOCl_2 \longrightarrow R \cdot COCl + SO_2 + HCl$$

$$R \cdot COCl + NH_2OH + 2\,NaOH \longrightarrow R \cdot CO(NHONa) + NaCl + H_2O$$

Aus diesem wird durch Ansäuern die Säure freigesetzt und mit Eisen-III-chlorid nachgewiesen:

$$R \cdot CO(NHONa) + HCl \longrightarrow R \cdot CO(NHOH) + NaCl$$

Ausführung: In einem Mikrotiegel wird ein Tropfen der Carbonsäurelösung zur Trockene verdampft oder eine winzige Menge der zu untersuchenden festen Substanz in den Tiegel gebracht, mit zwei Tropfen Thionylchlorid versetzt und fast zur Trockene verdampft, wodurch die Carbonsäure in das Chlorid übergeführt wird.

Nun versetzt man mit zwei Tropfen alkoholischer Lösung von Hydroxylaminchlorhydrat und gibt alkoholische Lauge tropfenweise zu, bis die Flüssigkeit im Tiegel alkalisch reagiert (Prüfung mit Lackmuspapier). Hierauf wird durch neuerliches Erhitzen die Reaktion in Gang gebracht, mit wenigen Tropfen alkoholischer Salzsäure angesäuert und mit verd. Ferrichloridlösung versetzt, wobei Farbumschlag in Braunrot bis Tiefviolett eintritt. (Die Acidität der Lösung muß neuerlich mit Lackmus geprüft werden.)

Reagenzien: Thionylchlorid
Hydroxylaminchlorhydrat, gesätt. alkohol. Lösung
Ferrichloridlösung, 1 %ig
Natronlauge, alkohol.
Salzsäure, 0,5 n

b) Nachweis von Carbonsäure-anhydriden

Anhydride von Mono- und Dicarbonsäuren geben mit Hydroxylamin Hydroxamsäuren und die entsprechenden Carbonsäuren:

$$R \cdot CO \diagdown{O} \diagup{O} + NH_2OH \longrightarrow R \cdot CO(NHOH) + R \cdot COOH$$

Erstere werden, wie bereits beschrieben, mit Eisen-III-chlorid nachgewiesen.

Ausführung: Ein Tropfen der ätherischen Lösung des Anhydrids wird in einem Porzellanmikrotiegel mit 1 bis 2 Tropfen der Reagenzlösung versetzt und über einem Mikrobrenner zur Trockene eingedampft. Hierauf werden einige Tropfen Wasser zugesetzt, wonach je nach der Menge des Anhydrids eine Violett- oder Rosafärbung auftritt.

Reagens: Eine 0,5 %ige alkoholische Eisen-III-chloridlösung wird mit wenigen Tropfen conc. Salzsäure angesäuert und unter Erwärmen mit Hydroxylaminchlorhydrat gesättigt. Diese Lösung muß stets frisch zubereitet werden.

c) Nachweis von Carbonsäureestern

Werden Carbonsäureester mit Hydroxylaminchlorhydrat in Gegenwart von Alkalihydroxyd behandelt, so entstehen die Alkalisalze der entsprechenden Hydroxamsäuren.

$$R \cdot COOR_1 + NH_2OH + NaOH \longrightarrow R \cdot CO(NHONa) + R_1OH + H_2O$$

Durch Ansäuern wird die Hydroxamsäure in Freiheit gesetzt und durch die Farbreaktion mit Eisen-III-chlorid nachgewiesen. Lactone reagieren ähnlich.

Ausführung: Ein Tropfen der ätherischen Lösung des Esters wird in einem Mikroporzellantiegel nacheinander mit je einem Tropfen alkoholischer Lösung von Hydroxylaminchlorhydrat und alkoholischer Kalilauge versetzt und über einer Mikroflamme erwärmt, bis die Reaktion einsetzt, was an einem schwachen Aufbrausen zu bemerken ist. Nach dem Abkühlen wird mit 0,5n Salzsäure angesäuert und ein Tropfen einer wässerigen Ferrichloridlösung hinzugegeben. Je nach der Menge des Esters entsteht eine mehr oder weniger intensive Violettfärbung.

Reagenzien: gesättigte alkoholische Hydroxylaminchlorhydratlösung

gesättigte alkoholische Kaliumhydroxydlösung

Ferrichloridlösung, 1 %ig

Salzsäure, alkoholisch 0,5n

d) Nachweis von 1,2-Dicarbonsäuren

Dicarbonsäuren mit den Carboxylgruppen in 1,2-Stellung bzw. deren Derivate (Ester, Anhydride oder Imide) geben beim Verschmelzen mit Resorcin (oder beim Erhitzen mit Resorcin und conc. Schwefelsäure) Kondensationsprodukte vom *Fluorescëintyp.* Diese fluoreszieren in alkalischer Lösung grüngelb.

$$CH_2 - CH_2 - COONa$$

Eine COOH-Gruppe kann auch durch eine SO_3H-Gruppe ersetzt sein. 1,2-Dicarbonsäuren, die unmittelbar neben einer Carboxylgruppe eine freie Hydroxylgruppe besitzen, reagieren anders. So spaltet z. B. Apfelsäure durch die Einwirkung der heißen Schwefelsäure Ameisensäure ab und gibt schließlich unter den Bedingungen der Nachweisreaktion Umbelliferon, welches im UV-Licht in alkalischer Lösung blau fluoresciert.

Ausführung: Einige Milligramm der zu prüfenden Substanz werden in einen Mikrotiegel gebracht oder ein Tropfen der Lösung zur Trockene eingedampft, mit etwas frisch sublimiertem Resorcin und einigen Tropfen reinster conc. Schwefelsäure auf einer Asbestplatte oder besser in einem Aluminiumblock, der Vertiefungen zur Aufnahme zweier Tiegel und eines Thermometers besitzt, auf 130° C erhitzt und 5 Minuten bei dieser Temperatur gehalten. Der Tiegel samt Inhalt wird nach beendigter Reaktion in ein 50-ml-Becherglas mit Wasser gegeben, das Reaktionsprodukt aus dem Tiegel herausgelöst und mit Natronlauge alkalisch gemacht. Bei Anwesenheit von Substanzen mit oben erwähnten Atomgruppierungen tritt *Fluorescenz* ein, die besonders im UV-Licht deutlich sichtbar wird.

Es empfiehlt sich in allen Fällen eine Blindprobe unter den gleichen Bedingungen anzustellen; denn bei Überschreitung von 130° C zeigt auch eine Blindprobe eine schwache, bei Tageslicht grüne, bei UV-Licht grünblaue Fluorescenz, welche die Anwesenheit reaktionsfähiger Verbindungen vortäuschen könnte. Wahrscheinlich zersetzt sich bei höherer Temperatur das Resorcin teilweise und es entstehen dabei Dicarbonsäuren.

Reagenzien: Resorcin, sublimiert
　　　　　　　 Schwefelsäure, conc.

2. Carbonylverbindungen

a) Nachweis von Aldehyden

α) Mit fuchsinschwefeliger Säure (SCHIFFsche Reaktion)

Der rote Farbstoff p-Fuchsin wird durch Einwirkung von schwefeliger Säure entfärbt, da dessen chinoide Struktur (I) aufgehoben wird und die N-Sulfinsäure der p-Leucosulfonsäure (II) entsteht. Wird ein Aldehyd zugegeben, so bildet sich zunächst eine ebenfalls farblose Zwischenverbindung (III), die schließlich wieder in einen roten oder blauen Farbstoff chinoider Struktur (IV) übergeht.

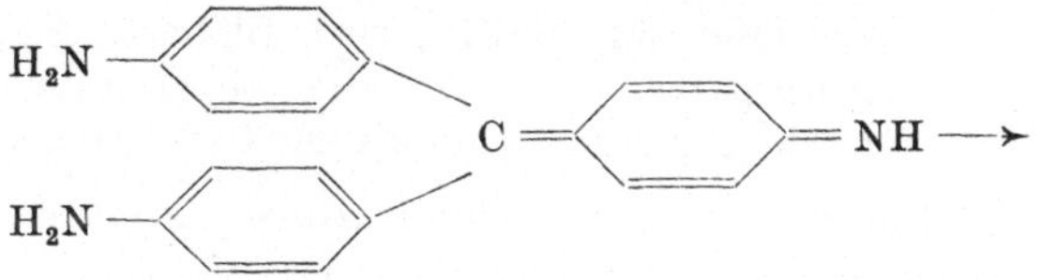

$$H_2N-\text{⟨⟩}\diagdown$$
$$\qquad\qquad C=\text{⟨⟩}=NH \longrightarrow \qquad (I)$$
$$H_2N-\text{⟨⟩}\diagup$$ 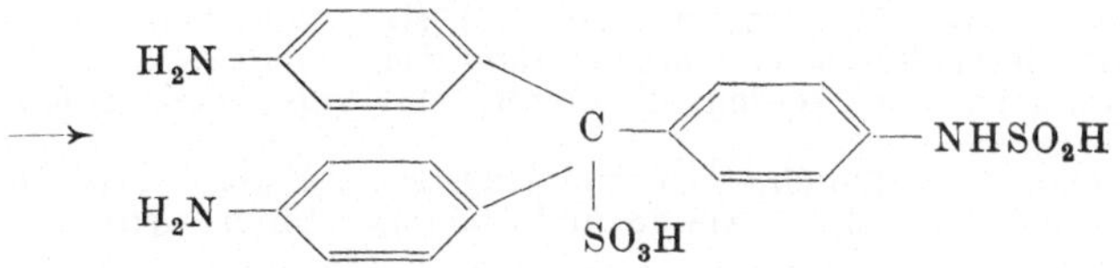

$$\longrightarrow \quad H_2N-\text{⟨⟩}\diagdown$$
$$\qquad\qquad C-\text{⟨⟩}-NHSO_2H \qquad (II)$$
$$H_2N-\text{⟨⟩}\diagup \;|\;$$
$$\qquad\qquad SO_3H$$

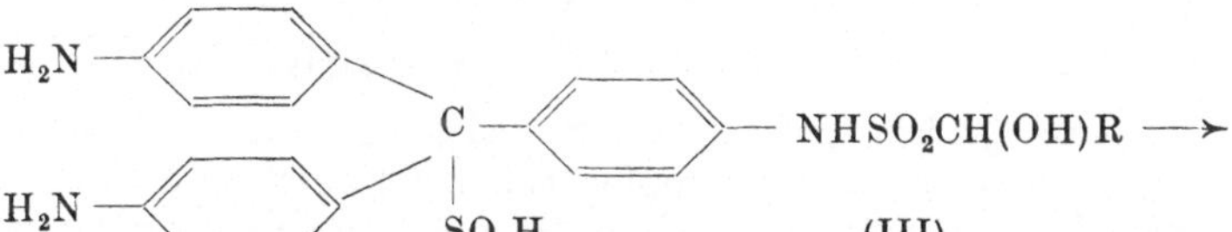

$$H_2N-\text{⟨⟩}\diagdown$$
$$\qquad\qquad C-\text{⟨⟩}-NHSO_2CH(OH)R \longrightarrow$$
$$H_2N-\text{⟨⟩}\diagup \;|\;$$
$$\qquad\qquad SO_3H \qquad (III)$$

$$HN=\text{⟨⟩}=\diagdown$$
$$\qquad\qquad C-\text{⟨⟩}-NHSO_2CH(OH)R$$
$$H_2N-\text{⟨⟩}\diagup$$
$$\qquad\qquad (IV)$$

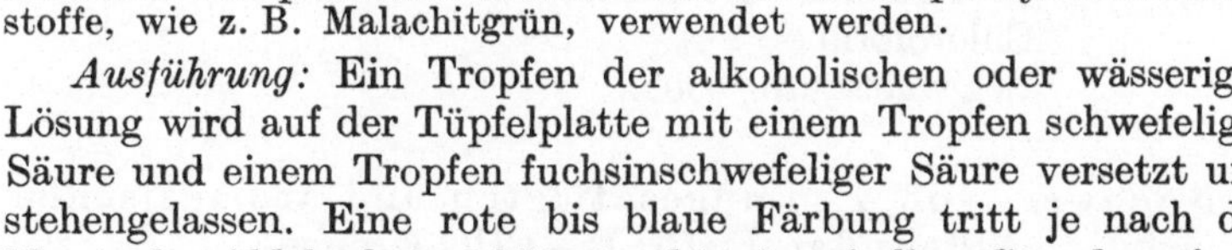

An Stelle von p-Fuchsin können auch andere Triphenylmethanfarbstoffe, wie z. B. Malachitgrün, verwendet werden.

Ausführung: Ein Tropfen der alkoholischen oder wässerigen Lösung wird auf der Tüpfelplatte mit einem Tropfen schwefeliger Säure und einem Tropfen fuchsinschwefeliger Säure versetzt und stehengelassen. Eine rote bis blaue Färbung tritt je nach der Menge des Aldehyds in 2 Minuten bis einer halben Stunde auf.

Reagenzien: Fuchsinschwefelige Säure. (Man leitet durch eine 0,1 %ige Fuchsinlösung so lange SO_2, bis die Lösung entfärbt ist.)
schwefelige Säure, 1 %ig

β) Mit Malachitgrün

Ein Tropfen neutraler Aldehydlösung wird auf ein Filterpapier gebracht, welches mit einer Lösung von Malachitgrün, die mit viel Alkalisulfit entfärbt wurde, imprägniert ist. Ein grüner Fleck entsteht bei Anwesenheit von Aldehyd.

Reagenzpapier: 0,8 g Malachitgrün werden in wenig Wasser suspendiert, durch Zugabe von 3 g Natriumsulfit in Lösung gebracht und erwärmt. Nach Zugabe von weiteren 2 g Sulfit wird filtriert. Ein dünnes Filterpapier wird in die abgekühlte gelbliche Lösung gebracht und an der Luft getrocknet.

γ) Mit Azobenzolphenylhydrazin-sulfonsäure

Eine wässerige Lösung dieser Säure (I) gibt mit Aldehyden, wahrscheinlich durch Hydrazonbildung (II) eine Rot- bzw. Blaufärbung. Mit dieser Reaktion können aromatische und aliphatische Aldehyde unterschieden werden, da erstere eine rote, letztere eine blaue Farbe geben.

Ketone reagieren ähnlich, aber viel langsamer. Ester, Alkohole, Phenole, Naphthole, Amine, Amide und Chinone stören nicht.

$$C_6H_5 - N = N - C_6H_4 - NH - NHSO_3H + R \cdot CHO \longrightarrow \quad \text{(I)}$$

$$\longrightarrow C_6H_5 - N = N - C_6H_4 - NH - N = CHR + H_2SO_4 \quad \text{(II)}$$

Ausführung: Ein Tropfen der Probelösung wird mit ungefähr 7 Tropfen Reagens und 4 Tropfen conc. Schwefelsäure in einem Reagenzglas gemischt. Man hält 30 Sekunden in siedendes Wasser und läßt abkühlen. Einige Tropfen Alkohol und genügend Chloroform werden, um 2 Schichten zu bilden, zugegeben, mit 5 Tropfen Salzsäure versetzt und kräftig geschüttelt. Bei Anwesenheit von Aldehyden wird die Chloroformschicht gefärbt.

Reagenzien: Salzsäure, conc.
Azobenzolphenylhydrazinsulfonsäure, $0,2^0/_0$ig, wäßrig
(Darstellung vgl. S. 191)
Chloroform
Schwefelsäure, conc.

b) Nachweis von α, β ungesättigten und aromatischen Aldehyden ($>$C$=$C$-$CHO-Gruppe)

Die gelbgefärbte, wässerige Lösung von Natriumpentacyanoammin-ferroat schlägt mit Thioketonen und in Gegenwart von Schwefelwasserstoff mit aromatischen und α, β-ungesättigten Aldehyden nach tiefblau um. Diese Reaktion verläuft folgendermaßen:

$$R \cdot CHO + H_2S \longrightarrow R \cdot CHS + H_2O$$

$$Na_3[Fe(CN)_5NH_3] + R \cdot CHS \longrightarrow Na_3[Fe(CN)_5R \cdot CHS] + NH_3$$

Ausführung: In einem Mikrotiegel wird ein Tropfen der Reagenzlösung mit einem Tropfen einer polysulfidfreien Ammoniumsulfhydratlösung vereinigt, hierauf ein Tropfen der wässerigen oder alkoholischen Probelösung zugefügt und zuletzt mit verd.

Essigsäure neutralisiert. Bei Anwesenheit von reaktionsfähigen Aldehyden tritt je nach deren Menge eine Blau- bzw. Grünfärbung auf.

Zu beachten ist, daß ein Überschuß an Essigsäure, auch bei einer Blindprobe, eine bläuliche Trübung hervorrufen kann und deshalb die Stärke der Essigsäure auf die verwendete Hydrosulfidlösung abzustimmen ist.

Reagenzien: Natriumpentacyano-amminferroat, 1 %ig
(Darstellung vgl. S. 190)
Ammoniumsulfhydratlösung
Essigsäure, verd.

c) Nachweis von Aldehyden und aliphatischen Methylketonen

Die bekannte Umsetzung von Aldehyden und aliphatischen Methylketonen mit Bisulfit

$$\begin{array}{c}R\\ \diagdown\\ \diagup \\ R'\end{array} C = O + NaHSO_3 \longrightarrow \begin{array}{c}R\\ \diagdown\\ \diagup \\ R'\end{array} C \begin{array}{c}\diagup OH\\ \\ \diagdown SO_3Na\end{array}$$

$$(R' = H \text{ oder } CH_3)$$

kann zu einem Nachweis von Carbonylgruppen verwendet werden. Wird eine neutrale Lösung eines Aldehyds (bzw. aliphatischen Methylketons) einer Natriumbisulfitlösung zugesetzt, so wird die Redox-Reaktion

$$SO_3'' + J_2 + H_2O \longrightarrow SO_4'' + 2\,J' + 2\,H^+$$

maskiert, d. h. zugegebene blaue Jod-Stärke-Lösung wird nicht entfärbt.

Selbstverständlich dürfen mit Jod reagierende Substanzen nicht anwesend sein, außerdem muß die zu prüfende Lösung neutral reagieren.

Ausführung: Ein Tropfen der alkoholischen oder wässerigen Probelösung wird mit einem Tropfen ungefähr n/1000-Bisulfitlösung versetzt. War die ursprüngliche Lösung alkoholisch, so empfiehlt sich mit 4 bis 5 Tropfen Wasser zu verdünnen. Nach ungefähr 5 Minuten gibt man 1 Tropfen n/1000-Jodlösung und 1 Tropfen einer mit Jod ganz schwach blaugefärbten Stärkelösung hinzu. Bleibt die Blaufärbung bestehen, so war die Reaktion positiv also Keton bzw. Aldehyd vorhanden. Bei kleinen Mengen Aldehyd oder Keton empfiehlt sich die Ausführung einer Blindprobe.

Reagenzien: Natriumbisulfitlösung, 0,001 n
Jodlösung, 0,001 n
Stärkelösung, 1 %ig, mit Jod schwach blaugefärbt

d) Nachweis von Methylenketonen ($-CH_2CO$-Gruppe)

α) Mit Nitroprussidnatrium

Nitroprussidnatrium gibt in alkalischer Lösung mit Aceton eine intensive rotgelbe Färbung, die beim Ansäuern mit Essigsäure in violett umschlägt. Ist kein Aceton vorhanden, so wird die alkalische Nitroprussidlösung entfärbt. Der Chemismus dieser Reaktion ist folgender:

$$[Fe(CN)_5NO]^{2-} + \ -CH_2COCH_3 + 2\ OH^- \longrightarrow$$

$$\longrightarrow [Fe(CN)_5NO = CHCOCH_3]^{4-} + 2\ H_2O$$

Auch andere Methylketone und Verbindungen, die eine enolisierbare CO-Gruppe enthalten, geben analoge Farbreaktionen. Ketone, die keine benachbarte Methyl- bzw. Methylengruppe zur CO-Gruppe besitzen, zeigen diese Reaktion nicht.

Da diese Farbreaktion auf die Isonitrosierung von CH_2-Gruppen zurückzuführen ist, wird ein positiver Nachweis auch bei Verbindungen erhalten, die eine aktivierte Methylengruppe enthalten oder bei denen eine solche durch Wanderung eines Wasserstoffatoms entstehen kann, wie z. B. Inden, Pyrrol, Resorcin, Orcin, Malonsäurediäthylester, Vitamin C.

Ausführung: Ein Tropfen der wässerigen oder alkoholischen Probelösung wird in einem Mikrotiegel mit einem Tropfen Nitroprussidnatriumlösung und einem Tropfen Natronlauge versetzt und nach kurzem Stehen, wobei meistens schon eine leichte Färbung eintritt, 1 bis 2 Tropfen Eisessig zugesetzt. Eine Rot- oder Blaufärbung zeigt das Vorliegen eines Methylketons an.

Reagenzien: Nitroprussidnatriumlösung, 5%ig
Natronlauge, 30%ig
Eisessig

β) Durch Überführung in Indigo

Die BAEYERsche Indigosynthese (s. S. 143) kann ebenfalls für einen Nachweis von Aceton verwendet werden. Darüber hinaus gibt o-Nitrobenzaldehyd mit allen Verbindungen, die eine CH_3CO-Gruppe enthalten, Indigo, wenn diese Gruppe einem Wasserstoffatom oder einem C-Atom benachbart ist, an welchem sich nicht Gruppen mit großer sterischer Hinderung befinden. Ebenso können Substanzen, bei denen die CH_3CO-Gruppe durch Hydrolyse freigesetzt wird, eine positive Indigoprobe geben.

Ausführung: Ein Tropfen der möglichst nicht alkoholischen Probelösung wird in einem Mikroproberöhrchen mit einem Tropfen alkalischer Lösung von o-Nitrobenzaldehyd im Wasserbad gelinde erwärmt und nach dem Erkalten mit Chloroform ausgeschüttelt. Eine Blaufärbung der Chloroformschicht zeigt ein Methylketon an. (Beim Arbeiten in alkoholischer Lösung erhält man manchmal eine Rot- statt einer Blaufärbung der Chloroformschicht.)

Reagenzien: Gesättigte Lösung von o-Nitrobenzaldehyd in 2n-Natronlauge
Chloroform

e) Nachweis von aliphatischen 1,2-Dioxoverbindungen

Aliphatische 1,2-Dioxo- und monocyclische hydro-aromatische o-Dioxoverbindungen setzen sich mit Hydroxylamin in Gegenwart von Alkali zu 1,2-Dioximen um, die mit Nickelsalzlösungen wasserlösliche rote bzw. gelbe Innerkomplexe geben.

$$
\begin{array}{c}
-C = O \\
| \\
-C = O
\end{array}
+ 2\,NH_2OH + \tfrac{1}{2}\,Ni^{2+} + OH^- \longrightarrow
$$

$$
\longrightarrow
\begin{array}{c}
\overset{\displaystyle O}{\overset{\|}{-C = N}} \\
| \\
-C = N \\
| \\
OH
\end{array}
\Big\rangle Ni/_2 + 3\,H_2O
$$

Mit dieser Reaktion können aliphatische von aromatischen Dioxoverbindungen unterschieden werden, da letztere mit Hydroxylamin keine Oxime geben, sondern reduziert werden.

Ausführung: Ein Tropfen der zu untersuchenden Lösung wird in einem Zentrifugenglas mit einem Tropfen Hydroxylaminchlorhydratlösung versetzt und kurz im Wasserbad erwärmt. Ein Tropfen der klaren Lösung (wenn nötig, vorher zentrifugieren!) wird auf ein Filterpapier gebracht und mit einer Nickelsalzlösung angetüpfelt. Es tritt eine Gelb- oder Rotfärbung auf, entweder sofort oder nachdem das Papier über Ammoniak gehalten wurde.

Reagenzien: 1 g Hydroxylaminchlorhydrat und 1 g Natriumacetat werden in 2 ml Wasser gelöst
Nickelacetatlösung, 5%ig
Ammoniak, conc.

f) Nachweis von aromatischen o-Dioxoverbindungen

Der im folgenden beschriebene spezifische Nachweis aromatischer o-Dioxoverbindungen mit 2-Amino-5-dimethylaminophenol (I) verläuft [z. B. mit Phenanthrachinon (II)] über eine wechselseitige

Oxydation und Reduktion (III, IV). Die Reaktionsprodukte kondensieren zu einem tief blau gefärbten Oxazinfarbstoff (V):

$$NH_2 \quad O$$
$$(CH_3)_2N \cdots \quad OH \quad O \quad + H^+ \longrightarrow$$
$$(I) \qquad\qquad (II)$$

$$\longrightarrow \quad NH \quad HO$$
$$(CH_3)_2\overset{+}{N} \quad OH \quad HO \quad \longrightarrow$$
$$(III) \qquad\qquad (IV)$$

$$\xrightarrow{-\,2\,H_2O}$$
$$(CH_3)_2\overset{+}{N} \qquad N \qquad O$$
$$(V)$$

Es ist darauf zu achten, daß die zu untersuchende Probe kein oxydierendes Reagens enthält.

Ausführung: 1 Tropfen der zu prüfenden Lösung wird in einem Mikroproberöhrchen mit 2 Tropfen frisch bereiteter Reagenzlösung versetzt. Eine mehr oder minder intensive Blaufärbung erscheint entweder sofort oder nach mäßigem Erwärmen, je nach der Menge der 1,2-Dioxoverbindungen. Beim Arbeiten mit **sehr** kleinen Mengen empfiehlt es sich, eine Blindprobe anzustellen und gegen einen weißen Hintergrund zu beobachten.

Reagens: 0,05 g 2-Nitroso-5-dimethylamino-phenol werden in 5 ml Eisessig suspendiert. Man schüttelt mit Zinkstaub unter Kühlen bis zur Entfärbung, filtriert und verdünnt das Filtrat auf 10 ml Eisessig. Das Reagens muß stets frisch bereitet werden, weil es beim Stehen an der Luft blau wird. (Darstellung vgl. S. 191.)

3. Alkohole

a) Nachweis von primären, sekundären und tertiären Alkoholen

Wird eine benzolische Lösung von Vanadiumoxinat (I) mit etwas Alkohol versetzt, so färbt sich die ursprünglich graugrüne Lösung rot. Diese Farbänderung hängt offensichtlich mit einer Alkoholatbildung (II) zusammen.

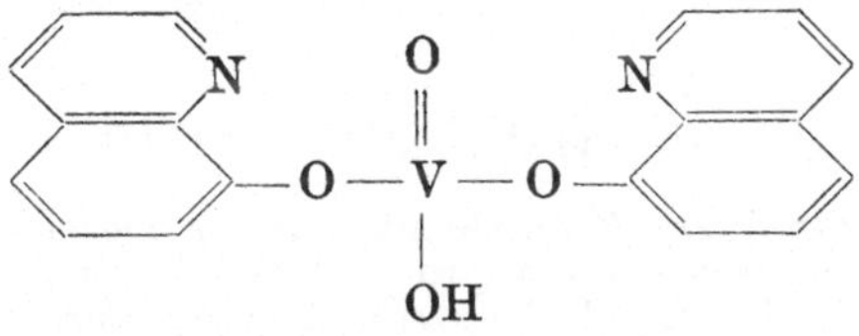

(I)

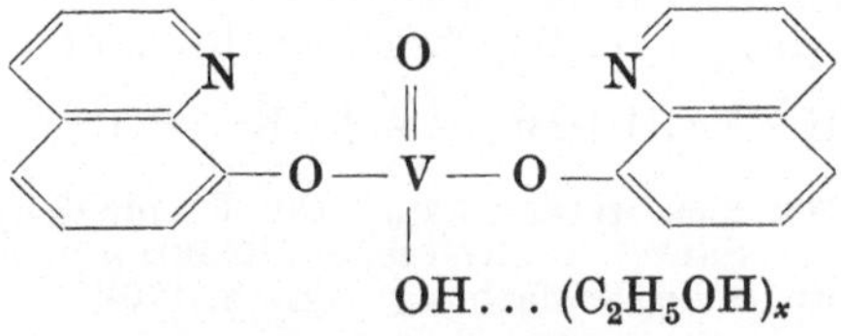

(II)

Der Farbumschlag wird sowohl von primären als auch von sekundären und tertiären Alkoholen und von Verbindungen mit alkoholischen OH-Gruppen bewirkt, wenn bestimmte Reaktionsbedingungen erfüllt sind. So muß die zu prüfende Substanz leicht in Benzol löslich sein (Zucker geben eine negative Probe). Ist zusätzlich zur Alkoholgruppe eine Carboxyl- oder Phenolgruppe oder ein basischer Stickstoff vorhanden, so fällt die Reaktion ebenfalls negativ aus. Thiole und Amine geben eine grüne oder gelbe Färbung.

Ausführung: Ein Tropfen der zu untersuchenden Lösung (in Wasser, Benzol oder Toluol) wird in einem Mikroreagenzglas mit 4 Tropfen Reagenzlösung versetzt. Unter zeitweiligem Schütteln wird im Wasserbad von 60° C erwärmt. Nach 2 bis 10 Minuten färbt sich die ursprünglich graugrüne Lösung rot, wenn die zu prüfende Substanz ein Alkohol war.

Sind nur sehr geringe Mengen nachzuweisen, so ist auf alle Fälle eine Blindprobe durchzuführen.

Reagens: 1 ml einer Lösung eines Vanadiumsalzes, deren Konzentration so gewählt ist, daß pro Milliliter 1 mg V vorhanden ist, wird mit 1 ml einer 2,5%igen 8-Hydroxychinolinlösung in 6%iger Essigsäure versetzt. Man schüttelt mit 30 ml Benzol aus.
Diese Reagenzlösung ist nur einen Tag haltbar.

b) Nachweis von mehrwertigen Alkoholen

Mehrwertige Alkohole mit benachbarten OH-Gruppen (Glycerin, Glykol, Erythrit, Mannit usw.) werden in der Kälte durch überschüssige Perjodsäure zu Formaldehyd und Ameisensäure abgebaut (Reaktion von MALAPRADE):

$$CH_2OH$$
$$|$$
$$(CHOH)_{n-1} + n\, HJO_4 \longrightarrow$$
$$|$$
$$CH_2OH$$

$$\longrightarrow 2\, CH_2O + (n-1)\, H \cdot COOH + n\, HJO_3 + H_2O$$

Die Reaktionsprodukte Formaldehyd und Ameisensäure können leicht nachgewiesen werden. Da pro Molekül Alkohol nur 2 Moleküle Formaldehyd, aber $(n-1)$ Moleküle Ameisensäure entstehen, ist es empfehlenswert, letztere nachzuweisen.
Ameisensäure gibt bei der Oxydation mit Brom CO_2:

$$H \cdot COOH + Br_2 \longrightarrow 2\, HBr + CO_2$$

das einfach nachgewiesen werden kann. Der Formaldehyd kann mit fuchsinschwefeliger Säure (SCHIFFsche Reaktion) nachgewiesen werden (charakteristische Rotfärbung; vgl. S. 170).

Ausführung: In einem kleinen Destillationsapparat (Abb. 58) wird die zu untersuchende Probe mit 2 Tropfen 5%iger Kaliumperjodatlösung und 5 Tropfen Schwefelsäure versetzt und leicht erwärmt. Dann wird Brom tropfenweise zugegeben, bis die Lösung leicht gelb gefärbt ist. Man bringt jetzt eine Glasperle ein und verschließt das Gerät mit dem Destillationsaufsatz. Das Destillationsröhrchen wird in ein kleines Reagenzglas, in dem sich Bariumhydroxydlösung befindet, eingeführt. Diese wird durch Überschichten mit etwas Paraffinöl gegen Luft-CO_2 geschützt. Man erwärmt das Destillationsgerät vorsichtig. Waren Polyalkohole vorhanden, so trübt sich die Bariumhydroxydlösung.

Reagenzien: Kaliumperjodatlösung, 5%ig
Schwefelsäure, 1 n
Barytwasser (gesättigte Bariumhydroxydlösung)
Paraffinöl

4. Phenole

Viele Phenole geben mit salpetriger Säure p-Nitrosoverbindungen (I), die in ihrer isomeren chinoiden Form (II) in Gegenwart von conc. Schwefelsäure mit überschüssigem Phenol zu stark gefärbten Indophenolen (III) kondensieren.

$$HO—\langle\!=\!=\rangle—NO \qquad O=\langle\!=\!=\rangle=NOH$$

$$(I) \qquad\qquad\qquad (II)$$

$$O=\langle\!=\!=\rangle=N—\langle\!=\!=\rangle—OH$$

$$(III)$$

p-substituierte Phenole und Nitrophenole reagieren nicht; Phenoläther und Thiophenole geben eine positive Reaktion.

Ausführung: Ein Tropfen der ätherischen Probelösung wird im Mikrotiegel zur Trockene eingedunstet, dann mit einem Tropfen conc. Schwefelsäure, die etwas salpetrige Säure enthält, versetzt und unter Umschwenken wenige Minuten stehen gelassen, wobei eine intensive Färbung auftritt. Die Probe wird vorsichtig mit einem Tropfen Wasser verdünnt, wobei manchmal die Färbung bedeutend intensiver wird, und nach dem Abkühlen mit Lauge alkalisch gemacht, wobei in manchen Fällen Farbänderung eintritt.

Reagenzien: conc. Schwefelsäure mit 1% Natriumnitrit
Natronlauge, 4 n

5. Amine

a) Nachweis von primären und sekundären aliphatischen Aminen

Wird Schwefelkohlenstoff zu freien primären oder sekundären aliphatischen Aminen gegeben, so entstehen bei Zimmertemperatur Dithiocarbamate (I); tertiäre Amine reagieren nicht. Die SH- und CS-Gruppen der entstandenen Dithiocarbamate können entweder mit Natriumazid-Jod-Lösung oder mit Silbernitrat nachgewiesen werden. Überschüssiger Schwefelkohlenstoff muß vorher entfernt werden. Liegt die Probe in Salzform vor, so setzt man die Base mit Triäthylamin frei.

Aromatische Amine, die mit Schwefelkohlenstoff Thioharnstoffderivate bilden könnten (II), reagieren unter den für den oben angeführten Nachweis nötigen milden Reaktionsbedingungen nicht.

$$CS_2 + 2\,NH_2 \cdot R \longrightarrow SC \begin{cases} SH \cdot NH_2 \cdot R \\ NH \cdot R \end{cases} \qquad (I)$$

$$CS_2 + 2\,NH \cdot R_1 \cdot R_2 \longrightarrow SC \begin{cases} SH \cdot NH \cdot R_1 R_2 \\ NR_1 R_2 \end{cases}$$

$$2\,C_6H_5 - NH_2 + CS_2 \longrightarrow$$

$$\longrightarrow C_6H_5 - NH - CS - NH - C_6H_5 + 2\,H_2S \qquad (II)$$

Bei dem Azidnachweis (siehe auch S. 188) handelt es sich um die katalytische Beschleunigung der Reaktion:

$$2\,NaN_3 + J_2 \longrightarrow 2\,NaJ + 3\,N_2$$

Diese Probe kann selbstverständlich nicht angewendet werden, wenn in der zu untersuchenden Lösung Mercaptane, Thioketone und Thioverbindungen vorhanden sind.

Ausführung: Ein Tropfen der alkoholischen Probelösung oder der freien Base wird in einem Mikrotiegel mit einigen Tropfen Alkohol-Schwefelkohlenstoff-Mischung versetzt. Nach ungefähr 5 Minuten wird der überschüssige Schwefelkohlenstoff abgedunstet und einige Tropfen der Jod-Azid-Lösung oder einer Lösung von Silbernitrat in Salpetersäure zugegeben. Man achte auf Stickstoffentwicklung bzw. auf Schwarzfärbung.

Der Nachweis mit Silbernitrat kann auch auf Filterpapier ausgeführt werden. Die Base und der Schwefelkohlenstoff werden auf dem Filterpapier vermischt (wenn nötig zusammen mit Triäthylamin) und mit saurer Silbernitratlösung angetüpfelt. Auftretende Schwarzfärbung weist auf vorhandene Amine hin.

Reagenzien: Mischung von Schwefelkohlenstoff und Alkohol 1 : 1
Lösung von 3 g Natriumazid in 100 ml 0,1 n-Jodlösung
1%ige Lösung von Silbernitrat in verd. Salpetersäure

b) Nachweis von primären, sekundären und tertiären aliphatischen und aromatischen Aminen

Alle Verbindungen, die NH_2-, NH- oder $N(CH_3)$-Gruppen enthalten, bilden beim Schmelzen mit Dichlorfluorescëin und wasser-

freiem Zinkchlorid rote, wasserlösliche Rhodaminfarbstoffe. Diese
zeigen in saurer Lösung eine charakteristische Fluorescenz im ultra-
violetten Licht.

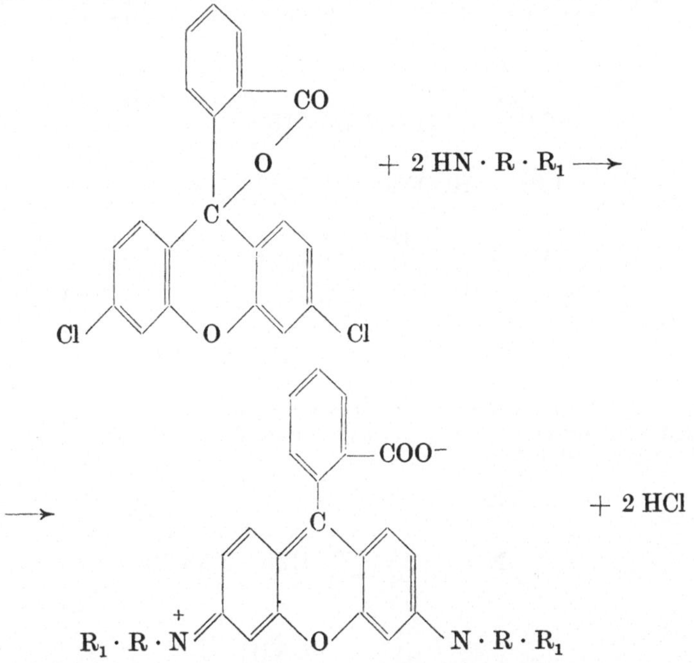

$$+ \; 2\,HN \cdot R \cdot R_1 \longrightarrow$$

$$\longrightarrow \qquad\qquad\qquad\qquad + \; 2\,HCl$$

Ausführung: Ein Tropfen der salzsauren Probelösung wird in
einem Reagenzglas zur Trockene eingedunstet und der Trocken-
rückstand mit einer Spatelspitze Fluoresceinchlorid und der
doppelten Menge Zinkchlorid vermischt. Hierauf wird in einem
Luftbad (großer Eisentiegel oder Aluminiumblock) bei 250° bis
260° C so lange erhitzt, bis alles Zinkchlorid geschmolzen ist. Die
Schmelze wird nach dem Erkalten in alkoholischer Salzsäure
gelöst. Primäre und sekundäre aliphatische Amine geben rosa
bis gelb gefärbte Lösungen, die grün bis orange fluoreszieren.
Primäre, sekundäre und tertiäre aromatische Amine geben tief rot
bis violett gefärbte Lösungen, die nicht fluoreszieren. Bei kleinen
Aminmengen ist zur Feststellung der Fluorescenz die Beobachtung
im Lichte der Analysenquarzlampe erforderlich.

Reagenzien: Dichlorfluorescëin
      Zinkchlorid, wasserfrei
      Salzsäure, 10%ig alkoholische

c) Nachweis von primären aromatischen Aminen

Primäre aromatische Amine geben in saurer Lösung mit Glutacon-aldehyd (Salz der Enolform) gefärbte Produkte (Typus SCHIFFsche Base), die zur Klasse der Polymethinfarbstoffe gehören.

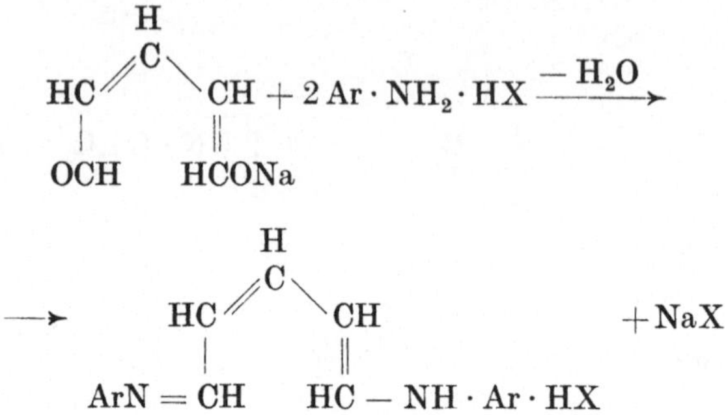

$$\underset{\substack{|\\ \text{OCH}}}{\text{HC}}\!\!\diagup\!\!\overset{\overset{\text{H}}{|}}{\text{C}}\!\!\diagdown\!\!\underset{\substack{\|\\ \text{HCONa}}}{\text{CH}} + 2\,\text{Ar}\cdot\text{NH}_2\cdot\text{HX} \xrightarrow{\;-\,\text{H}_2\text{O}\;}$$

$$\longrightarrow \underset{\substack{|\\ \text{ArN}=\text{CH}}}{\text{HC}}\!\!\diagup\!\!\overset{\overset{\text{H}}{|}}{\text{C}}\!\!\diagdown\!\!\underset{\substack{\|\\ \text{HC}-\text{NH}\cdot\text{Ar}\cdot\text{HX}}}{\text{CH}} \qquad +\,\text{NaX}$$

Da freier Glutaconaldehyd unbeständig ist, wird er während der Nachweisreaktion aus 4-Pyridylpyridinium-dichlorid durch Umsetzen mit Alkali hergestellt.

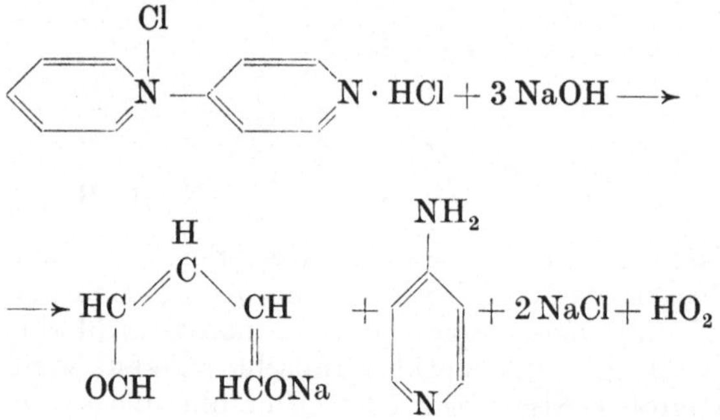

$$\overset{\overset{\text{Cl}}{|}}{\boxed{}}\text{N}-\boxed{}\text{N}\cdot\text{HCl} + 3\,\text{NaOH} \longrightarrow$$

$$\longrightarrow \underset{\substack{|\\ \text{OCH}}}{\text{HC}}\!\!\diagup\!\!\overset{\overset{\text{H}}{|}}{\text{C}}\!\!\diagdown\!\!\underset{\substack{\|\\ \text{HCONa}}}{\text{CH}} + \overset{\overset{\text{NH}_2}{|}}{\boxed{}}_{\!\!\text{N}} + 2\,\text{NaCl} + \text{HO}_2$$

Ausführung: Man bringt in einen Mikrotiegel je einen Tropfen der Probelösung und der Reagenzlösung, macht mit 2 Tropfen Natronlauge alkalisch und fügt sofort 3 Tropfen Salzsäure hinzu. Bei Anwesenheit eines primären aromatischen Amins treten intensiv rote bis violette Färbungen bzw. Niederschläge auf.

Man kann auch Tüpfelpapier mit einer alkoholischen Lösung von Natriumglutaconaldehyd-enolat (bereitet durch Zufügen von Natronlauge zu einer alkoholisch wässerigen Lösung von 4-Pyridyl-pyridiniumdichlorid) tränken und auf das getrocknete Papier mit der warmen, schwach mineralsauren Probelösung tüpfeln. Es entstehen dann auf dem schwach bräunlichen Papier rote, violette oder braune Farbflecke. Bei Abwesenheit von Aminen bildet sich auf dem Papier infolge Zerstörung des Natriumglutaconaldehydenolates ein weißer Fleck.

Reagenzien: 4-Pyridyl-pyridiniumdichlorid, 1%ig (Darstellung vgl. S. 190)
Natronlauge, 2 n
Salzsäure, 2 n

d) Nachweis von tertiären Ringbasen

Wird eine tertiäre Ringbase (oder eine Oxoniumverbindung) mit Methyljodid oder Dimethylsulfat quartärnisiert, so reagiert die entstandene Verbindung mit 1,2-Naphthochinon-4-sulfonsaurem Natrium unter Bildung gefärbter Produkte (rot, violett, grün):

Die zu untersuchende Verbindung soll keine reaktionsfähigen CH_2-Gruppen oder NH_2-Gruppen enthalten, da diese ebenfalls mit 1,2-Naphthochinonsulfonat reagieren.

Ausführung: Eine kleine Menge der zu prüfenden Substanz (fest oder 1 Tropfen der Lösung) wird in einem hohen Mikrotiegel mit 5 bis 6 Tropfen Methyljodid oder Dimethylsulfat auf einer Asbestplatte mit einem Mikrobrenner zum gelinden Sieden erhitzt. Bei schwer quartärnisierbaren Substanzen ist die Anlagerung von Jodmethyl in einem geschlossenen Kapillarröhrchen durch mehrstündiges Erhitzen im Wasserbad bei 100° C vorzunehmen. Zu dem quartärnisierten Produkt werden 2 bis 3 Tropfen einer gesättigten, wässerigen Lösung von naphthochinonsulfonsaurem Natrium zugefügt und hernach mit Natronlauge alkalisch gemacht. Eine auftretende Färbung bzw. Farbumschlag zeigt den positiven Ausfall der Reaktion an. Durch Ansäuern mit Essigsäure wird ein Farbwechsel hervorgerufen.

Reagenzien: 1,2-naphthochinonsulfonsaures Natrium, gesättigte
Lösung (Darstellung vgl. S. 191)
Methyljodid oder Dimethylsulfat
Natronlauge, 0,5 n
Essigsäure, 1 n

6. Hydrazine

Aliphatische und aromatische Hydrazine mit freier NH_2-Gruppe ($>N - NH_2$) geben beim Behandeln mit einer Lösung von Natrium-pentacyano-ammin-ferroat gefärbte Produkte, wie diese bei der Umsetzung des Reagens mit Nitrosoverbindungen (s. S. 185) und α, β-ungesättigten Aldehyden (s. S. 172) entstehen.

$$Na_3 [Fe(CN)_5NH_3] + H_2N \cdot NHR \longrightarrow$$

$$\longrightarrow NH_3 + Na_3 [Fe(CN)_5H_2N \cdot NHR]$$

Ausführung: Zu einer neutralen wässerigen oder alkoholischen Lösung der zu untersuchenden Substanz werden mehrere Tropfen einer Natriumpentacyano-ammin-ferroatlösung zugesetzt und einige Zeit stehengelassen. Es treten intensive rote bis violette Färbungen auf. Beim Alkalisieren tritt bei einigen Substanzen ein Farbumschlag nach gelb ein.

Reagenzien: Natriumpentacyano-ammin-ferroat, 1%ig (vgl. S. 190)
Natronlauge, 2 n

7. Oxime und Hydroxamsäuren

Aldoxime, Ketoxime oder Hydroxamsäuren geben beim Erwärmen mit conc. Salzsäure Hydroxylaminchlorhydrat (1, 1a). Dieses wird in essigsaurer Lösung durch Jod zu salpetriger Säure oxydiert (2), welche bei gleichzeitiger Anwesenheit von Sulfanilsäure diese diazotiert (3). Die entstandene Diazoniumbenzolsulfonsäure kann mit α-Naphthylamin zu einem roten Farbstoff gekuppelt werden (4). Das überschüssige Jod wird vorher mit Thiosulfat entfernt.

$$>C = NOH + H_2O + HCl \longrightarrow \; >C = O + NH_2OH \cdot HCl \quad (1)$$

$$RCO(NHOH) + H_2O + HCl \longrightarrow R \cdot COOH + NH_2OH \cdot HCl \quad (1a)$$

$$NH_2OH + 2 J_2 + H_2O \longrightarrow HNO_2 + 4 HJ \quad (2)$$

$$HO_3S{-}\langle\ \rangle{-}NH_2 + HNO_2 + H^+ \longrightarrow$$

$$\longrightarrow HO_3S{-}\langle\ \rangle{-}\overset{+}{N}\equiv N + 2\,H_2O \qquad (3)$$

$$HO_3S{-}\langle\ \rangle{-}\overset{+}{N}\equiv N + \langle\ \rangle{-}NH_2 \longrightarrow$$

$$\longrightarrow HO_3S{-}\langle\ \rangle{-}N=N{-}\langle\ \rangle{-}\overset{+}{N}H_3$$

$$(4)$$

Die Reaktionen (3) und (4) entsprechen dem bekannten GRIESS-schen Nitritnachweis.

Ausführung: Die zu untersuchende Substanz (Lösungen werden vorher zur Trockene eingedampft) wird in einem Mikrotiegel mit 3 Tropfen conc. Salzsäure auf ein Fünftel des ursprünglichen Volumens eingedampft. Dann setzt man nacheinander einige Milligramm festes Natriumacetat, 1 oder 2 Tropfen Sulfanilsäure-lösung und 1 Tropfen Jod in Eisessig zu. Man läßt 2 bis 3 Minuten stehen, entfernt überschüssiges freies Jod mit Natriumthiosulfat und gibt dann 1 Tropfen der α-Naphthylaminlösung zu. Je nach der Menge des vorhandenen Oxims tritt eine mehr oder minder intensive Rotfärbung auf.

Reagenzien: Jodlösung, 0,1 n in Eisessig.
Sulfanilsäurelösung: 1 g Sulfanilsäure in 75 ml Wasser und 25 ml Eisessig
Thiosulfatlösung, 0,1 n
α-Naphthylaminlösung: 0,3 g α-Naphthylamin in 70 ml Wasser und 30 ml Eisessig

8. Nitrosoverbindungen

a) Mit Natriumpentacyano-ammin-ferroat

Prussidsalze geben mit Nitrosoverbindungen kräftig gefärbte Komplexe. Die Farbreaktion beruht auf dem Austausch des Ammoniakmoleküls durch ein Molekül Nitrosoverbindung

$$Na_3[Fe(CN)_5NH_3] + R\cdot NO \longrightarrow NH_3 + Na_3[Fe(CN)_5R\cdot NO]$$

Dieser Austausch findet nur bei Licht statt und verläuft im Dunkeln unmeßbar langsam.

Aromatische Thioaldehyde und einige Thioketone geben eine blaue, gewisse aromatische Hydrazine eine rote Farbe. Pyridin stört die Farbreaktion.

Ausführung: Auf einer Tüpfelplatte werden ein Tropfen der Probelösung und einige Tropfen einer frisch bereiteten Lösung von Natriumpentacyano-ammin-ferroat vereinigt. Nach kurzem Stehen tritt eine intensive Grün-, seltener Violettfärbung auf.

Reagens: Natriumpentacyano-ammin-ferroat, 1 %ig, (vgl. S. 190)

b) Mit Phenol und Schwefelsäure (Reaktion nach LIEBERMANN)

Die aliphatischen und aromatischen Nitrosoverbindungen geben beim Erhitzen mit Phenol in Gegenwart von Schwefelsäure Rotfärbung, die bei Einwirkung von Alkali in Blau umschlägt.

Ausführung: In einen Mikrotiegel werden einige Stäubchen der zu untersuchenden Substanz sowie ein Körnchen reines Phenol gebracht und über einem Mikrobrenner zum Schmelzen erhitzt. Zu der erkalteten Schmelze gibt man einige Tropfen reinste conc. Schwefelsäure, worauf sich die Probe dunkelkirschrot färbt. Nach Verdünnen mit etwas Wasser macht man durch Zusatz von einigen Tropfen Natronlauge alkalisch, wobei die Lösung tiefblau wird. Statt der festen Substanz kann auch eine ätherische Lösung verwendet werden, die sich leicht eindunsten läßt.

Reagenzien: Phenol
              Schwefelsäure, conc.
              Natronlauge, 4 n

9. Nitroverbindungen

a) Nachweis von Mono-nitroverbindungen

Die oben beschriebene Farbreaktion für Nitrosoverbindungen (siehe Punkt 8a) kann auch zum Nachweis von Nitroverbindungen verwendet werden, wenn diese vorher zu den entsprechenden Nitrosoverbindungen reduziert werden. Die Reduktion wird in einem Tropfen der neutralen oder alkalischen Lösung in Gegenwart des Reagens mit einer Nickel- und Bleielektrode durchgeführt.

Ausführung: Ein Tropfen der zu untersuchenden alkoholischen oder wässerigen Lösung wird in einem Mikrotiegel mit einem Tropfen einer frisch bereiteten Lösung von Natriumpentacyano-ammin-ferroat und einem Tropfen Alkali versetzt. Falls nach

Zusatz des Alkalis eine Verfärbung eintritt, nimmt man statt dessen einen Tropfen Natriumsulfatlösung als Leitsalz.

In die im Mikrotiegel befindliche Lösung wird ein Nickeldraht als Kathode und ein Bleidraht als Anode eingetaucht und der Strom aus einer Taschenlampenbatterie (oder einem 4-Volt-Akkumulator) durchgeleitet. Die Dauer der Elektrolyse beträgt mindestens 10 Minuten, bei kleinen Mengen bis zu einer halben Stunde. Während der Elektrolyse verfärbt sich die Flüssigkeit und die Farbtiefe nimmt beim Stehen noch beträchtlich zu. Meist tritt eine Grün-, seltener Violettfärbung auf.

Eine Blindprobe bei Verwendung von Natriumsulfat verändert ihre schwachgelbe Färbung nicht, bei Verwendung von Alkali tritt eine unbedeutende Vertiefung des gelben Farbtones ein.

Reagenzien: Natriumpentacyano-ammin-ferroat, 1 %ig (vgl. S. 190)
Natronlauge, 4n
Natriumsulfatlösung, 5 %ig

b) Nachweis von m-Dinitroverbindungen

Werden m-Dinitroverbindungen mit einer Kaliumcyanidlösung erwärmt, so bildet sich eine rotbraune bis violette Färbung bzw. ein Niederschlag. Diese Farbe ist auch in Gegenwart von verd. Säuren beständig, im Gegensatz zu der Verfärbung, die Nitrophenole mit der gleichen Reaktion geben.

Ausführung: Einige Körnchen der zu untersuchenden Substanz oder ein Tropfen der Lösung werden in einem Mikrotiegel mit einem Tropfen Kaliumcyanidlösung vermischt und über einem Mikrobrenner mäßig erwärmt. Bei Gegenwart von m-Dinitroverbindungen tritt eine Violett- oder Rotfärbung auf, die auch bei Zugabe einiger Tropfen Salzsäure bestehen bleibt.

Reagenzien: Kaliumcyanidlösung, 10 %ig
Salzsäure, 2n

10. Sulfonsäuren, Sulfinsäuren und Sulfonamide

Werden die Alkalisalze von Sulfonsäuren mit Natriumformiat verschmolzen, so entstehen die betreffenden Carbonsäuren und Alkalisulfit. Liegen freie Sulfonsäuren vor, so muß vor der Schmelze Alkalihydroxyd zugesetzt werden.

$$R \cdot SO_3H + H \cdot COONa + 2\,NaOH \longrightarrow$$

$$\longrightarrow R \cdot COONa + Na_2SO_3 + 2\,H_2O$$

Beim Ansäuern der Schmelze wird SO_2 freigesetzt, das auch in sehr geringen Mengen nachgewiesen werden kann.

Sulfinsäuren und Sulfonamide reagieren beim Schmelzen mit Natriumformiat in gleicher Weise.

Ausführung: In dem in Abb. 62 gezeigten Gerät wird etwas Substanz, bzw. ein Tropfen der wässerigen Lösung mit einem Tropfen alkalischer Natriumformiatlösung zur Trockene eingedampft. Der Rückstand wird etwa 30 Sekunden über offener Flamme erhitzt, bis leichte Graufärbung auftritt. Nach dem Erkalten wird mit Schwefelsäure angesäuert und der Stopfen eingesetzt, nachdem auf den Knopf ein Tropfen Reagenzlösung gegeben wurde. Eine auftretende Blaufärbung zeigt vorhandene Sulfonsäuren an.

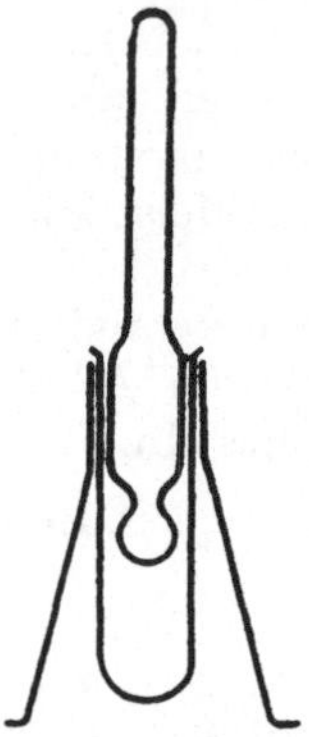

Abb. 62. Apparat zum Nachweis von SO_2, CO_2 usw. nach F. FEIGL

Reagenzien: Alkalische Natriumformiatlösung: 0,5 g Natriumformiat und 0,6 g NaOH werden in 10 ml Wasser gelöst
Ferri-ferricyanidlösung: 0,08 g Eisen-III-chlorid, wasserfrei und 0,1 g Kaliumferricyanid werden in 100 ml Wasser gelöst. Schwefelsäure, verd.

11. Thioketone und Mercaptane

Die Reaktion

$$2\,NaN_3 + J_2 \longrightarrow 2\,NaJ + 3\,N_2$$

verläuft normalerweise äußerst langsam. Sie wird aber nicht nur von allen anorganischen Sulfiden, Thiosulfaten und Thiocyanaten katalytisch beschleunigt, sondern auch von festen und gelösten organischen Verbindungen, welche eine $>C = S$- oder $\geqq C\text{-}SH$-Gruppe enthalten.

Da andere organische Schwefelverbindungen, wie Thioäther, Sulfone, Disulfide (mit Ausnahme von Diacylsulfiden), Sulfinsäuren, Sulfonsäuren sowie die Salze der beiden zuletzt genannten Verbindungsklassen keinen katalytischen Einfluß haben, ist die hier angeführte Reaktion ein spezifischer Nachweis für Thioketone und Mercaptane, mit dem noch sehr geringe Mengen nachgewiesen werden können.

Ausführung: Auf einem Uhrglas wird ein Tropfen einer Lösung der zu prüfenden Verbindung in Wasser oder einem organischen Lösungsmittel — Schwefelkohlenstoff darf nicht als Lösungsmittel verwendet werden, da er mit Jodazidlösung reagiert — mit einem Tropfen einer Jodazidlösung versetzt und auf die Entstehung von Stickstoffbläschen geachtet. Es kann auch eine feste oder flüssige Substanz (eventuell nach Verdunstung des Lösungsmittels) direkt mit einem Tropfen des Reagens angetüpfelt werden. Im letzteren Falle ist ein positiver Ausfall der Reaktion auch bei ganz kleinen Substanzmengen besonders deutlich erkennbar.

Reagens: Eine Lösung von 3 g Natriumazid in 100 ml 0,1 n-Jodlösung.

Anhang

Im folgenden wird die Darstellung einiger Präparate beschrieben, die für den Nachweis funktioneller Gruppen erforderlich und schwer beschaffbar sind.

1. Natriumpentacyano-ammin-ferroat[1]

$$Na_3[Fe(CN)_5(NH_3)] \cdot 6\,H_2O$$

In einem kurzen Reagenzglas werden 0,5 g Nitroprussidnatrium mit der dreifachen Menge conc. Ammoniak übergossen, rasch bis zur Lösung vermischt und 48 Stunden unter Eiskühlung stehengelassen. Die Lösung mit dem ausgeschiedenen Salz wird mit Alkohol verdünnt und zentrifugiert. Den abgesetzten gelben Niederschlag von Natriumpentacyano-ammin-ferroat wäscht man einige Male mit Alkohol und trocknet im Exsikkator zuerst über conc. Schwefelsäure, wodurch die letzten Reste nicht komplex gebundenen Ammoniaks entfernt werden, später über Calciumchlorid. Das so getrocknete Produkt ist nach dem Pulverisieren gelbgrün gefärbt.

Ausbeute: 0,45 g *Dauer:* 2½ Tage

2. 4-Pyridyl-pyridinium-dichlorid[2]

50 g Thionylchlorid gießt man langsam in 16 g Pyridin und läßt es 3 Tage stehen. Dann destilliert man den Überschuß von Thionylchlorid im Vakuum unter Erhitzen auf 100° C in 1 Stunde ab. Den Rückstand schüttelt man mit 15 ml Alkohol und läßt an der Luft trocknen. Man löst das Rohprodukt in verd. Salzsäure, kocht es mit ein wenig Tierkohle, filtriert und engt das Filtrat bis zur Kristallisation durch Evakuieren ein. Man schüttelt mit wenig Alkohol, läßt kristallisieren und an der Luft trocknen. (Das Präparat ist im Handel erhältlich.) Fp.: 173° C.

Ausbeute: 12 g

---

[1] Ann. d. Chem. **312**, 21 (1900).
[2] Ber. dtsch. chem. Ges. **64**, 1049 (1931).

3. Azobenzol-phenylhydrazin-sulfonsäure[1]

$$C_6H_5 - N = N - C_6H_4 - NH - NH - SO_3H$$

Man löst 15 g Anilin in 50 g conc. Schwefelsäure und 300 ml Wasser und diazotiert auf die übliche Art. Dann leitet man unter Kühlung Schwefeldioxyd durch die klare Lösung des Benzoldiazoniumsulfats. Nach einigen Minuten färbt sich die Flüssigkeit rot und es scheiden sich rote Flocken ab. Man läßt 6 Stunden stehen und trocknet die kristalline Masse.

Zur Reinigung erhitzt man mit einer Lösung von Ammoniumacetat und filtriert die erhaltene Lösung. Sobald sich Kristalle des Ammoniumsulfonats im Filtrat zu bilden beginnen, fügt man conc. Salzsäure zu. Das an der Luft getrocknete Produkt wird mit Wasser, dann mit Alkohol und schließlich mit Äther gewaschen und dann auf einem Tonteller oder im Vakuumexsikkator getrocknet.

4. 2-Nitroso-5-dimethylamino-phenol-(1)[2]

Man löst 10 g m-Dimethylaminophenol in 30 g conc. Salzsäure und 10 ml Wasser, kühlt mit Eis und fügt langsam eine eiskalte Lösung von 5,3 g Natriumnitrit in 50 ml Wasser zu. Das Chlorhydrat des Nitrosoderivats scheidet sich bald als kristalliner Niederschlag ab. Man löst das Produkt in kaltem Wasser unter Zugabe einer Natriumcarbonatlösung, trocknet den braunen Niederschlag an der Luft und kristallisiert aus Alkohol. Bräunliche Nadeln. (Im Handel erhältlich.) Fp.: 169° C.

5. 1,2-Naphthochinon-4-sulfonsaures Kalium[3]

5 g 1-Amino-2-hydroxy-naphthalin-4-sulfonsäure werden in 7,5 g Salpetersäure (20%ig) unter Rühren eingetragen. Es entwickeln sich nitrose Dämpfe und ein gelber Niederschlag des Ammoniumsalzes der 1,2-Naphthochinon-sulfonsäure scheidet sich ab. Diesen löst man in Wasser unter Zugabe einer conc. Lösung von Kaliumchlorid. Darauf scheidet sich das Kaliumsalz der Sulfonsäure in gelben Nadeln ab. Man wäscht mit wenig Kaliumchloridlösung und trocknet an der Luft.

---

[1] J. prakt. Chemie **78**, 371 (1908).

[2] Ber. dtsch. chem. Ges. **25**, 1059 (1892).

[3] Ber. dtsch. chem. Ges. **27**, 25 (1894).

Sachverzeichnis